国家科学技术学术著作出版基金资助出版

非高斯随机分布系统建模、分析与控制理论

郭　雷　裔　扬　殷利平　王　宏　著

科学出版社

北　京

内 容 简 介

非高斯随机系统广泛存在。相对于以期望和方差为优化指标的高斯随机系统，非高斯随机系统控制问题是一个长期存在的理论难题。本书系统和全面地总结了作者十几年来在非高斯随机分布系统建模、分析、控制、滤波和优化方面的理论研究成果，主要内容包括基于动静混合神经网络的智能学习建模、随机分布泛函算子建模、多目标凸优化随机分布控制器设计、最小熵与统计信息集合控制、泛函算子系统鲁棒随机分布控制、随机分布系统滤波和故障检测。本书不仅系统研究了非高斯随机系统，而且涉及鲁棒控制、抗干扰控制、模糊控制、神经网络控制、自适应控制和迭代学习控制等方法，可应用于滤波、估计以及故障检测、故障诊断等研究方向，在智能科学、数据科学等领域具有潜在的应用意义。

本书可作为控制理论与控制工程、系统工程、运筹学与控制论、机械工程与自动化、计算机科学、信号处理、智能科学和数据科学等相关专业的研究生教材和教学参考书，也可供从事相关专业教学和科研工作的高校教师、科技工作者和工程技术人员参考。

图书在版编目(CIP)数据

非高斯随机分布系统建模、分析与控制理论/郭雷等著. —北京：科学出版社，2019.8

ISBN 978-7-03-061258-8

I. ①非… Ⅱ. ①郭… Ⅲ. ①随机系统 Ⅳ. ①O231

中国版本图书馆 CIP 数据核字(2019) 第 094697 号

责任编辑：张海娜　赵微微/责任校对：樊雅琼
责任印制：吴兆东/封面设计：蓝正设计

科学出版社 出版
北京东黄城根北街 16 号
邮政编码：100717
http://www.sciencep.com
北京厚诚则铭印刷科技有限公司印刷
科学出版社发行　各地新华书店经销
*
2019 年 8 月第 一 版　开本：720×1000 B5
2025 年 1 月第五次印刷　印张：12 3/4
字数：252 000
定价：108.00 元
(如有印装质量问题，我社负责调换)

前　言

20 世纪 60 年代创立的以最小方差控制和卡尔曼滤波为代表的随机控制理论一般局限于高斯系统对象，优化指标局限于期望和方差。然而，高斯变量的非线性融合以及非线性映射会产生非高斯变量，非高斯变量和非高斯随机系统广泛存在。半个世纪以来，具有非高斯变量的随机系统控制问题已成为随机控制理论的一个难题，其难点在于非高斯变量的统计特征只能由输出概率密度函数 (probability density function, PDF) 准确表征，而具有正积分约束的 PDF 控制属于一个约束泛函空间的无穷维分布参数控制问题。另外，传统的随机反馈控制理论依赖于系统输出或状态的量测确定值反馈，而随着传感器技术和信息处理技术的快速发展，在许多实际工业过程中，量测信息不再是输出变量的确定值，而是大数据集合、图像、视频等信息以及由此得到的输出变量的统计信息集合或者输出变量的 PDF。

非高斯随机系统的建模涉及输入和输出统计特征的映射和表征，非高斯随机系统的调节和跟踪问题涉及有限维变量对正积分约束泛函的控制和优化技术，传统随机控制工具和模型难以应用。作者及其团队经过十多年的努力，逐步揭示了非高斯随机控制系统若干科学问题的核心特征，系统地提出了一套工程上实用的非高斯系统随机分布控制理论的研究框架。主要内容包括：

(1) 建立基于动静混合智能优化的非高斯随机分布系统建模、分析与控制方法。这类模型简称为非高斯智能学习模型，通过静态神经网络逼近和学习输出 PDF，利用动态神经网络逼近和学习系统状态。在此基础上，给出概率分布函数基于静态神经网络优化的逼近与误差分析方法，设计含非线性、不确定性动态的权动态神经网络/模糊系统，建立非高斯随机分布系统基于动静混合两步神经网络优化的随机分布系统模型，提出随机分布系统全局稳定性和收敛性的分析方法。针对正积分约束泛函的形状控制问题，提出满足超椭球/超平面状态约束的结构跟踪控制方法，克服以往线性模型难以改变输出 PDF 形状的局限性，解决基于凸优化算法的多变量非高斯随机分布系统约束 PID 跟踪分布控制问题。在此基础上，进一步给出非高斯随机分布泛函模型滤波和故障检测问题的研究框架。

(2) 建立基于分布泛函算子优化的非高斯随机分布系统建模、分析与控制方法。这类模型简称为非高斯分布泛函模型，用来描述输入 PDF 通过控制器设计改变输出 PDF 的动态行为。为揭示一般非线性算子映射下 PDF 的变化规律和控制机理，建立非高斯随机分布系统高维约束空间下输入 PDF/输出 PDF 算子非线性动态映射模型；解决基于多步性能指标自适应权矩阵调节的闭环分布控制系统稳定性分析问题，提出具有多步预测性能优化指标的非高斯随机分布系统泛函算子迭代控制和优化方法；进一步提出非高斯分布泛函模型的滤波与故障检测方法。

(3) 提出非高斯系统统计信息驱动的广义熵优化以及统计信息集合优化准则。揭示无穷维变量概率分布泛函逼近与有限维向量跟踪的变化规律，为随机分布系统可控性和收敛性分析奠定理论基础；通过刻画多阶矩对输出 PDF 的逼近以及熵对随机变量不确定度的描述，得到工程上实用的统计信息集合驱动的随机统计信息集合优化方法。

上述内容可概括为两类模型和一个准则：两类模型是指非高斯智能学习模型和非高斯分布泛函模型，一个准则即非高斯系统统计信息集合优化准则。与已有非高斯控制方法相比，本书提出的理论和方法具有如下特点：① 非高斯和非线性，揭示在非线性映射下非高斯变量的 PDF 变化和控制机理；② 动态性和适应性，设计动态学习和自适应优化方法，可用于实时动态反馈控制问题，还可用于滤波和估计问题；③ 稳定性和全局性，提出随机分布控制的全局性描述，构建稳定性和收敛性分析框架；④ 可约束和可实现性，把 PDF 的无穷维约束归结到有限维变量椭球约束，研究可控性和可实现性问题。

作者及其团队提出的随机分布控制理论从以下三方面拓展了传统随机反馈控制理论的研究领域，形成了一个非高斯随机系统控制理论研究的新方向：① 研究对象，从线性高斯系统拓展到非线性非高斯系统；② 优化指标，从期望和方差优化拓展到 PDF 和统计信息集合优化；③ 反馈方式，从输出确定值反馈拓展到输出 PDF 泛函和统计信息集合反馈。值得指出的是，为解决上述非高斯随机分布系统控制问题，本书提出若干约束跟踪控制、结构控制、非零平衡点控制的设计方法，可为鲁棒控制、抗干扰控制和自适应控制领域提供新的设计工具。

本书系统地总结了作者十几年来在非高斯随机分布控制系统方面的原创性研究成果。本书前两章为基础内容，主要是非高斯随机分布系统理论概论以及相应的数学基础，其余内容可以相应地分为两大部分：第一部分为非高斯智能学习模型的分析、控制与故障检测方法 (第 3~9 章)，第二部分为非高斯分布泛函模型的分析、控制与估计方法 (第 10~13 章)。郭雷和王宏负责全书的组织、统筹和审核，裔扬、殷利平和李涛分别整理了第 3~8 章、第 10~13 章和第 9 章，田波承担了校对工作。

本书相关的研究工作先后得到了国家杰出青年科学基金项目 (60925012)、国家

自然科学基金项目 (61121003、61473249、61573190、61571014、61627810、61633003、61661136007) 的资助，在此表示感谢。本书还获得了国家科学技术学术著作出版基金的资助，在此一并表示感谢。最后，衷心感谢家人的理解与支持。

限于作者水平，书中难免存在不足之处，敬请广大读者批评指正。

郭　雷

2019 年 3 月

于北京航空航天大学

目　　录

前言
主要符号说明
第 1 章　非高斯随机分布系统理论概述 ·· 1
1.1　研究背景与研究意义 ·· 1
1.2　研究动态与发展现状 ·· 3
　　1.2.1　非高斯随机分布系统的智能学习模型 ························· 4
　　1.2.2　非高斯随机分布系统的分布泛函模型 ························· 6
　　1.2.3　广义最小熵控制与统计信息集合优化 ························· 7
　　1.2.4　随机分布滤波与故障检测 ···································· 8
1.3　本书主要内容 ·· 8
第 2 章　数学基础 ··· 11
2.1　随机变量的概念 ··· 11
2.2　一元随机变量函数 ··· 12
　　2.2.1　随机变量 $g(X)$ ·· 12
　　2.2.2　$g(X)$ 的分布及概率密度函数的确定 ······················ 13
　　2.2.3　均值和方差 ··· 13
　　2.2.4　$g(X)$ 的均值 ·· 14
　　2.2.5　矩 ··· 14
2.3　多元分布 ·· 15
　　2.3.1　多元分布函数 ··· 15
　　2.3.2　多元分布概率密度函数 ······································· 15
　　2.3.3　边缘分布 ··· 16
　　2.3.4　条件分布与条件期望 ··· 16
　　2.3.5　独立性 ··· 17
　　2.3.6　全概率公式与全期望公式 ····································· 17
2.4　熵 ·· 18
　　2.4.1　离散随机变量的熵 ··· 18
　　2.4.2　互信息 ··· 19
　　2.4.3　连续随机变量的熵 ··· 20

　　　　2.4.4　熵的计算 ·· 21

　　　　2.4.5　由近似计算估计熵值 (仅适用于一维随机变量)··············· 22

　　　　2.4.6　r-Renyi 熵 ·· 24

　2.5　Bellman 最优化原理 ·· 25

　2.6　Borel 可测函数 ·· 25

　2.7　PDF 转换定律 ··· 26

第 3 章　连续时间随机分布系统多目标 PID 控制 ························· 28

　3.1　输出概率分布样条逼近 ·· 28

　3.2　非线性权动态建模和 PID 控制器设计 ·································· 30

　3.3　基于凸优化的多目标控制算法 ·· 32

　　　　3.3.1　自治系统稳定性及 L_1 性能优化控制 ······················· 32

　　　　3.3.2　广义闭环系统稳定性分析、动态跟踪及 L_1 性能优化控制 ······· 35

　　　　3.3.3　权动态约束性能分析 ·· 37

　3.4　仿真算例 ·· 39

　3.5　本章小结 ·· 41

第 4 章　离散时间随机分布系统多目标 PI 控制 ·························· 42

　4.1　方根 B 样条网络逼近及离散权动态模型 ································ 42

　4.2　广义离散 PI 控制器设计 ·· 44

　4.3　基于凸优化的多目标控制算法 ·· 45

　　　　4.3.1　自治离散系统稳定性及 L_1 性能优化控制 ··················· 45

　　　　4.3.2　离散闭环系统稳定性分析、状态跟踪及 L_1 性能优化控制 ········· 48

　　　　4.3.3　权动态约束性能分析 ·· 51

　4.4　仿真算例 ·· 52

　4.5　本章小结 ·· 54

第 5 章　随机分布系统迭代学习控制 ·································· 55

　5.1　问题描述 ·· 55

　　　　5.1.1　带有可调参数的动态样条逼近 ································ 55

　　　　5.1.2　迭代学习控制器设计 ·· 56

　5.2　迭代学习优化算法 ·· 57

　　　　5.2.1　H_∞ 优化控制 ·· 57

　　　　5.2.2　L_1 优化跟踪控制 ·· 58

　5.3　仿真算例 ·· 61

　5.4　本章小结 ·· 64

第 6 章　随机分布系统自适应控制 ················· 65

　6.1　基于两步神经网络模型参数自适应随机分布控制算法 ············· 66

　　6.1.1　线性样条神经网络逼近 ················· 66

　　6.1.2　基于参数自适应算法的动态神经网络模型辨识 ··········· 67

　　6.1.3　动态神经网络模型自适应反馈跟踪控制 ··········· 70

　　6.1.4　仿真算例 1 ················· 73

　6.2　基于两步神经网络模型受限 PI 随机分布控制算法 ············· 76

　　6.2.1　方根样条神经网络逼近 ················· 76

　　6.2.2　基于参数自适应算法的时滞动态神经网络模型辨识 ········· 77

　　6.2.3　时滞动态神经网络模型受限 PI 多目标跟踪控制 ········· 80

　　6.2.4　仿真算例 2 ················· 83

　　6.2.5　仿真算例 3 ················· 86

　6.3　本章小结 ················· 89

第 7 章　随机分布系统抗干扰模糊控制 ················· 90

　7.1　模糊逻辑系统概率分布逼近 ················· 91

　7.2　T-S 模糊权动态模型的确立 ················· 92

　7.3　基于扰动观测器的模糊控制器设计 ················· 94

　7.4　基于凸优化的多目标控制算法 ················· 96

　7.5　仿真算例 ················· 103

　7.6　本章小结 ················· 108

第 8 章　基于动态神经网络的统计信息集合跟踪控制 ············· 109

　8.1　统计信息跟踪控制问题描述 ················· 109

　8.2　未知死区模型和动态神经网络辨识 ················· 110

　8.3　带有 Nussbaum 函数的跟踪控制算法 ················· 114

　8.4　仿真算例 ················· 116

　8.5　本章小结 ················· 118

第 9 章　非高斯智能学习模型的故障检测与诊断 ············· 119

　9.1　系统描述 ················· 119

　9.2　时滞相关故障检测 ················· 121

　9.3　故障诊断 ················· 124

　9.4　仿真算例 ················· 126

　9.5　本章小结 ················· 129

第 10 章　非高斯随机分布泛函模型的累积 PDF 控制 ············· 130

　10.1　问题描述 ················· 130

　　　10.1.1　系统模型 ·· 130

　　　10.1.2　累积的性能指标函数 ·· 131

　　　10.1.3　输出 PDF 和输入 PDF 之间的关系 ······························· 132

　　10.2　输出 PDF 控制 ·· 133

　　　10.2.1　控制器设计 ·· 133

　　　10.2.2　镇定控制器设计 ·· 135

　　10.3　仿真算例 ··· 137

　　10.4　本章小结 ··· 139

第 11 章　随机分布泛函模型的鲁棒控制 ·· 141

　　11.1　问题描述 ··· 141

　　　11.1.1　系统模型 ··· 141

　　　11.1.2　输出 PDF 和鲁棒跟踪性能指标 ···································· 142

　　11.2　鲁棒 PDF 控制 ··· 146

　　11.3　镇定控制器设计 ·· 146

　　11.4　仿真算例 ··· 148

　　11.5　本章小结 ··· 151

第 12 章　随机分布泛函模型的最小熵滤波 ··· 152

　　12.1　问题描述 ··· 152

　　　12.1.1　系统模型与滤波模型 ·· 152

　　　12.1.2　滤波器设计 ·· 153

　　　12.1.3　混合概率和混合 PDF ·· 154

　　12.2　误差 PDF 的计算 ··· 155

　　12.3　最小熵滤波 ·· 157

　　12.4　仿真算例 ··· 160

　　12.5　本章小结 ··· 161

第 13 章　随机分布泛函模型的故障检测 ·· 162

　　13.1　状态空间模型下的非线性系统故障检测 ··································· 162

　　　13.1.1　系统模型与滤波 ·· 162

　　　13.1.2　误差统计信息 ··· 163

　　　13.1.3　性能指标函数 ··· 165

　　　13.1.4　误差 PDF 的简化算法 ··· 167

　　　13.1.5　最优故障检测滤波器设计方法 ······································ 169

　　　13.1.6　仿真算例 1 ··· 170

　　13.2　NARMAX 系统故障检测 ··· 173

13.2.1 NARMAX 模型 ·· 173

13.2.2 故障检测滤波与性能指标 ····························· 175

13.2.3 误差 PDF 计算 ··· 175

13.2.4 最优故障检测滤波器设计方法 ····················· 177

13.2.5 仿真算例 2 ··· 178

13.3 本章小结 ·· 180

参考文献 ··· 181

索引 ··· 188

主要符号说明

$\mathbb{R}$	实数集
$\mathbb{R}^n$	n 维实数集
$\mathbb{R}^{n \times m}$	$n \times m$ 实数集
$I(I_n)$	单位阵 (n 维单位阵)
x^{T} 或 A^{T}	向量 x 的转置或矩阵 A 的转置
A^{-1}	矩阵 A 的逆
$P > 0$	P 是正定矩阵
$P \geqslant 0$	P 是正半定矩阵
$P < 0$	P 是负定矩阵
$P \leqslant 0$	P 是负半定矩阵
$\lambda(A)$	矩阵 A 的特征值集合
$\lambda_{\max}(A)$	矩阵 A 的最大特征值
$\lambda_{\min}(A)$	矩阵 A 的最小特征值
$\|x\|$	向量 x 的欧氏范数
$\|A\|$	矩阵 A 的欧氏范数
$\|x\|_p$	向量 x 的 L_p 范数
$\|A\|_p$	矩阵 A 的 L_p 范数
$\max S$	集合 S 中的最大元素
$\min S$	集合 S 中的最小元素
$\sup S$	集合 S 的上确界
$\inf S$	集合 S 的下确界
sgn	符号函数
$[a, b)$	实数集 $\{t \in \mathbb{R} : a \leqslant t < b\}$
$\mathrm{sym}(A)$	$A + A^{\mathrm{T}}$
$\mathrm{tr}\{A\}$	矩阵 A 的迹
$v_1 \preceq v_2$	向量 v_2 的每一个分量都不小于向量 v_1 对应的分量
$P\{\cdot\}$	某事件的概率
$F_z(w)$	随机向量 (或变量) w 的随机分布函数
$\gamma_z(w)$	随机向量 (或变量) w 的概率密度函数

第 1 章　非高斯随机分布系统理论概述

非高斯随机分布系统 (本书有时简称随机分布系统) 的建模、控制和优化等理论方法和技术在过去二十年得到了迅速的发展。本章将对这些方法进行整理、归类和分析，总结和探讨已经解决的和尚未解决的一系列问题，重点阐述随机分布系统的研究背景、研究意义以及研究动态等主要内容。

1.1　研究背景与研究意义

近几十年来，面向随机系统的随机控制和随机估计理论已经成为控制理论和应用数学界的重要研究领域[1]。目前，对于随机系统控制的研究已经取得了大量理论的和实际工业应用的成果，比较典型的有自校正控制[2]、最小方差控制[1,3]、随机线性二次型控制[4]、具有马尔可夫阶跃参数的随机控制[5,6]、随机神经网络模型控制[7] 以及滤波理论随机控制[8,9] 等方法。这些研究成果集中对系统输出变量本身进行跟踪，主要对象是系统输出的均值和方差，且大都假设系统随机变量服从高斯分布。这是因为当系统的输出和干扰噪声局限于高斯变量时，其均值和方差可以决定输出 PDF 的形状。

然而，实际工程应用中系统大多含有非高斯随机变量。这是因为系统的非线性会导致非高斯输出，且随机干扰也经常是非高斯变量而不是高斯变量。这时的 PDF 往往是非对称、多峰值的，期望和方差就不再能够准确反映输出变量的概率特性[10,11]。对于这些被控对象，一般来说常规的高斯随机控制方法难以满足日益增高的控制性能要求。另外，随着精密仪器、通信网络、图像处理和数据处理技术的快速发展，在许多实际工业过程中，可以量测并且用于反馈监控的数据和信息不仅仅局限为经典反馈控制理论研究中的输出信号的测量值，而是海量数据集合与图像等信息，以及由此得到的输出变量的 PDF 或者统计信息集合 (SIS)。这也是实际工程中凝练的传统随机反馈控制理论难以处理的一个理论难点问题，实质上是一种先基于知识随机信息提取，再基于随机信息进行控制、估计和诊断的过程。

为此，本书考虑以输出 PDF 为新的研究和控制对象，系统地分析多种非高斯随机系统建模及其控制方法[10-39]，创立一个新的随机控制理论研究方向，称为随机分布控制 (SDC) 理论。无论从理论分析方面还是从实际应用方面来看，随机分布控制理论的研究都有很大的意义。从理论分析方面来看，对于不同于传统模型、含非高斯变量和非线性环节的随机控制对象，随机分布控制理论利用可以量测的输出 PDF, 根据控制的实际要求提出新的优化指标, 研究并设计出可以实现的确定性的控制策略, 使得随机输出的 PDF 或者其他统计信息 (如熵、高阶矩、偏度和峰度等) 满足系统的性能要求, 并且能够进一步推广到滤波、故障诊断和参数估计等研究领域。由于控制的目标在于整个输出 PDF 的形状, 这类控制问题涵盖了常规随机系统中对输出的均值和方差的控制。同时这也是一类随着传感技术和信息处理技术的发展, 从实际工程中凝练出来的新颖的控制科学问题, 有很强的应用背景。下面几个实际应用讨论了随机分布控制的应用前景。

(1) 化工过程中聚合物的分子量分布控制 [24, 39, 40]。聚合物的分子量分布是评价聚合物质量的一个重要指标, 对化工厂的经济效益具有重要影响, 所以聚合物生产加工对分子量分布控制有着很高的要求。聚合物的分子量分布可以用一个 PDF来表示。影响化工过程聚合物分子量分布的因素众多, 目前主要通过机理建模的方法得到产品的分子量分布信息。控制系统的目的是使描述分子量分布的 PDF 的形状符合理想的高聚物产品分子量分布。由于不同产品理想分布的形状差别很大, 其相应的 PDF 往往具有非对称和不规则的特点。

(2) 造纸过程中的灰度分布控制 [16, 20, 24, 27]。在造纸过程中, 控制系统可以建模为一个复杂的多变量系统, 纸张的质量可以由 60 多个物理特性来描述。控制的关键要求是使纸张的二维质量分布尽可能均匀。这里纤维、填料等原材料都有较强的随机因素, 而且系统也带有很强的非线性。随着数字摄像和图像处理技术的发展, 目前可以获取纸张二维质量的灰度分布函数, 进而得到灰度分布量的 PDF。王宏和岳红等已经在英国曼彻斯特大学的造纸样机上建立了一个简单的闭环控制系统, 并实现了以分布形状、最小熵和最小方差为目标的多种控制算法。

(3) 燃烧过程中的温度场分布控制 [10, 24]。燃烧过程是能量转化和材料加工过程的一个重要组成部分, 它在钢铁生产、火力发电和航空发动机中都是一个对控制要求比较高的环节。衡量燃烧过程效益的一个重要指标是燃烧室温度场的分布, 这种分布按照常规的处理办法可以通过物理原理建立一组偏微分方程 (PDE), 并利用有限元计算方法来实现对燃烧室温度场的分析和效益计算, 这实际上也是一个随机分布系统。控制目标是通过合理选择燃料输入和过程参数, 使火焰分布三维图形的联合 PDF 满足要求。

(4) 惯性组合导航系统的标定对准技术。惯性组合导航系统实际上是一个多传感器的信息融合系统, 多传感器的随机干扰有时是非高斯噪声。其中的标定和对准系统含有非线性、不确定性等复杂动态特性, 传输过程同时含有时滞动态特性, 因此对于高斯噪声, 即使经过非线性映射及非线性融合也会产生非高斯输出。

尽管研究非高斯随机分布系统的意义重大, 但是理论研究具有很强的挑战性。首先, 控制理论面临的过程对象相当复杂, 研究的目标和对象都超出了常规控制方法的研究范畴; 其次, 工程上迫切希望得到易于工程实现的在线控制策略, 目前这也是很难达到的。对于这类非线性动态随机控制对象，一个在理论和工程上都迫切需要解决的问题是：建立符合过程对象基本动态特征而又易于分析和综合的随机分布系统控制模型，对于不同的实际过程中可以量测的输出或者输出的 PDF，提出不同的优化指标来确定可以工程实现的确定性的控制策略，使得随机输出 PDF或者其他统计信息满足系统的性能要求。进一步，研究非高斯随机分布系统的滤波和故障检测与诊断 (FDD) 的新方法，特别是建立利用系统的统计特性进行动态滤波、估计以及 FDD 的新框架。

1.2　研究动态与发展现状

对于非高斯随机分布控制问题，20 世纪 90 年代一些学者已经开展了一系列的研究工作[41-49]。例如，Challa 和 Friedman 等研究了一系列基于贝叶斯估计的递推估计方法 [41, 42]；Sun 和 Forbes 等采用静态优化、方程逼近等手段研究了 PDF 形状控制问题 [43, 44, 46, 47]。

从 1998 年起，王宏等针对具有造纸机背景的非高斯系统 PDF 控制问题，提出了输出 PDF 的 B 样条神经网络模型逼近以及梯度优化方法。随后，郭雷等把系统建模、稳定性分析、鲁棒控制和状态估计的研究方法与非高斯 PDF 控制有机结合起来。经过十几年的努力，王宏和郭雷系统地建立了随机分布系统的建模、分析和控制理论体系[10-39]。

非高斯系统的随机分布控制问题依赖于无穷维分布参数系统，具体的研究涉及模型建立、控制器设计、系统分析和故障诊断等很多方面。针对每一个方面，不同类型的问题也有不同的解决方法，已经形成一定的理论研究体系，这也是最小方差控制等传统的高斯控制方法向非高斯系统的推广。目前以及将来的研究热点可以总结为如下几个方面。

(1) 随机分布系统的建模问题。利用系统辨识、图像处理、数据分析、神经网络 (NN)、模糊模型以及其他数学物理建模方法去简化建模过程。具体的研究工作包括：基于数据建立输入输出 PDF 特征描述方法；建立基于动静混合智能优化方法的两步分布系统模型；建立非线性、非高斯系统基于分布泛函优化的随机分布系统模型；建立高维约束空间下非线性输入输出 PDF 映射模型；提出基于统计信息集合的新型随机分布控制模型方法；建立多变量自回归移动平均模型等。

(2) 随机分布系统控制器设计及稳定性分析问题。结合非线性控制、自适应控制、学习控制和最优控制原理研究全局和局部的稳定性和跟踪收敛性。具体的研究工作包括：提出含有非线性、不确定动态的多维时滞权动态系统 PI/PID 随机结构控制算法，建立随机分布系统稳定性分析和渐近跟踪控制方法；提出满足超椭球、超平面状态约束的 PI/PID 跟踪控制方法，解决多变量随机系统的约束 PID 跟踪分布控制问题；提出具有自学习能力的随机分布迭代学习控制算法，提高系统的自适应调节能力；提出具有多步预测性能优化指标的新型非线性随机分布跟踪控制方法等。

(3) 随机分布系统鲁棒控制问题。随机分布系统鲁棒控制是一类从实际工程 (特别是工业间歇过程) 中产生的新颖的控制科学问题，控制对象复杂且外部环境多变，往往伴随着非高斯噪声，且存在数据建模所产生的模型不确定和建模误差，同时系统中还可能受到外部扰动、负载干扰、死区现象以及参数摄动等多源未知干扰的影响。具体的研究工作包括：结合分布系统研究包括广义 H_∞、H_2/H_∞、L_1、保性能、耗散等多种干扰抑制指标；提出多优化指标及多目标随机分布控制算法；提出满足 PDF 积分和正约束的复合抗干扰控制和滤波方法，解决多源干扰条件下的分布控制和干扰估计问题等。

(4) 滤波理论以及故障诊断理论。已有文献中关于随机估计及 FDD 的成果多局限于高斯系统，与随机分布控制问题相对应，非高斯系统基于随机分布的动态滤波和 FDD 问题也具有重要的实际意义和理论价值。具体的研究工作包括：提出基于输出 PDF 的估计与故障检测判据，拓展传统的依赖于量测值的估计与 FDD 理论体系；设计基于输出 PDF 的自学习估计与故障诊断滤波器设计准则，推广卡尔曼滤波理论以及传统的关于确定性系统的估计和 FDD 方法。

在实际应用方面，东北大学柴天佑院士研究团队已经建立了国际上首个随机分布选矿优化系统；中南大学桂卫华院士研究团队成功地将随机分布控制方法应用于电解铝过程中。美国 Honeywell 公司指出造纸过程中的随机分布分析方法是一种 "groundbreaking" 的质量控制和故障分析新技术；国际自动控制联合会 (IFAC) 已将这一方向列为应用随机控制的新方向，两种国际学术刊物已经为此组织并同时出版了专辑。从很多实际成果中可以看出，随机分布控制当前还是一项很有挑战性的工作，令人鼓舞的是一些领域已经能够提供可靠技术在线获取所需的输出分布。随着测量技术的进一步发展，随机分布控制的工业应用前景将会更加突出。

1.2.1 非高斯随机分布系统的智能学习模型

假设 $\eta(t) \in [a,b]$ 为描述动态随机系统输出的一致有界随机变量，$u(t) \in \mathbb{R}^m$ 为系统的控制输入向量，用于控制系统输出随机变量 $\eta(t)$ 的分布形状。进一步，随机变量 $\eta(t)$ 的分布形状可以用它的概率密度函数 $\gamma(y, u(t))$ 来表述：

$$P\{a \leqslant \eta(t) < \xi, u(t)\} = \int_a^\xi \gamma(y, u(t)) \mathrm{d}y \tag{1.1}$$

式中，$P\{a \leqslant \eta(t) < \xi, u(t)\}$ 表示系统在控制输入的作用下，输出随机变量 $\eta(t)$ 落在区间 $[a, \xi)$ 内的概率。

一般来讲，PDF 受控制作用的动态影响，其数学模型的分析通常采用偏微分方程理论。但是对于实际问题，PDF 又是一个具有积分约束的正非线性函数，很难得到其准确的函数表达形式，通常只能得到分布样本，因此需要用近似模型来描述 PDF。在开始这项研究工作时，利用 B 样条神经网络模型去逼近 PDF $\gamma(y, u(t))$ 成为建立数学模型的出发点[10,24]，将无穷维的分布函数控制问题转化为有限维系统的控制问题，方便进一步的研究。这种方法包括两个主要步骤：第一，利用 B 样条基函数建立可测的输出 PDF 和权系数之间的关系；第二，通过辨识建立控制输入和这些具有积分约束的动态权系数之间的动态模型。通常，考虑应用如下三种常用的 B 样条模型。

(1) 线性 B 样条模型[12,14,29]：

$$\gamma(y, u(t)) = \sum_{i=1}^{n} B_i(y) w_i(u(t)) + e_0, \quad y \in [a, b] \tag{1.2}$$

式中，$w_i(u(t))$ 是与控制输入 $u(t)$ 有关的权值；$B_i(y)$ 是预先选定的基函数；e_0 是逼近误差。线性 B 样条模型具有简单、直观的特点，但数值的鲁棒性较弱。当样条基函数个数较少时，由反馈控制所产生的权值有时会出现负值，无法得到正确的结果。

(2) 方根 B 样条模型[15,16,25,30-32]：为了克服线性 B 样条模型的缺点，引入方根 B 样条模型，中心思想是用线性 B 样条来逼近 PDF 的平方根。具体数学表示形式如下：

$$\sqrt{\gamma(y, u(t))} = \sum_{i=1}^{n} B_i(y) w_i(u(t)) + e_0, \quad y \in [a, b] \tag{1.3}$$

(3) 有理 B 样条模型[21,28]：以上的线性 B 样条模型和方根 B 样条模型中，因为要考虑 PDF 在定义区间内积分为 1 的条件，必须对权值进行约束。对于采用 n 个基函数的函数逼近，实际上只能有 $n-1$ 个权值是相互独立的，这增加了模型表示的复杂性，这一类问题在设计方根 B 样条模型的控制器时尤为突出。具体的有理 B 样条模型设计如下：

$$\gamma(y, u(t)) = \frac{\sum\limits_{i=1}^{n} B_i(y) w_i(u(t))}{\sum\limits_{i=1}^{n} b_i w_i(u(t))} + e_0, \quad y \in [a, b] \tag{1.4}$$

式中，$b_i = \int_a^b B_i(y) \mathrm{d}y > 0$。这种表示形式自然满足了 PDF 在其定义域内积分等于 1 的条件。

　　上述三种典型的 B 样条模型都可以对输出 PDF 的形状进行逼近，它们是对每一时刻输出 PDF 本身的数学表示，并未涉及动态过程。由于基函数是不随时间变化的固定函数，在选定一组确定的基函数后，对 PDF 的描述就转化为相应的一组权值，可将这组权值用向量来表示。在此研究框架下，概率分布控制问题可以转化为对权向量的约束控制问题，使得更多传统的控制方法能够被应用。然而，已有的文献大多采用随机过程和信号处理的递推优化方法进行系统估计和控制，尚无对于非高斯分布系统的可保证稳定性、收敛性以及抗干扰性的闭环动态系统结构控制和估计方法，难以工程实现。同时，PDF 本身具有正积分约束，以往的控制和估计方法往往忽略了这些状态约束条件从而导致不合理的优化结果。

　　自 2003 年之后，人们逐步揭开了此类新型随机控制问题的若干核心特征，提出了一套研究随机分布系统稳定性、收敛性以及结构控制的方法，进一步建立了分布泛函和统计信息驱动的随机分布控制问题研究框架。它们具有两个不同于传统随机控制和以往随机分布函数跟踪控制问题的特点：① 具有非线性动态和非高斯随机变量，控制指标是输出 PDF、高阶矩集合或者熵等统计信息量，利用动态神经网络 (DNN) 或模糊建模过程取代了原来的辨识过程，使得对于输入和动态权的描述可以反映非线性特性；② 动态控制由输出变量的统计信息或者概率分布函数驱动，通过图像和数据处理提取系统概率统计信息特征并用于动态反馈控制，利用静态神经网络 (SNN) 逼近取代了原来的 B 样条逼近，使得模型的适应能力增强。在此基础上，我们提出了非高斯随机分布系统的动静混合智能优化模型，简称非高斯智能学习模型。

1.2.2　非高斯随机分布系统的分布泛函模型

　　前面的基于智能学习模型的随机分布控制方法存在的主要问题之一是系统模型没有具体的物理意义。另外，如果系统输出 PDF 的形状不规则，如 PDF 是多峰的，这时神经网络的结构就会比较复杂，从而导致所建立的权动态模型维数很高。为此，针对线性和 NARMAX 系统分别讨论了输出 PDF 控制方法[20,34]，并基于多步预测性能优化指标分析了闭环分布控制系统的局部稳定性问题。这种控制方法在设计控制器之前需要将输入输出模型转化成输入与输出 PDF 之间的泛函算子模型，而所设计的控制器将仍是以输出瞬时值作为反馈信号的闭环控制器。首先假设系统的输入输出模型表示式为

$$y_k = f(y_{k-1}, y_{k-2}, \cdots, y_{k-n}, u_k, u_{k-1}, \cdots, u_{k-m}, \omega_k) \tag{1.5}$$

式中，y_k 是系统输出；u_k 是系统输入控制量；ω_k 是一个随机过程。假设其 PDF $\gamma_\omega(x)$ 是已知的，并且进一步假设系统动态函数 $f(\cdot)$ 关于 ω_k 是可逆的，那么就可以借助概率论的知识，结合 $f(\cdot)$ 的具体结构构建输入与输出 PDF 之间的泛函算子模型。因此，基于泛函算子模型的随机分布控制分为如下两步：

(1) 建立输入与输出 PDF 之间的泛函算子模型;

(2) 利用泛函算子模型设计控制输入以使输出 PDF 跟踪给定的 PDF。

输入输出泛函算子模型可以用下列方程表示[20,23]:

$$\gamma(y, u_k) = \gamma_\omega(f^{-1}(\phi_k, u_k, y)) \left| \frac{\mathrm{d}f^{-1}(\phi_k, u_k, y)}{\mathrm{d}y} \right| \tag{1.6}$$

式中, $\phi_k = [y_{k-1}, y_{k-2}, \cdots, u_{k-1}, u_{k-2}, \cdots]^{\mathrm{T}}$ 是一个关于过去到现在若干步的系统输入输出向量。式 (1.6) 表明了输入是如何影响输出 PDF 形状的。利用上述泛函算子模型对相应的性能指标函数[10,12]进行优化:

$$J = \sum_k \left[\int_\Omega (\gamma(y, u_k) - g(y))^2 \mathrm{d}y + u_k^{\mathrm{T}} S u_k \right] \tag{1.7}$$

就可以得到最优的控制输入 u_k。可以看出用这种方法所得到的 u_k 是 $\phi_k = [y_{k-1}, y_{k-2}, \cdots, u_{k-1}, u_{k-2}, \cdots]^{\mathrm{T}}$ 的函数。这样所获得的控制器在实际应用中只要求输出反馈,实现起来和我们所熟悉的控制器是一样的。与前面的 B 样条神经网络模型逼近方法相比,它的优点是在闭环控制系统中不需要输出 PDF 的估计器或传感器,在具体的工程实现中,仍可实现输出 PDF 形状的控制。在研究的初期,输出 PDF $\gamma(y, u_k)$ 的求取建立在对单输入单输出 (SISO) 系统模型 (1.5) 进行一阶近似的基础上。为了能对一般的多输入多输出 (MIMO) 非线性系统进行 PDF 控制,引入了混合随机变量、混合概率等概念[33],并基于累积性能指标函数设计多步预测 PDF 控制器[34],同时保证闭环系统的稳定性。总体来说,只要系统模型 (1.5) 是准确的,就可以推导对应的泛函算子模型,并进一步设计 PDF 控制器,采用这种方法设计 PDF 控制器并不要求系统输出 PDF 可测。如果系统模型不准确,仍采用对系统模型近似的处理方法[36],这类模型的稳定性和鲁棒性分析是研究的难点。

1.2.3 广义最小熵控制与统计信息集合优化

前面所提及的随机分布控制,其控制器都是在目标 PDF 已知的前提下设计的。如果目标 PDF 未知,随机分布控制的目标应该是减小系统输出或跟踪误差的不确定性。熵正是一种描述随机变量的随机性或者不确定性的度量[50,51],因此在目标 PDF 未知的情况下,可以将熵作为性能指标函数的一部分来设计控制器[18,19,23,26],优化性能指标函数一般可以表示为

$$J = \sum_k \left[-\int_\Omega \gamma(y, u_k) \ln(\gamma(y, u_k)) \mathrm{d}y + u_k^{\mathrm{T}} R u_k \right] \tag{1.8}$$

式中,第一项表示输出变量的熵;第二项表示对控制输入的约束。

依据输出 PDF 是否可测,最小熵控制又可以分为两大类。当输出 PDF 可测时,仍然可以用神经网络逼近输出 PDF,然后建立权系数与控制输入之间的权动态

模型；当输出 PDF 不可测时，要首先建立系统输出与输入之间的泛函算子模型，然后在此基础上设计最小熵控制器 [18, 19, 23, 26]。事实上，如果系统本身是线性高斯系统，那么最小熵控制等价于最小方差控制 [23]。为了保证闭环系统的稳定性，Youla 参数化方法被应用在控制器的初始结构设计中，熵优化则充分利用了 Youla 参数化得到的自由度。

从 2006 年起，我们提出了广义熵优化准则 [33, 35]，除了熵之外，数学期望也被考虑在指标之中，通过构造辅助映射建立系统输入和输出 PDF 之间的泛函算子模型，并对系统的稳定性进行了分析。此外，我们进一步定义了包含一阶矩、二阶矩至高阶矩及熵的统计信息集合，对统计信息集合跟踪控制和统计信息集合优化进行了初步的探索，初步的研究成果也将呈现在本书中。其中一个重要问题是非高斯 PDF 与统计信息集合的对应和映射关系。

1.2.4 随机分布滤波与故障检测

非高斯随机系统另外一个重要的研究领域是滤波器设计。众所周知，传统的卡尔曼滤波方法主要研究高斯系统，优化指标局限于期望和方差。非高斯变量的广泛存在使得卡尔曼滤波方法理论上不再适用。在非高斯系统中，滤波器设计的目标应该是使估计误差变量的 PDF 形状接近尽量窄的高斯分布，或者是使估计误差变量的不确定性尽量小。前者实质上是一个 PDF 控制问题，滤波器设计就是选择合适的滤波器参数 (滤波增益矩阵) 使得估计误差的 PDF 形状尽量接近一个窄的高斯分布；后者实质上是一个熵优化问题，滤波器设计是选择合适的滤波器参数使得估计误差的熵或者广义熵尽可能小。

基于泛函算子模型得到系统输出之后，还可以设计相应的滤波器进行故障检测和故障诊断。本书考虑的系统模型以非线性差分方程表示。由于在实际系统中，系统变量的某些分量可能是连续的，还有一些分量可能是离散的，有时不能直接建立泛函算子模型，因此针对多维非高斯随机系统，我们提出了混合随机向量、混合 PDF 等概念，给出了一种针对多维变量的熵的统一计算方法，提出了一个对于多维残差的熵估计方法与多通道多维熵优化准则。在此基础上，解决了一类多维非线性非高斯系统的基于输出 PDF 的状态估计和故障检测问题。与卡尔曼滤波理论相比，最小熵滤波在减小残差不确定性方面的效果更好，适用的范围也更广。

1.3 本书主要内容

本书介绍作者十几年来在非高斯随机分布系统方面的研究成果，其中第 2 章介绍本书所涉及的数学概念；第 3 章和第 4 章介绍随机分布系统智能学习模型的结构控制方法；第 5 章和第 6 章介绍随机分布系统智能学习模型的迭代学习和自适应控制方法；第 7 章介绍随机分布系统的抗干扰模糊控制方法；第 8 章介绍基于动态神经网络的统计信息集合跟踪控制问题；第 9 章介绍非高斯智能学习模型的故障检测与诊断方法；第 10 章和第 11 章介绍非高斯随机分布泛函模型的累积 PDF 控制方法和鲁棒控制；第 12 章介绍随机分布泛函模型的最小熵滤波；第 13 章介绍随机分布泛函模型的故障检测方法。具体内容安排如下。

第 3 章介绍一种智能学习模型和基于凸优化设计的广义 PID 随机分布结构控制策略。结合方根样条神经网络逼近原理，将 PDF 跟踪问题转化为针对权向量的鲁棒受限跟踪控制问题。充分考虑包含时滞、外部干扰和不确定的动态非线性权系统，引入凸优化算法和 L_1 性能优化指标，设计出广义 PID 控制输入，使得闭环系统渐近稳定，同时保证 PDF 的跟踪性能，满足鲁棒性能和状态约束条件。

第 4 章将第 3 章的随机分布控制方法推广到离散系统。结合方根样条神经网络逼近原理，将离散系统随机分布控制问题转化为针对带有状态约束和非线性输出的离散动态权系统的跟踪控制问题。应用 Lyapunov-Krasovskii 函数分析方法，设计广义离散型 PI 控制器，可以同时满足包括稳定性、鲁棒性、跟踪性能和状态受限等多目标 PDF 的控制要求。

第 5 章针对一类非高斯随机分布系统的智能学习模型，考虑带有可调参数的样条基函数，研究基于迭代学习理论的多目标控制算法。分别基于 H_∞ 和 L_1 优化性能指标，将迭代学习控制问题转化为求解线性矩阵不等式 (LMI) 的凸优化算法，通过 Lyapunov 函数分析方法，验证系统的稳定性、可控性和干扰抑制性能，并保证输出 PDF 的跟踪误差在有限采样周期内收敛到零。

第 6 章提出基于两步神经网络模型的随机分布控制建模和自适应控制新方法。伴随着 B 样条神经网络模型对输出 PDF 的逼近，引入带有未知参数的时滞动态神经网络去辨识非线性权动态模型。在此基础上，分别设计状态反馈控制器和广义 PI 控制器，同时应用自适应投影算法和 Barbalat 引理，不仅实现了对未知权向量动态轨迹的辨识，而且完成了 PDF 形状控制的目标。

第 7 章研究两步模糊建模的随机分布控制理论框架和相应的抗干扰模糊控制算法。针对输出 PDF，同时结合模糊逻辑系统和 T-S 模糊模型，解决随机分布控制中存在的非线性逼近和辨识问题。进一步，考虑多种类型的外部干扰，设计扰动观测器，研究抗干扰跟踪控制问题。基于凸优化算法和 Lyapunov 函数分析方法，T-S 权动态模型的稳定性、状态限制、鲁棒性能、干扰抑制和抵消性能的多目标控制要求同时得到满足。

第 8 章针对带有未知死区的非高斯随机分布系统智能学习模型，提出一个统计信息集合跟踪控制框架。进一步，将动态神经网络模型作为模型辨识器来辨识死区输入和统计信息集合之间的动态关系。在此基础上，设计合适的模型参数和自适应调节算法，验证动态神经网络模型能否很好地完成非线性辨识任务。基于

Nussbaum 函数的性质，设计相应的自适应反馈控制算法，确保模型辨识误差和统计跟踪误差同时收敛到零。

第 9 章针对一种输出 PDF 可测的非高斯随机分布系统智能学习模型，通过构建 B 样条模型和权动态模型，研究随机分布故障检测与诊断方法。对于含时滞和模型误差的随机分布系统，建立基于 PDF 信息的残差，在此基础上给出时滞相关的故障检测与诊断方法。本章所提出的方法不仅能灵敏地检测出各种类型故障，还能实现对它们的准确估计。

第 10 章针对带有输入时滞的非高斯 NARMAX 系统，建立非高斯随机分布泛函模型，研究累积最优 PDF 控制问题。控制的目标是设计实时控制器使得系统输出的分布能够跟踪期望分布。为了提高闭环系统性能，采用累积多步前向预测性能指标，通过构造多维辅助函数给出多步预测输出的 PDF，然后根据梯度算法设计递推的最优 PDF 控制器。

第 11 章针对一类带有时滞和建模误差的非高斯分布泛函模型，提出一种鲁棒 PDF 跟踪控制算法。首先通过构造辅助函数，建立后向系统信息、输入 PDF 与输出 PDF 之间的泛函算子模型。进而构造出多步前向预测性能指标函数，并进行相应放大和近似。通过最小化指标函数设计出递归的最优 PDF 控制律，以保证输出 PDF 和目标 PDF 之间的距离达到最小，同时保证闭环系统的局部稳定性。

第 12 章针对多维非高斯随机分布泛函模型提出一种随机分布滤波方法。首先，引入混合随机向量、混合 PDF 和混合熵的概念，建立多维随机输入和随机输出的 PDF 之间的关系。在此基础上，根据量测输出以及随机输入 PDF 的信息来计算估计误差的 PDF 和混合熵。其次，利用估计误差 PDF 和最小熵性能指标函数，得到递归的次优滤波算法，从而使得估计误差的混合熵最小且误差动态系统局部稳定。

第 13 章分别针对状态空间模型和 NARMAX 模型表示的随机分布泛函模型，提出基于熵优化滤波的随机分布故障检测方法。首先基于系统模型构造滤波器，并针对误差动态系统提出熵优化准则。滤波器设计的目标是使故障发生时估计误差的熵最大，而在故障不发生仅有扰动出现时估计误差的熵最小。通过构造辅助函数，并根据故障和扰动信号的统计信息计算估计误差的 PDF，从而构建估计误差熵计算的框架。基于熵优化准则构造性能指标函数，进而给出最优故障检测滤波增益的递归算法，解决一类非高斯系统的故障检测问题。

第 2 章 数 学 基 础

本章主要介绍随机分布控制中用到的部分数学基础, 给出相关的基本概念、定义、定理及性质, 具体证明读者可参见文献 [52] 和 [53]。

2.1 随机变量的概念

定义 2.1 给定一个试验, 试验的空间为 S, S 的子集构成的域称作事件, 并且赋予这些事件以概率, 对试验的每个结果 ξ 指定一个数 $x(\xi)$, 于是建立了一个定义在集合 S 上的函数 x, 它的值域为一数集, 若函数 x 满足某些不太苛刻的条件, 就称这个函数为随机变量。

在集合 S 中, 组成事件 $\{X \leqslant x\}$ 的元素随 x 取值不同而变化, 因此, 事件 $\{X \leqslant x\}$ 的概率 $P\{X \leqslant x\}$ 是依赖于 x 的一个数, 这个数表示为 $F_X(x)$, 并称它为随机变量 x 的 (累积) 分布函数。

定义 2.2 随机变量 X 的分布函数

$$F_X(x) = P\{X \leqslant x\}$$

是定义在 $-\infty$ 到 $+\infty$ 上的函数。

在下面, 表达式 $F(x^+)$ 和 $F(x^-)$ 分别表示分布函数 $F(x)$ 在 x 点的右极限和左极限, 即

$$F(x^+) = \lim F(x + \varepsilon), \quad F(x^-) = \lim F(x - \varepsilon), \quad 0 < \varepsilon \to 0$$

分布函数具有以下性质:

(1) $F(+\infty) = 1, F(-\infty) = 0$。

(2) 它是 x 的非降函数, 即若 $x_1 < x_2$, 则 $F(x_1) \leqslant F(x_2)$。

(3) 如果 $F(x_0) = 0$, 那么对每个 $x \leqslant x_0$, $F(x) = 0$。

(4) $P\{X > x\} = 1 - F(x)$。

(5) 函数 $F(x)$ 是右连续的, 即 $F(x^+) = F(x)$。

(6) $P\{x_1 < X \leqslant x_2\} = F(x_2 - x_1)$。

(7) $P\{X = x\} = F(x) - F(x^-)$。

(8) $P\{x_1 \leqslant X \leqslant x_2\} = F(x_2) - F(x_1^-)$。

定义 2.3　若 X 以概率 1 在有限或可列个值 $\{a_i\}$ 上取值, 记

$$p_i = P\{X = a_i\}, \quad i = 1, 2, \cdots$$

且 $\sum_i p_i = 1$, 则称 X 为离散型随机变量。

定义 2.4　设随机变量 X 的分布函数为 $F_X(\cdot)$, 若存在一个非负可测函数 $f(\cdot)$, 使得对一切实数 a, 有

$$F_X(a) = \int_{-\infty}^{a} f(x)\mathrm{d}x$$

则称 X 为连续型随机变量, 称 $f(\cdot)$ 为 X 的概率密度函数。

定义 2.5　若一个向量 $Z = (z_1, z_2, \cdots, z_n)$ 的所有分量都是随机变量, 则称 Z 为随机向量; 若这些分量中既有连续随机变量, 也有离散随机变量, 则称 Z 为混合随机向量。

2.2　一元随机变量函数

2.2.1　随机变量 $g(X)$

假设 X 是一个随机变量, 而 $g(x)$ 是实变量 x 的函数, 表示式

$$Y = g(X)$$

是一个新的随机变量, 其定义如下: 对一给定的 ξ, $X(\xi)$ 是一个数, 而 $g[X(\xi)]$ 是按照 $x = X(\xi)$ 和 $y = g(x)$ 规定的另一个数, 这个数 $Y(\xi) = g[X(\xi)]$ 就是赋予随机变量 Y 的值, 于是, 随机变量 X 的函数是一个复合函数 $Y = g(X) = g[X(\xi)]$, 定义域是试验结果 ξ 构成的集合 S。

由此形成的随机变量 Y 的分布函数 $F_Y(y)$ 就是事件 $\{Y \leqslant y\}$ 的概率, 该事件由满足 $Y(\xi) = g[X(\xi)] \leqslant y$ 的所有结果 ξ 构成, 于是

$$F_Y(y) = P\{Y \leqslant y\} = P\{g(X) \leqslant y\}$$

对于一个给定的 y, 满足 $g(x) \leqslant y$ 的 x 值构成了 x 轴上的一个集合, 记作 R_y。显然, 如果 $X(\xi)$ 属于集合 R_y, 则 $g[X(\xi)] \leqslant y$, 因此

$$F_Y(y) = P\{X \in R_y\}$$

要使 $g(X)$ 是一个随机变量, 函数 $g(x)$ 必须满足下列性质:

(1) 它的定义域必须包含在随机变量 X 的值域内。

(2) 它必须是一个 Borel 函数, 也就是说, 对每个 y, 满足 $g(x) \leqslant y$ 的集合 R_y 必须由可列个区间的并和交构成。只有如此, $\{Y \leqslant y\}$ 才是一个事件。

(3) 事件 $g(X) = \pm\infty$ 的概率必须为零。

2.2.2 $g(X)$ 的分布及概率密度函数的确定

我们希望用随机变量 X 的分布函数 $F_X(x)$ 和函数 $g(x)$ 表示随机变量 $Y = g(X)$ 的分布函数 $F_Y(y)$。为此，我们必须确定满足 $g(x) \leqslant y$ 的 x 的集合 R_y 以及 X 在该集合中的概率。

下面我们给出基于随机变量 X 的概率密度确定 $Y = g(X)$ 的概率密度的方法。

定理 2.1　对给定的 y，要找出 $f_Y(y)$，首先需要解方程 $y = g(x)$。用 x_n 来表示它的实根

$$y = g(x_1) = \cdots = g(x_n) = \cdots$$

可以证明

$$f_Y(y) = \frac{f_X(x_1)}{|g'(x_1)|} + \cdots + \frac{f_X(x_n)}{|g'(x_n)|} + \cdots \tag{2.1}$$

式中，$g'(x)$ 为 $g(x)$ 的导数。

注 2.1　求 $y = g(x)$ 的 PDF 也可以用后面的 PDF 转换定律去实现。

2.2.3 均值和方差

定义 2.6　连续型随机变量 X 的数学期望 (或均值) 定义为

$$E\{X\} = \int_{-\infty}^{+\infty} x f(x) \mathrm{d}x \tag{2.2}$$

定义 2.7　对于离散型随机变量，式 (2.2) 的积分用求和代替。假定 X 以概率 p_i 取值 x_i，在这种情况下，将

$$f(x) = \sum_i p_i \delta(x - x_i)$$

代入式 (2.2) 并使用恒等式

$$\int_{-\infty}^{+\infty} x \delta(x - x_i) \mathrm{d}x = x_i$$

可以得到

$$E\{X\} = \sum_i p_i x_i, \quad p_i = P\{X = x_i\} \tag{2.3}$$

定义 2.8　在式 (2.2) 中，如果用条件概率密度 $f(x|M)$ 代替概率密度函数 $f(x)$，则得到了在条件 M 下，随机变量 X 的条件均值为

$$E\{X|M\} = \int_{-\infty}^{+\infty} x f(x|M) \mathrm{d}x \tag{2.4}$$

对于离散型随机变量, 式 (2.4) 变为

$$E\{X|M\} = \sum_i p_i x_i, \quad p_i = P\{X = x_i|M\} \tag{2.5}$$

2.2.4 $g(X)$ 的均值

给定随机变量 X 和函数 $g(x)$, 我们得到新的随机变量 $Y = g(X)$, 它的均值为

$$E\{g(X)\} = \int_{-\infty}^{+\infty} g(x) f_X(x) \mathrm{d}x \tag{2.6}$$

定义 2.9   对于一个具有均值 η 的随机变量 X, $X - \eta$ 表示随机变量离开均值的偏差。定义

$$\sigma^2 \equiv E\{(X - \eta)^2\} > 0 \tag{2.7}$$

令 $g(X) = (X - \eta)^2$, 利用式 (2.6) 得到

$$\sigma_x^2 = \int_{-\infty}^{+\infty} (x - \eta)^2 f_X(x) \mathrm{d}x > 0 \tag{2.8}$$

正常数 σ_x^2 称为随机变量 X 的方差, 它的正平方根 $\sigma_x = \sqrt{E\{(X - \eta)^2\}}$ 称为随机变量 X 的标准差。

2.2.5   矩

下面关于各种矩的定义在研究随机变量中广泛应用。

矩:

$$m_n = E\{X^n\} = \int_{-\infty}^{+\infty} x^n f(x) \mathrm{d}x \tag{2.9}$$

中心矩:

$$\mu_n = E\{(X - \eta)^n\} = \int_{-\infty}^{+\infty} (x - \eta)^n f(x) \mathrm{d}x \tag{2.10}$$

绝对矩:

$$E\{|X|^n\} = \int_{-\infty}^{+\infty} |x|^n f(x) \mathrm{d}x, \quad E\{|X - \eta|^n\} = \int_{-\infty}^{+\infty} |x - \eta|^n f(x) \mathrm{d}x \tag{2.11}$$

一般矩:

$$E\{(X - a)^n\} = \int_{-\infty}^{+\infty} (x - a)^n f(x) \mathrm{d}x, \quad E\{|X - a|^n\} = \int_{-\infty}^{+\infty} (x - a)^n f(x) \mathrm{d}x \tag{2.12}$$

2.3 多元分布

2.3.1 多元分布函数

定义 2.10 设 $X = (X_1, \cdots, X_n)^{\mathrm{T}}$ 是一随机向量, 它的 (多元) 分布函数是

$$F(X) \equiv F(x_1, \cdots, x_n) = P\{X_1 \leqslant x_1, \cdots, X_n \leqslant x_n\} \tag{2.13}$$

并记成 $X \sim F$。

类似于一元分布函数, 多元分布函数具有以下性质:

(1) $F(x_1, \cdots, x_n)$ 是每个变量 $x_i(i = 1, 2, \cdots, n)$ 的单调非降、右连续函数;

(2) $0 \leqslant F(x_1, \cdots, x_n) \leqslant 1$;

(3) $F(-\infty, x_2, \cdots, x_n) = F(x_1, -\infty, x_3, \cdots, x_n) = \cdots = F(x_1, \cdots, x_{n-1}, -\infty) = 0$;

(4) $F(+\infty, +\infty, \cdots, +\infty) = 1$。

2.3.2 多元分布概率密度函数

定义 2.11 设 $X \sim F(X) = F(x_1, \cdots, x_n)$, 若存在一个非负的函数 $f(\cdot)$, 使得

$$F(X) = \int_{-\infty}^{x_1} \cdots \int_{-\infty}^{x_n} f(t_1, \cdots, t_n) \mathrm{d}t_1 \cdots \mathrm{d}t_n \tag{2.14}$$

对一切 $X \in \mathbb{R}^n$ 成立, 则称 X 有概率密度 $f(\cdot)$, 并称 X 为连续型随机向量。

一个具有 n 个变量的函数 $f(\cdot)$ 能作为 $\mathbb{R}^n$ 中某个随机向量的概率密度, 当且仅当:

(1) $f(x) \geqslant 0$, $\forall X \in \mathbb{R}^n$;

(2) $\displaystyle\int_{\mathbb{R}^n} f(x) \mathrm{d}x = 1$。

若 $f(\cdot)$ 为 X 的概率密度, B 为 $\mathbb{R}^n$ 中任一 Borel 可测集, 则

$$P\{X \in B\} = \int_B f(X) \mathrm{d}X$$

$$P\{a_i \leqslant x_i \leqslant b_i, i = 1, 2, \cdots, n\} = \int_{a_1}^{b_1} \cdots \int_{a_n}^{b_n} f(X) \mathrm{d}X \tag{2.15}$$

对积分上限求导, 若 X_0 为 $f(X)$ 的连续点, 则

$$f(X_0) = \left. \frac{\partial^n F(x_1, \cdots, x_n)}{\partial x_1 \cdots \partial x_n} \right|_{X = X_0} \tag{2.16}$$

式中, $F(\cdot)$ 为 $f(\cdot)$ 相应的分布函数。

2.3.3 边缘分布

若 X 为 n 维随机向量，由它的 $p(p < n)$ 个分量组成的子向量 $X^{(1)}$ 的分布称为 X 的边缘分布。通过交换 X 中各分量的次序总可以假定 $X^{(1)}$ 正好是 X 的前 p 个分量，即 $X = (X^{(1)T}, X^{(2)T})^T$。若 X 的分布函数为 $F(\cdot)$，则 $X^{(1)}$ 的分布函数为

$$
\begin{aligned}
P\{X^{(1)} \leqslant x^{(1)}\} &= P\{X_1 \leqslant x_1, \cdots, X_p \leqslant x_p\} \\
&= P\{X_1 \leqslant x_1, \cdots, X_p \leqslant x_p, X_{p+1} < +\infty, \cdots, X_n < +\infty\} \\
&= F(x_1, \cdots, x_p, +\infty, \cdots, +\infty)
\end{aligned} \tag{2.17}
$$

若 X 有分布密度 $f(\cdot)$，则

$$
F(x_1, \cdots, x_p, +\infty, \cdots, +\infty) = \int_{-\infty}^{x_1} \cdots \int_{-\infty}^{x_p} \int_{-\infty}^{+\infty} \cdots \int_{-\infty}^{+\infty} f(t_1, \cdots, t_n) \mathrm{d}t_1 \cdots \mathrm{d}t_n
$$

由式 (2.16)，得 $X^{(1)}$ 的边缘密度为

$$
f^{(1)}(x_1, \cdots, x_p) = \int_{-\infty}^{+\infty} \cdots \int_{-\infty}^{+\infty} f(x_1, \cdots, x_p, t_{p+1}, \cdots, t_n) \mathrm{d}t_{p+1} \cdots \mathrm{d}t_n \tag{2.18}
$$

2.3.4 条件分布与条件期望

若 A 和 B 是两个事件，在给定 B 发生的条件下 A 发生的条件概率为

$$
P\{A|B\} = \frac{P\{AB\}}{P\{B\}}
$$

若取 $A = \{a \leqslant X \leqslant b\}$，$B = \{c \leqslant Y \leqslant d\}$，其中 X 和 Y 是随机变量，且 $P(c \leqslant Y \leqslant d) > 0$，则

$$
P\{a \leqslant X \leqslant b | c \leqslant Y \leqslant d\} = \frac{P\{a \leqslant X \leqslant b, c \leqslant Y \leqslant d\}}{P\{c \leqslant Y \leqslant d\}}
$$

若 (X, Y) 有分布密度 $f(\cdot, \cdot)$，则边缘分布 Y 也有分布密度，记作 $g(\cdot)$，于是上式成为

$$
P\{a \leqslant X \leqslant b | c \leqslant Y \leqslant d\} = \frac{\displaystyle\int_a^b \int_c^d f(x, y) \mathrm{d}x \mathrm{d}y}{\displaystyle\int_c^d g(y) \mathrm{d}y}
$$

若 $X = (X^{(1)T}, X^{(2)T})^T$ 和 $X^{(2)}$ 分别有密度 $f(x^{(1)}, x^{(2)})$ 和 $g(x^{(2)})$，则当给定 $x^{(2)}$ 时，$x^{(1)}$ 的条件密度为

$$
f(x^{(1)} | x^{(2)}) = \frac{f(x^{(1)}, x^{(2)})}{g(x^{(2)})}
$$

如果 X 与 Y 是离散随机变量，对一切使 $P\{Y = y\} > 0$ 的 y，定义给定 $\{Y = y\}$ 时，X 的条件期望为

$$E\{X|Y = y\} = \int x\mathrm{d}F(x|y) = \sum_x xP\{X = x|Y = y\}$$

如果 X 与 Y 有联合概率密度函数 $f(x, y)$，则对一切使 $f_Y(y) \geqslant 0$ 的 y，X 的条件期望定义为

$$E\{X|Y = y\} = \int x\mathrm{d}F(x|y) = \int xf(x|y)\mathrm{d}x$$

2.3.5 独立性

定义 2.12 两个随机向量 X 和 Y 是相互独立的，若

$$P\{X \leqslant U, Y \leqslant V\} = P\{X \leqslant U\}P\{Y \leqslant V\}$$

对一切 U, V 成立。若 $F(X, Y)$ 为 (X, Y) 的联合分布函数，$G(X)$ 和 $H(Y)$ 分别为 X 和 Y 的边缘分布函数，则 X 与 Y 相互独立当且仅当

$$F(X, Y) = G(X)H(Y) \tag{2.19}$$

对一切 X, Y 成立。

若 (X, Y) 有密度 $f(X, Y)$，用 $g(X)$ 和 $h(Y)$ 分别表示 X 和 Y 的边缘密度，则 X 和 Y 相互独立当且仅当

$$f(X, Y) = g(X)h(Y) \tag{2.20}$$

对一切 X, Y 成立，或当且仅当

$$f(X|Y) = g(X) \tag{2.21}$$

2.3.6 全概率公式与全期望公式

定义 2.13 若事件 A 与 B 不能同时发生，也就是说，AB 是一个不可能事件，即 $A \bigcap B = \varnothing$，则称事件 A 与 B 互不相容。

引理 2.1 设 $B_1, B_2, \cdots$ 是一系列互不相容的事件，且有

$$\bigcup_{i=1}^{\infty} B_i = \Omega, \quad P\{B_i\} > 0, \quad i = 1, 2, \cdots$$

则对任一事件 A，有

$$P\{A\} = \sum_{i=1}^{\infty} P\{B_i\}P\{A|B_i\} \tag{2.22}$$

这个公式通常称为全概率公式，其中 Ω 表示整个样本空间。

以 $E\{X|Y\}$ 表示随机变量 Y 的函数，它在 $Y = y$ 时，取值为 $E\{X|Y = y\}$。条件期望的一个极其有用的性质是对一切随机变量 X 与 Y，当期望存在时，有

$$E\{X\} = E\{E[X|Y]\} = \int E\{X|Y = y\}\mathrm{d}F_Y(y) \tag{2.23}$$

如果 Y 是一个离散变量，则式 (2.23) 为

$$E\{X\} = \sum_y E\{X|Y = y\}P\{Y = y\}$$

而如果 Y 是连续的，且具有密度 $f(y)$，则

$$E\{X\} = \int_{-\infty}^{+\infty} E\{X|Y = y\}f(y)\mathrm{d}y$$

2.4 熵

熵是一个历史颇久的概念。19 世纪中叶，德国物理学家 R. Clausius(克劳修斯)首先把熵引进到热力学。虽然它来源于热力学，但经过一百多年的发展，熵的应用已远远超过了热力学、统计物理的范畴，而直接或间接地涉及信息论、数学、天体物理、生物医学、工程实践等不同领域。

熵的含义非常丰富，在热力学中它是不可用能的度量；在统计物理中它是系统微观态数目的度量；在信息论中它是一个随机事件不确定程度的度量。在不同场合，针对不同对象，熵可以作为状态的混乱性或无序度、不确定性或信息缺乏度、不均匀性或丰富度的度量等。

本书后面章节所提及的熵均是指信息熵，即把熵看成是一个随机事件的不确定程度的度量。

2.4.1 离散随机变量的熵

考虑一个具有 n 个可能结果的随机试验 X，设该试验可能出现的概率分布 $p = (p_1, p_2, \cdots, p_n)$，它们满足

$$0 \leqslant p_i \leqslant 1, \quad i = 1, 2, \cdots, n$$
$$\sum_{i=1}^{n} p_i = 1$$

数学家 Shannon 引入函数

$$H(X) = H(p_1, p_2, \cdots, p_n) = -k\sum_{i=1}^{n} p_i \log p_i \tag{2.24}$$

将该函数作为随机试验 X 先验含有的不确定性。式 (2.24) 中 $k \geqslant 0$ 为常数, H 称为 X 的香农 (Shannon) 熵。

离散随机变量的熵有一些有用的性质, 下面不加证明地介绍几条。详细证明可见文献 [54]。

命题 2.1 对称性

$$H(p_1, p_2, \cdots, p_n) = H(p_{k_1}, p_{k_2}, \cdots, p_{k_n}) \tag{2.25}$$

式中, $(p_{k_1}, p_{k_2}, \cdots, p_{k_n})$ 为 $(p_1, p_2, \cdots, p_n)$ 的任意一个排列, 它表明信息量在改变事件顺序时是不变的。

命题 2.2 非负性

$$H(X) = H(p_1, p_2, \cdots, p_n) \geqslant 0 \tag{2.26}$$

式中等号成立当且仅当 X 服从退化分布, 这表明确定场 (非随机场) 的熵最小。

命题 2.3

$$H(X) = H(p_1, p_2, \cdots, p_n) \leqslant \log n \tag{2.27}$$

式中等号成立当且仅当 $p_k = 1/n, k = 1, 2, \cdots, n$, 它表明等概场具有最大熵。

命题 2.4 可加性

$$H(q_{11}, \cdots, q_{1k_1}; q_{21}, \cdots, q_{2k_2}; \cdots; q_{n1}, \cdots, q_{nk_n})$$
$$= H(p_1, p_2, \cdots, p_n) + \sum_{i=1}^{n} p_i H\left(\frac{q_{i1}}{p_1}, \cdots, \frac{q_{ik_i}}{p_i}\right) \tag{2.28}$$

式中, $q_{ij} \geqslant 0$, $p_i = \sum_{j=1}^{k_i} q_{ij}$, $\sum_{i=1}^{n} p_i = 1$。

命题 2.5 Shannon 不等式

$$H(p_1, p_2, \cdots, p_n) = -\sum_{i=1}^{n} p_i \log p_i \leqslant -\sum_{i=1}^{n} p_i \log q_i \tag{2.29}$$

式中, $(q_1, q_2, \cdots, q_n)$ 可能是不完全分布。

命题 2.6 上凸性熵函数 $H(p_1, p_2, \cdots, p_n)$ 是概率分布 $(p_1, p_2, \cdots, p_n)$ 的严格上凸函数。

2.4.2 互信息

设随机向量 (X, Y) 的联合概率分布为 $p_{ij}(i = 1, 2, \cdots, n; j = 1, 2, \cdots, m)$, 则 (X, Y) 的二维联合熵定义为

$$H(X, Y) = -\sum_{i=1}^{n} \sum_{j=1}^{m} p_{ij} \log p_{ij} \tag{2.30}$$

类似可以推广到 n 维随机向量的情况。

如果假定 X 和 Y 的边缘分布分别为 $p_{i.}$ 和 $p_{.j}$，可定义在已知 Y 的条件下，X 的条件熵为

$$H(X|Y) = -\sum_{i=1}^{n}\sum_{j=1}^{m} p_{ij} \log \frac{p_{ij}}{p_{.j}} \tag{2.31}$$

同理可得在已知 X 的条件下，Y 的条件熵为

$$H(Y|X) = -\sum_{i=1}^{n}\sum_{j=1}^{m} p_{ij} \log \frac{p_{ij}}{p_{i.}} \tag{2.32}$$

命题 2.7　条件熵不大于无条件熵

$$H(Y|X) \leqslant H(Y) \tag{2.33}$$

该性质表明，在已知 X 的条件下，Y 所包含的信息量不大于无条件下 Y 所包含的信息量。

命题 2.8　(X,Y) 的联合熵等于 X 的熵与 Y 在已知 X 时的条件熵之和，即

$$H(X,Y) = H(X) + H(Y|X) \tag{2.34}$$

同理，可得

$$H(X,Y) = H(Y) + H(X|Y) \tag{2.35}$$

上述结论很容易推广到条件多的熵不大于条件少的熵，即

$$H(X|X_1) \geqslant H(X|X_1, X_2) \tag{2.36}$$

由命题 2.7 和命题 2.8，易知下面的结论成立

$$H(X,Y) \leqslant H(X) + H(Y) \tag{2.37}$$

只有在 X 与 Y 相互独立的情况下，式 (2.37) 的等号成立。

2.4.3　连续随机变量的熵

连续随机变量的信息熵可由离散熵的概念推导而得。考虑到连续随机变量任意点的概率为 0，于是 Shannon 用概率密度函数 $p(x)$ 定义连续随机变量的熵。连续随机变量的分布函数 $P(x)$ 为变量值小于 x 的概率，即 $P(x) = \int_{-\infty}^{x} p(t)\mathrm{d}t$。当随机变量 X 的取值 a 和 b 的距离 $\Delta x = |a - b|$ 很小时，介于 a 和 b 之间的概率

$\int_a^b p(x)\mathrm{d}x$ 近似为 $p(x) = |a - b|p(a)$。将连续随机变量取值的每个划分区间的概率分布的对数值求均值 $H_{\Delta x}(X) = -\sum_i \Delta x p(x_i) \log \Delta x p(x_i)$，当划分区间的长度趋于零时，$\lim\limits_{\Delta x \to 0} H_{\Delta x}(X) = -\int_{-\infty}^{+\infty} p(x) \log p(x)\mathrm{d}x - \lim\limits_{\Delta x \to 0} \log \Delta x$ 趋于无穷大。Shannon去除了无穷大项 $-\lim\limits_{\Delta x \to 0} \log \Delta x$，得到了微分熵的定义，即

$$H_S(X) = -\int_{-\infty}^{+\infty} p(x) \log p(x)\mathrm{d}x \tag{2.38}$$

连续随机变量的微分熵虽然具有离散熵的主要特征，但不具备非负性，因为它略去了一个无穷大的正值。

尽管微分熵不具有非负性，但它具有相对性的属性，这样，在研究微分熵的相互关系时，它仍然具有信息熵的一些特征。于是，也可以类似定义连续随机变量的联合熵、条件熵、互信息等概念。

2.4.4 熵的计算

在大多数实际应用中，人们采用的还是信息熵的原始定义，即

$$H(X) = H(p_1, p_2, \cdots, p_n) = -k \sum_{i=1}^{n} p_i \log p_i \tag{2.39}$$

不过，在应用这个公式前，要确切知道随机变量的概率分布 $(p_1, p_2, \cdots, p_n)$，但这在某些情况下是比较困难的。而且，这个公式是基于离散型随机变量的，而对于大多数连续取值的随机变量来说，虽然可以通过微分熵的形式定义连续变量的熵

$$H(X) = -\int p(x) \log p(x)\mathrm{d}x \tag{2.40}$$

但是同样的问题是要得到其概率密度函数 $p(x)$。

在实际使用中，可经"采样"及"离散"而使其离散化，只要满足一定的精度要求即可。

设 X 是一个连续随机变量，其概率密度函数为 $p(x)$。现将 X 的取值区间划分成 n 等份，每个小区间的长度记为 Δx，则 X 的值落在第 i 个小区间的概率为

$$p_i = P\left\{ x_i - \frac{\Delta x}{2} \leqslant X \leqslant x_i + \frac{\Delta x}{2} \right\} = \int_{x_i - \Delta x/2}^{x_i + \Delta x/2} p(x)\mathrm{d}x \approx p(x_i)\Delta x$$

式中，x_i 为第 i 个小区间的中点。于是，X 的熵可近似地表达为

$$H(X; \Delta x) \approx -\sum_{i=1}^{n} p(x_i)\Delta x \log p(x_i) - \log \Delta x \tag{2.41}$$

式中, Δx 的大小决定着 $H(X;\Delta x)$ 的取值。当 Δx 趋于零时, $H(X)$ 也可能趋于无穷大。可根据实际需要确定 Δx 的大小, 如可要求满足不等式

$$\sum_{i=1}^{n} p(x_i)\Delta x \geqslant 0.999 \tag{2.42}$$

但是, 式 (2.41) 有其局限性, 如有两个具有相同统计特性的随机变量, 其中一个的均值远远大于另一个, 此时用一个固定的 Δx 显然是不合适的。因此提出了一个相对的标准 $\dfrac{\Delta x}{x}$, 其指导思想是将变量 X 的值取对数后再划分成 n 等份。

假定 $X > 0$, 令 $z = \ln x$, 得到新的变量 Z, 将 Z 的取值区间划分成 n 等份, 记每个小区间的长度为 Δz, 这样当 Δz 很小时, X 的值落在第 i 个区间的概率为

$$p_i \approx P\left\{z_i - \frac{1}{2}\Delta z \leqslant Z \leqslant z_i + \frac{1}{2}\Delta z\right\} = P\left\{\log x_i - \frac{1}{2}\Delta z \leqslant \log X \leqslant \log x_i + \frac{1}{2}\Delta z\right\}$$

$$= P\{x_i e^{-\frac{1}{2}\Delta z} \leqslant X \leqslant x_i e^{\frac{1}{2}\Delta z}\} \approx P(x_i)(x_i e^{\frac{1}{2}\Delta z} - x_i e^{-\frac{1}{2}\Delta z}) \approx p(x_i)x_i\Delta z$$

于是, 变量 X 的熵为

$$H(X;\frac{\Delta x}{x}) = H(X;\Delta z) = -\sum_{i=1}^{n} p_i \log p_i$$

$$\approx -\sum_{i=1}^{n} x_i p(x_i) \log[x_i p(x_i)]\Delta z - \log \Delta z \sum_{i=1}^{n} x_i p(x_i)\Delta z$$

$$\approx -\int_{0}^{\infty} p(x) \log[xp(x)]\mathrm{d}x - \log \frac{\Delta x}{x} \tag{2.43}$$

有时存在一种特殊情况, 对于并不是随机变量的变量 X, 若取值 $x_1, x_2, \cdots, x_n$, 有时为了需要, 可以从形式上计算 X 的熵。首先, 将 X 归一化, 即令

$$y_i = \frac{x_i}{\displaystyle\sum_{i=1}^{n} x_i}, \quad i = 1, 2, \cdots, n$$

在形式上可以认为 y_i 是变量 X 取值 x_i 的概率。显然 $0 \leqslant y_i \leqslant 1$, $\displaystyle\sum_{i=1}^{n} y_i = 1$, 于是可得到变量 X 的熵

$$H(X) = -\sum_{i=1}^{n} y_i \log y_i \tag{2.44}$$

2.4.5 由近似计算估计熵值 (仅适用于一维随机变量)

Vasicek 将式 (2.40) 表示成下面的形式:

$$H(X) = -\int_{0}^{1} \log\left[\frac{\mathrm{d}F^{-1}(p)}{\mathrm{d}p}\right]\mathrm{d}p \tag{2.45}$$

式中, F^{-1} 为概率密度函数 p 的反函数。

设 $x_1, x_2, \cdots, x_n$ 是来自总体 X 的一组观测值, 则所求熵的估计值为

$$H_v(m,n) = \frac{1}{n} \sum_{i=1}^{n} \ln \frac{y_{i+m} - y_{i-m}}{2m/n} \tag{2.46}$$

式中, $y_1 \leqslant y_2 \leqslant \cdots \leqslant y_n$ 是 $x_1, x_2, \cdots, x_n$ 的顺序值; m 为正整数 $\left(0 < m \leqslant \dfrac{n}{2}\right)$; $y_{i-m} = y_1 (i \leqslant m), y_{i+m} = y_n (i \geqslant n - m)$。

Ebrahimi 等对式 (2.46) 进行了改进, 提出了两个新的估计式 $H_c(m,n)$ 和 $H_d(m,n)$, 即

$$H_c(m,n) = \frac{1}{n} \sum_{i=1}^{n} \ln \frac{y_{i+m} - y_{i-m}}{c_i m/n} \tag{2.47}$$

式中,

$$c_i = \begin{cases} 1 + \dfrac{i-1}{m}, & 1 \leqslant i \leqslant m \\ 2, & m+1 \leqslant i \leqslant n-m \\ 1 + \dfrac{n-i}{m}, & n-m+1 \leqslant i \leqslant n \end{cases}$$

如果 $i \leqslant m, y_{i-m} = y_1$; 如果 $i \geqslant n - m, y_{i+m} = y_n$。

$$H_d(m,n) = \frac{1}{n} \sum_{i=1}^{n} \ln \frac{z_{i+m} - z_{i-m}}{d_i m/n} \tag{2.48}$$

式中,

$$d_i = \begin{cases} 1 + \dfrac{i+1}{m} - \dfrac{i}{m^2}, & 1 \leqslant i \leqslant m \\ 2, & m+1 \leqslant i \leqslant n-m-1 \\ 1 + \dfrac{n-i}{m+1}, & n-m \leqslant i \leqslant n \end{cases}$$

$$z_{i-m} = a + \frac{i-1}{m}(y_1 - a) = y_1 - \frac{m-i+1}{m}(y_1 - a), \quad 1 \leqslant i \leqslant m$$

$$z_i = y_i, \quad m+1 \leqslant i \leqslant n-m-1$$

$$z_{i+m} = b - \frac{n-i}{m}(b - y_n) = y_n + \frac{m+i-n}{m}(b - y_n), \quad n-m \leqslant i \leqslant n$$

在上面的三个式子中, a 和 b 是满足 $P(a \leqslant X \leqslant b) \approx 1$ 的两个常数。若 X 为有界集, 则 a 与 b 分别是其下界和上界, 若 X 只有上界 (下界), 则 a 与 b 分别取值为

$$a = \bar{x} - ks, \quad b = \bar{x} + ks$$

式中，

$$\overline{x} = \frac{1}{n} \sum_{i=1}^{n} x_i, \quad s = \sqrt{\frac{1}{n-1} \sum_{i=1}^{n} (x_i - \overline{x})^2}$$

而且，Ebrahimi 证明在满足一定的条件下，$H_c(m,n)$ 和 $H_d(m,n)$ 分别依概率收敛到 $H(X)$。蒙特卡罗模拟显示这两个改进的估计式比式 (2.46) 有较小的偏差和均方误差。

需要指出的是，该方法仅适用于一维随机变量的情况。

2.4.6 r-Renyi 熵

r-Renyi 熵是 Shannon 熵的扩展，当 $r = 1$ 时，r-Renyi 熵为 Shannon 熵。

定义 2.14   设离散随机变量 X 的概率分布为 $p(x)$，r-Renyi 熵定义为

$$H_r(X) = \begin{cases} \dfrac{1}{1-r} \ln\left(\sum_x p^r(x)\right), & r > 0,\ r \neq 1 \\ -\sum_x p(x) \ln p(x), & r = 1 \end{cases}$$

定义 2.15   设一对离散随机变量 (X, Y) 的联合概率分布是 $p(x, y)$，那么 (X, Y) 的联合 r-Renyi 熵定义为

$$H_r(X, Y) = \begin{cases} \dfrac{1}{1-r} \ln\left(\sum_x \sum_y p^r(x, y)\right), & r > 0,\ r \neq 1 \\ -\sum_x \sum_y p(x, y) \ln p(x, y), & r = 1 \end{cases}$$

定义 2.16   设一对离散随机变量 (X, Y) 的联合概率分布是 $p(x, y)$，则给定 $X = x$ 条件下 Y 的 r-Renyi 熵定义为

$$H_r(Y|X = x) = \begin{cases} \dfrac{1}{1-r} \ln\left(\sum_y p^r(y|x)\right), & r > 0,\ r \neq 1 \\ -\sum_y p(y|x) \ln p(y|x), & r = 1 \end{cases}$$

式中，$p(y|x) = \dfrac{p(y, x)}{\sum\limits_y p(y, x)}$。

定义 2.17   设连续随机变量 X 的密度函数为 $f(x)$，r-Renyi 熵定义为

$$H_r(X) = \begin{cases} \dfrac{1}{1-r} \ln\left(\int f^r(x) \mathrm{d}x\right), & r > 0,\ r \neq 1 \\ -\int f(x) \ln f(x) \mathrm{d}x, & r = 1 \end{cases}$$

定义 2.18 设一对连续随机变量 (X,Y) 的联合概率密度函数为 $f(x,y)$，那么 (X,Y) 的联合 r-Renyi 熵定义为

$$H_r(X,Y) = \begin{cases} \dfrac{1}{1-r}\ln\left(\displaystyle\int\int f^r(x,y)\mathrm{d}x\mathrm{d}y\right), & r > 0,\ r \neq 1 \\ -\displaystyle\int\int f(x,y)\ln f(x,y)\mathrm{d}x\mathrm{d}y, & r = 1 \end{cases}$$

定义 2.19 设一对连续随机变量 (X,Y) 的联合概率密度函数为 $f(x,y)$，那么 (X,Y) 的条件 r-Renyi 熵定义如下：

$$H_r(Y|X) = \begin{cases} \displaystyle\int \dfrac{f(x)}{1-r}\ln\left(\int f^r(y|x)\mathrm{d}y\right)\mathrm{d}x, & r > 0,\ r \neq 1 \\ -\displaystyle\int\int f(x,y)\ln f(y|x)\mathrm{d}y\mathrm{d}x, & r = 1 \end{cases}$$

可以用蒙特卡罗方法近似计算不同分布的 Renyi 熵。设 $f(x)$ 为密度函数，通过抽取服从 $f(x)$ 的随机样本，根据下式计算 Renyi 熵：

$$\begin{cases} \dfrac{1}{1-r}\log\left(\dfrac{1}{N}\displaystyle\sum_{i=1}^{N} f^{r-1}(X_i)\right), & r > 0,\ r \neq 1 \\ -\dfrac{1}{N}\displaystyle\sum_{i=1}^{N}\log f(X_i), & r = 1 \end{cases}$$

2.5　Bellman 最优化原理

Bellman 最优化原理：最优策略具有如此性质，即无论其初始状态和初始决策如何，其今后诸决策对以每一个决策所形成的状态作为初始状态的系统而言，必须构成最优策略。

例如，从 A 到 E，最短路径是 A—B_4—C_3—D_1—E，这些点的选择构成了这个例子的最优策略，根据最优性原理，这个策略的每个子策略应是最优的。B_4—C_3—D_1—E 是 B_4—E 的最短路径，C_3—D_1—E 也是 C_3—E 的最短路径。

2.6　Borel 可测函数

定义 2.20 设 X 是一个集合，T 是 X 的一个子集族，如果 T 满足如下条件：

(1) $X, \phi \in T$；

(2) 若 $A, B \in T$，则 $A \bigcap B \in T$；

(3) 若 $T_1 \subset T$, 则 $\bigcup\limits_{A \in T_1} A \in T$。

则称 T 是 X 的一个 (开集) 拓扑, T 中的每个集合成为 T 的一个开集, (X, T) 成为拓扑空间。

定义 2.21 设 Γ 是由集合中一些子集所构成的集合族, 且满足以下条件:

(1) $\phi \in \Gamma$;

(2) 若 $A \in \Gamma$, 则 $A^c \in \Gamma$;

(3) 若 $A_n \in \Gamma(n = 1, 2, 3, \cdots)$, 则 $\bigcup\limits_{n=1}^{\infty} A_n \in \Gamma$。

则称 Γ 是一个 σ 代数。

定义 2.22 拓扑空间 T 中包含开集的 σ 代数称为 T 的 Borel σ 代数。Borel σ 代数中的集称为 Borel 集, 记为 B。

定义 2.23 设 (X, T) 为拓扑空间, $E \in T$, f 是定义在 E 上的广义实值函数, 若对 $\forall a \in \mathbb{R}^1$, 当 $\{x | f > a\}$ 为 Borel 集时, 称 f 是 E 上的 Borel 可测函数, 简称 Borel 可测函数。

2.7 PDF 转换定律

在多元分析的分布推导中, 经常用到 PDF 转换, 这里先做一些准备工作以便以下章节中使用。记 $X = (x_1, x_2, \cdots, x_n)$, $Y = (y_1, y_2, \cdots, y_n)$。考虑积分

$$\int_{\Xi} g(x_1, x_2, \cdots, x_n) \mathrm{d}x_1 \cdots \mathrm{d}x_n, \quad \Xi \subset \mathbb{R}^n$$

作变换 $y_i = f_i(x_1, x_2, \cdots, x_n)(i = 1, 2, \cdots, n)$, 简记为 $Y = f(X)$ 或 $X = f^{-1}(Y)$, 由微积分的知识, 上面的积分可等价变换为

$$\int_T g(f^{-1}(Y)) J(X \to Y) \mathrm{d}Y$$

式中,

$$T = \{Y | Y = f(X), X \in \Xi\}$$

$$J(X \to Y) = \left| \frac{\partial X'}{\partial Y} \right|_+ = \begin{vmatrix} \dfrac{\partial x_1}{\partial y_1} & \dfrac{\partial x_2}{\partial y_1} & \cdots & \dfrac{\partial x_n}{\partial y_1} \\ \vdots & \vdots & & \vdots \\ \dfrac{\partial x_1}{\partial y_n} & \dfrac{\partial x_2}{\partial y_n} & \cdots & \dfrac{\partial x_n}{\partial y_n} \end{vmatrix}_+ \quad (|A|_+ \text{ 表示 } A \text{ 的行列式的绝对}$$

值), $J(X \to Y)$ 称为变换的雅可比行列式。

假设向量 X 是随机向量, 它的联合 PDF 为 γ_X, 向量 Y 也是随机向量, 它的联合 PDF 为 γ_Y, 则

$$\int \gamma_X(x_1, x_2, \cdots, x_n)\mathrm{d}X = 1$$

由于 $Y = f(X)$，根据上面的推导，有

$$\int \gamma_X(f^{-1}(Y))J(X \to Y)\mathrm{d}Y = 1$$

从而

$$\gamma_Y(y_1, y_2, \cdots, y_n) = \gamma_X(f^{-1}(Y))J(X \to Y) \tag{2.49}$$

第 3 章　连续时间随机分布系统多目标 PID 控制

基于第 1 章的描述，随机分布控制的一个研究目标是设计控制器使得系统输出 PDF 的形状能够跟踪给定的 PDF。由于控制的目的在于输出整个 PDF 形状，这类控制在某种意义上包括一般随机系统中关于输出均值和方差的控制，并且能够应用到更为复杂的非高斯随机系统中。本章是非高斯智能学习模型的开篇，首先讨论基于静态神经网络逼近 PDF，随之建立输入到权向量的动态关系，给出一个连续时间非高斯随机分布系统的智能学习模型，在此基础上设计一种具有 PID 结构的控制器，使得输出 PDF 能够跟踪理想 PDF。

PI/PID 控制是最早发展起来的控制策略之一，具有控制结构简单、参数物理意义清晰且易于整定的特点，这类控制方法被广泛地应用于工程控制领域，同时也具有很好的理论分析价值。另外，伴随着凸优化理论在自动控制、信号处理等领域的广泛应用，将 PI/PID 控制方法和凸优化理论进行综合，在理论研究领域取得了一系列先进的结果。本章考虑一类非高斯随机分布系统智能学习模型，基于凸优化理论设计具有 PID 结构的反馈控制器，解决连续时间随机分布系统的多目标控制问题。该算法具有如下特点：① 控制器具有 PID 形式，结构简单，克服了随机分布控制问题中控制器相对复杂的缺点；② 考虑了非线性时滞动态模型，结合改进的凸优化算法，多重控制目标 (稳定性、跟踪性能、鲁棒性能) 同时得到满足；③ 权向量的约束条件能够得到满足，进一步完善随机分布控制中的结果。

3.1　输出概率分布样条逼近

考虑一类非高斯随机过程，记 $\eta(t) \in [a, b]$ 为描述动态随机系统输出的一致有界随机过程变量，$u(t) \in \mathbb{R}^m$ 为系统的控制输入向量，用于控制系统输出随机变量 $\eta(t)$ 的分布形状。$\eta(t)$ 的分布形状可以用它的 PDF $\gamma(y, u(t))$ 来表述：

$$P\{a \leqslant \eta(t) < \sigma, u(t)\} = \int_a^\sigma \gamma(y, u(t)) \mathrm{d}y \tag{3.1}$$

式中，$P\{a \leqslant \eta(t) < \sigma, u(t)\}$ 表示系统在控制输入 $u(t)$ 的作用下，输出随机变量 $\eta(t)$ 落在区间 $[a, \sigma)$ 的概率。然而，对于实际问题，很难得到 PDF $\gamma(y, u(t))$ 准确的函数表达形式，通常只能得到分布样本，因此需要用近似模型来描述 PDF。

在这里，假设区间 $[a, b]$ 是已知的，PDF $\gamma(y, u(t))$ 是连续且有界的，根据函数逼近的一般原则，可以用方根 B 样条函数来逼近 $\gamma(y, u(t))$，这实质上也是一种静态神经网络的逼近方法。具体表达形式如下：

$$\sqrt{\gamma(y, u(t))} = \sum_{i=1}^{n} v_i(u(t)) B_i(y) \tag{3.2}$$

式中，$v_i(t) := v_i(u(t))(i = 1, 2, \cdots, n)$ 是与控制输入 $u(t)$ 相关的权值；$B_i(y)(i = 1, 2, \cdots, n)$ 是预先设计的样条基函数，定义在区间 $[a, b]$ 上。由于 PDF 在定义域区间上的积分等于 1，即 $\int_a^b \gamma(y, u(t)) \mathrm{d}y = 1$，可以得到 B 样条逼近中仅有 $n-1$ 个权向量是相互独立的。所以式 (3.2) 可以表示为

$$\begin{aligned}
\gamma(y, u(t)) &= (C_0(y) V(t) + v_n(t) B_n(y))^2 \\
C_0(y) &= [B_1(y), B_2(y), \cdots, B_{n-1}(y)] \\
V(t) &= [v_1(t), v_2(t), \cdots, v_{n-1}(t)]^{\mathrm{T}}
\end{aligned} \tag{3.3}$$

定义

$$\Lambda_1 = \int_a^b C_0^{\mathrm{T}}(y) C_0(y) \mathrm{d}y, \quad \Lambda_2 = \int_a^b C_0(y) B_n(y) \mathrm{d}y, \quad \Lambda_3 = \int_a^b B_n^2(y) \mathrm{d}y \tag{3.4}$$

进一步，为了保证输出 PDF 在定义域区间上的积分为 1，即保证 $\int_a^b \gamma(y, u(t)) \mathrm{d}y = 1$，应当满足不等式 $V^{\mathrm{T}}(t) \Lambda_2 \Lambda_2^{\mathrm{T}} V(t) - (V^{\mathrm{T}}(t) \Lambda_1 V(t) - 1) \Lambda_3 \geqslant 0$，这也等同于

$$V^{\mathrm{T}}(t) \Pi_0 V(t) \leqslant 1 \tag{3.5}$$

式中，$\Pi_0 = \Lambda_1 - \Lambda_3^{-1} \Lambda_2^{\mathrm{T}} \Lambda_2$。不等式 (3.5) 可以看成是权向量 $V(t)$ 的一个约束条件。通过一系列数学变换，$v_n(t)$ 可以表示为 $V(t)$ 的一个连续函数，即

$$v_n(t) = h(V(t)) = \frac{\sqrt{\Lambda_3 - V^{\mathrm{T}}(t) \Lambda_0 V(t)} - \Lambda_2 V(t)}{\Lambda_3} \tag{3.6}$$

式中，$\Lambda_0 = \Lambda_1 \Lambda_3 - \Lambda_2^{\mathrm{T}} \Lambda_2$。

为了完成动态跟踪的任务，对于预先给定的目标分布函数 $g(y)$，找到相应的权向量 V_g，并将其表述为

$$g(y) = (C_0(y) V_g + h(V_g) B_n(y))^2 \tag{3.7}$$

综上所述，本章的控制目标是设计相应的控制输入 $u(t)$，使得跟踪误差

$$\Delta_e = \sqrt{\gamma(y, u(t))} - \sqrt{g(y)} = C_0 e(t) + [h(V(t)) - h(V_g)] B_n(y) \tag{3.8}$$

收敛到零, 其中 $e(t) = V(t) - V_g(t)$。因为 $h(V(t))$ 是一个连续函数, 只要 $e(t) \to 0$ 成立, 就可以得到 $\Delta_e \to 0$。通过以上分析, 随机分布跟踪控制问题被转化为有限维权动态向量 $V(t)$ 的跟踪控制问题, 这大大简化了控制器设计的复杂性, 更多控制理论中的分析方法能够应用其中。

注 3.1　根据输出 PDF $\gamma(y, u(t))$ 的数学表达形式, 可以看出它是一个与变量 y 和时间 t 同时相关的非线性泛函, 需要对此泛函进行理论建模。基于 B 样条函数的非线性逼近能力, 可以得到如下不等式:

$$\left\| \sqrt{\gamma(y, u(t))} - \sum_{i=1}^{n} B_i(y) v_i(t) \right\| \leqslant \varepsilon$$

式中, ε 是任意小的正常数。假设式 (3.2) 中的样条基函数 $B_i(y)$ 都是固定的, 从以上不等式看出选择不同的控制输入可以得到不同的权动态向量 $V(t)$, 这也意味着权动态向量 $V(t)$ 与控制输入 $u(t)$ 是相关的, 即可以表示为 $V(t) := V(u(t))$。为了设计合适的控制输入, 需要进一步辨识控制输入和权动态向量之间的动态关系。

注 3.2　伴随着传感器技术和数字化相机的发展, 同时基于核密度估计方法, 对输出概率分布进行测量和估计已经成为可能, 这也为随机分布控制问题的解决提供了技术保证。所以在基于智能学习模型的随机分布控制理论的研究过程中, 我们假设所考虑的输出 PDF 是可以量测的。

3.2　非线性权动态建模和 PID 控制器设计

由于基函数是预先设计的固定函数, 在选定一组基函数后, 对 $\gamma(y, u(t))$ 的控制就转化为相应权向量 $V(u(t))$ 的控制问题。为了设计出理想的状态反馈控制器, 对权向量动态模型的辨识和建模是十分关键的。为此, 我们采用基于动态神经网络的逼近方法, 与辨识方法不同, 此模型可以表征非线性关系。具体地, 本节将考虑如下存在外部干扰且带有变时滞项的非线性权动态模型:

$$\dot{V}(t) = A_0 V(t) + \sum_{i=1}^{N} A_{0d_i} V(t - d_i(t)) + F_0 f_0(V(t)) + B_0 u(t)$$

$$+ \sum_{i=1}^{N} B_{0d_i} u(t - d_i(t)) + B_{01} w(t) \tag{3.9}$$

式中, $V(t) \in \mathbb{R}^{n-1}$ 是相互独立的权向量; $u(t)$ 和 $w(t)$ 分别表示控制输入和外部干扰项, 其中, $w(t)$ 满足假设条件 $\|w\|_\infty = \sup\limits_{t \geqslant 0} \|w(t)\| < \infty$; $A_0, A_{0d_i}, F_0, B_0, B_{0d_i}$ 和 B_{01} 是已知的系统矩阵, 这些矩阵可以基于输入数据和输出的概率分布, 通过在线

估计获得；时滞项 $d_i(t)$ 满足条件 $0 < \dot{d}_i(t) < \beta_i < 1 (i = 1, \cdots, N)$，其中 β_i 是已知正常数，进一步定义 $d := \max\limits_{k=1,\cdots,N}\{d_k(0)\}$；非线性项 $f_0(V(t))$ 满足 Lipschitz 条件，即对任意的 $V_1(t)$ 和 $V_2(t)$，存在正定矩阵 U_0 满足以下不等式：

$$\|f_0(V_1(t)) - f_0(V_2(t))\| \leqslant \|U_0(V_1(t) - V_2(t))\| \tag{3.10}$$

式中，$f_0(V(t))$ 也可以被看成是式 (3.9) 中未知的模型不确定项。

为了解决权向量的跟踪控制问题，设计具有 PID 结构的控制输入：

$$u(t) = K_{\mathrm{P}}V(t) + K_{\mathrm{I}}\int_0^t e(\tau)\mathrm{d}\tau + K_{\mathrm{D}}\dot{V}(t) \tag{3.11}$$

式中，$K_{\mathrm{P}}, K_{\mathrm{I}}, K_{\mathrm{D}}$ 是需要求解的 PID 控制器增益。

基于权动态模型 (3.9) 和 PID 控制输入 (3.11)，引入新的状态变量 $x(t) = \left[\dot{V}^{\mathrm{T}}(t), V^{\mathrm{T}}(t), \int_0^t e^{\mathrm{T}}(\tau)\mathrm{d}\tau\right]^{\mathrm{T}}$，则动态权模型能够转化为如下形式的广义系统：

$$\begin{cases} E\dot{x}(t) = Ax(t) + \sum\limits_{i=1}^N A_{d_i}x(t - d_i(t)) + Ff(x(t)) + Bu(t) \\ \qquad + \sum\limits_{i=1}^N B_{d_i}u(t - d_i(t)) + B_1w(t) + HV_g(t) \\ z(t) = Cx(x) + Dw(x) \\ x(t) = \phi(t), \quad t \in [-d, 0] \end{cases} \tag{3.12}$$

式中，$z(t)$ 表示系统的参考输出；$\phi(t)$ 是系统 (3.12) 的初始值；系统矩阵 $E, A, A_{d_i}, F, B, B_{d_i}, B_1, H$ 分别为

$$E = \begin{bmatrix} 0 & 0 & 0 \\ 0 & I & 0 \\ 0 & 0 & I \end{bmatrix}, \quad A = \begin{bmatrix} -I & A_0 & 0 \\ I & 0 & 0 \\ 0 & I & 0 \end{bmatrix}, \quad A_{d_i} = \begin{bmatrix} 0 & A_{0d_i} & 0 \\ 0 & 0 & 0 \\ 0 & 0 & 0 \end{bmatrix}, \quad F = \begin{bmatrix} F_0 \\ 0 \\ 0 \end{bmatrix}$$

$$B = \begin{bmatrix} B_0 \\ 0 \\ 0 \end{bmatrix}, \quad B_{d_i} = \begin{bmatrix} B_{0d_i} \\ 0 \\ 0 \end{bmatrix}, \quad B_1 = \begin{bmatrix} B_{01} \\ 0 \\ 0 \end{bmatrix}, \quad H = \begin{bmatrix} 0 \\ 0 \\ -I \end{bmatrix}$$

一般来说，广义系统是更为一般化，并有广泛背景的动力学系统。用广义系统来描述与刻画实际中经常遇到的一些模型比常系统更加合理和精确。

因为 V_g 是已知的向量，可以记 $y_d := \|V_g\|^2$。相似于不等式 (3.10)，非线性项 $f(x(t))$ 也是 Lipschitz 连续的，即存在矩阵 $U := \text{diag}\{0, U_0, 0\}$，使以下不等式成立：

$$\|f(V_1(t)) - f_0(V_2(t))\| \leqslant \|U(V_1(t) - V_2(t))\| \tag{3.13}$$

针对广义系统式 (3.12)，上述的 PID 控制器可以表示如下：

$$u(t) = Kx(t), \quad K = [K_D, K_P, K_I] \tag{3.14}$$

可以看出对权向量的控制问题已经转化为更为一般的求解广义系统稳定性的研究框架，很多经典的控制理论方法能够应用其中，这也极大地减弱了问题的复杂性。

3.3　基于凸优化的多目标控制算法

不同于一般系统的鲁棒跟踪控制问题，本节考虑的 PID 跟踪控制问题是针对一类同时含有时滞项、外部干扰、不确定项，且具有非零平衡点的广义系统。本节方法即使对于鲁棒控制领域也是一种新的设计方法。本节需要同时解决如下三个问题：

(1) 含有非零平衡点的多时滞广义系统 (3.12) 的稳定性分析及 L_1 性能优化控制；

(2) 广义闭环系统基于 PID 控制输入的稳定性、跟踪性能及 L_1 性能优化的多目标控制；

(3) 权动态向量的约束控制。

3.3.1　自治系统稳定性及 L_1 性能优化控制

L_1 性能指标能够有效地衡量干扰抑制的水平，通常也被称作峰峰性能指标，或者峰峰性能指标。具体的定义如下。

定义 3.1　对于一般的控制系统，L_1 控制增益被定义为 $\sup\limits_{\|w\|_\infty \leqslant 1} \|z(t)\|_\infty$。$L_1$ 控制问题即设计控制器 $u(t) = Kx(t)$，使得 L_1 控制增益最小化或者满足 $\sup\limits_{\|w\|_\infty \leqslant 1} \|z(t)\|_\infty < \gamma$ 或 $\sup\limits_{0 \leqslant \|w\|_\infty \leqslant \infty} \dfrac{\|z(t)\|_\infty}{\|w(t)\|_\infty} < \gamma$，其中 $\gamma > 0$ 是已设计的正常数。

以下定理给出了自治系统 (即 $u(t) = 0$) 的稳定性及 L_1 性能优化控制的证明过程。

定理 3.1　对于广义权动态模型 (3.12)，考虑已知的参数 λ，$\mu_i(i = 1, 2, 3)$，$\alpha > 0$ 和矩阵 $U \geqslant 0$，如果存在矩阵 P，$T > 0$，$S_i > 0(i = 1, 2, \cdots, N)$ 和正常数 $\gamma > 0$ 满足如下线性矩阵不等式组：

$$P^T E = EP \geqslant 0 \tag{3.15}$$

$$
\begin{bmatrix}
\operatorname{sym}(A^{\mathrm{T}}P) + \sum\limits_{i=1}^{N} S_i + \mu_1^2 T & P^{\mathrm{T}}\hat{A}_{d_i} & U^{\mathrm{T}} & P^{\mathrm{T}}F & P^{\mathrm{T}}B_1 & P^{\mathrm{T}}H \\
\hat{A}_{d_i}^{\mathrm{T}}P & \hat{S} & 0 & 0 & 0 & 0 \\
U & 0 & -\lambda^{-2}I & 0 & 0 & 0 \\
F^{\mathrm{T}}P & 0 & 0 & -\lambda^2 I & 0 & 0 \\
B_1^{\mathrm{T}}P & 0 & 0 & 0 & -\mu_2^2 I & 0 \\
H^{\mathrm{T}}P & 0 & 0 & 0 & 0 & -\mu_3^2 I
\end{bmatrix} < 0 \tag{3.16}
$$

$$
\begin{bmatrix}
\mu_1^2 T & 0 & C^{\mathrm{T}} \\
0 & (\gamma - \mu_2^2 - \mu_3^2 y_d)I & D^{\mathrm{T}} \\
C & D & \gamma I
\end{bmatrix} > 0 \tag{3.17}
$$

$$
\begin{bmatrix}
\alpha I & T \\
T & T
\end{bmatrix} > 0, \qquad
\begin{bmatrix}
T & 0 & C^{\mathrm{T}} \\
0 & (\gamma - \alpha x_m^{\mathrm{T}} x_m)I & D^{\mathrm{T}} \\
C & D & \gamma I
\end{bmatrix} > 0 \tag{3.18}
$$

则可以得到在控制输入为零的情况下, 广义系统 (3.12) 是稳定的, 且 L_1 性能指标满足不等式 $\sup\limits_{0 \leqslant \|w\| \leqslant \infty} \dfrac{\|z(t)\|_\infty}{\|w(t)\|_\infty} < \gamma$, 其中, $\hat{A}_{d_i} = [A_{d_1}, A_{d_2}, \cdots, A_{d_N}]$, $\hat{S} = \operatorname{diag}\{-(1-\beta_1)S_1, \cdots, -(1-\beta_N)S_N\}$。

证明 设计 Lyapunov-Krasovskii 函数如下:

$$
\begin{aligned}
L(x(t), t) = {}& x^{\mathrm{T}}(t)P^{\mathrm{T}}Ex(t) + \sum_{i=1}^{N} \int_{t-d_i(t)}^{t} x^{\mathrm{T}}(\tau)S_i x(\tau)\mathrm{d}\tau \\
& + \int_0^t [\|\lambda U x(\tau)\|^2 - \|\lambda f(x(\tau))\|^2]\mathrm{d}\tau
\end{aligned} \tag{3.19}
$$

显然, $L(x(t), t) \geqslant 0$ 成立。对式 (3.19) 求导, 可以得到

$$
\begin{aligned}
\frac{\mathrm{d}L(x(t), t)}{\mathrm{d}t} = {}& 2x^{\mathrm{T}}(t)P^{\mathrm{T}}E\dot{x}(t) + \sum_{i=1}^{N} x^{\mathrm{T}}(t)S_i x(t) - \sum_{i=1}^{N} (1 - \dot{d}_i(t))x_{d_i}^{\mathrm{T}}S_i x_{d_i} \\
& + \|\lambda U x(t)\|^2 - \|\lambda f(x(t))\|^2 \\
= {}& x^{\mathrm{T}}(t)\left(A^{\mathrm{T}}P + P^{\mathrm{T}}A + \lambda^2 U^{\mathrm{T}}U + \sum_{i=1}^{N} S_i\right)x(t) + \sum_{i=1}^{N} 2x^{\mathrm{T}}(t)P^{\mathrm{T}}A_{d_i}x_{d_i} \\
& + x^{\mathrm{T}}(t)\left(\frac{1}{\lambda^2}P^{\mathrm{T}}FF^{\mathrm{T}}P + \frac{1}{\mu_2^2}P^{\mathrm{T}}B_1 B_1^{\mathrm{T}}P + \frac{1}{\mu_3^2}P^{\mathrm{T}}HH^{\mathrm{T}}P\right)x(t) \\
& - \sum_{i=1}^{N} (1 - \dot{d}_i(t))x_{d_i}^{\mathrm{T}}S_i x_{d_i} - \left\|\frac{1}{\lambda}F^{\mathrm{T}}Px(t) - \lambda f(x)\right\|^2
\end{aligned}
$$

$$-\left\|\frac{1}{\mu_2}B_1^{\mathrm{T}}Px(t)-\mu_2 w(t)\right\|^2-\left\|\frac{1}{\mu_3}H^{\mathrm{T}}Px(t)-\mu_3 V_g(t)\right\|^2$$
$$+\|\mu_2 w(t)\|^2+\|\mu_3 V_g(t)\|^2$$
$$\leqslant \zeta^{\mathrm{T}}(t)\Phi_1\zeta(t)+\|\mu_2 w(t)\|^2+\mu_3^2 y_d \tag{3.20}$$

式中，$\zeta(t)=[x^{\mathrm{T}}(t),x_{d_1}^{\mathrm{T}}(t),\cdots,x_{d_N}^{\mathrm{T}}(t)]^{\mathrm{T}}$，$\Phi_1=\begin{bmatrix}\Xi_1 & P^{\mathrm{T}}\hat{A}_{d_i}\\\hat{A}_{d_i}^{\mathrm{T}}P & \hat{S}\end{bmatrix}$，$\Xi_1=\mathrm{sym}(A^{\mathrm{T}}P)+$

$\lambda^2 U^{\mathrm{T}}U+\dfrac{1}{\lambda^2}P^{\mathrm{T}}FF^{\mathrm{T}}P+\dfrac{1}{\mu_2^2}P^{\mathrm{T}}B_1 B_1^{\mathrm{T}}P+\dfrac{1}{\mu_3^2}P^{\mathrm{T}}HH^{\mathrm{T}}P+\displaystyle\sum_{i=1}^{N}S_i$。

根据 Schur 补引理，矩阵不等式 (3.16) 等价于 $\Phi_1<\mathrm{diag}\{-\mu_1^2 T,0\}$。基于不等式 (3.20)，对于任意满足 $\|w(t)\|_\infty\leqslant 1$ 的 $w(t)$，以下不等式成立：

$$\frac{\mathrm{d}L(x(t),t)}{\mathrm{d}t}\leqslant -\mu_1^2 x^{\mathrm{T}}(t)Tx(t)+\mu_2^2+\mu_3^2 y_d \tag{3.21}$$

式中，$\mu_3^2 y_d$ 被看成已知的参数。因此，当不等式 $x^{\mathrm{T}}(t)Tx(t)>\mu_1^{-2}(\mu_2^2+\mu_3^2 y_d)$ 成立时，可以得到 $\dfrac{\mathrm{d}L(x(t),t)}{\mathrm{d}t}<0$，即能量函数不断衰减。进一步地，不等式 $x^{\mathrm{T}}(t)Tx(t)<\mu_1^{-2}(\mu_2^2+\mu_3^2 y_d)$ 成立。结合初始状态，对任意的 $x(t)$ 有

$$x^{\mathrm{T}}(t)Tx(t)\leqslant\max\{x_m^{\mathrm{T}}Tx_m,\mu_1^{-2}(\mu_2^2+\mu_3^2 y_d)\}$$
$$\|x_m\|=\sup_{-d\leqslant t\leqslant 0}\|x(t)\| \tag{3.22}$$

这也证明了在控制输入为零的情况下，广义系统 (3.12) 是稳定的。

进一步，基于得到的不等式 (3.22)，对任意的 $x(t)$，或者不等式 $x^{\mathrm{T}}(t)Tx(t)\leqslant x_m^{\mathrm{T}}Tx_m$ 成立，或者不等式 $x^{\mathrm{T}}(t)Tx(t)\leqslant\mu_1^{-2}(\mu_2^2+\mu_3^2 y_d)$ 成立。因此，以下的证明过程分为两种情况。

(1) 从线性矩阵不等式 (3.17)，可以看出：

$$\begin{bmatrix}\mu_1^2 T & 0\\0 & (\gamma-\mu_2^2-\mu_3^2 y_d)I\end{bmatrix}-\frac{1}{\gamma}\begin{bmatrix}C^{\mathrm{T}}\\D^{\mathrm{T}}\end{bmatrix}\begin{bmatrix}C & D\end{bmatrix}>0$$

当 $x^{\mathrm{T}}(t)Tx(t)\leqslant\mu_1^{-2}(\mu_2^2+\mu_3^2 y_d)$ 成立，且满足 $\|w(t)\|_\infty\leqslant 1$ 时，有

$$\frac{1}{\gamma}\|z(t)\|^2<\mu_1^2 x^{\mathrm{T}}(t)Tx(t)+(\gamma-\mu_2^2-\mu_3^2 y_d)w^{\mathrm{T}}(t)w(t)<\gamma \tag{3.23}$$

(2) 基于矩阵不等式 (3.18) 能够得到：

$$\begin{bmatrix}T & 0\\0 & (\gamma-\alpha x_m^{\mathrm{T}}x_m)I\end{bmatrix}-\frac{1}{\gamma}\begin{bmatrix}C^{\mathrm{T}}\\D^{\mathrm{T}}\end{bmatrix}\begin{bmatrix}C & D\end{bmatrix}>0$$

与上面的证明过程相似, 当不等式 $x^{\mathrm{T}}(t)Tx(t) \leqslant x_m^{\mathrm{T}}Tx_m$ 和 $\|w(t)\|_\infty \leqslant 1$ 同时满足时, 有

$$\frac{1}{\gamma}\|z(t)\|^2 < x^{\mathrm{T}}(t)Tx(t) + (\gamma - \alpha x_m^{\mathrm{T}}x_m)w^{\mathrm{T}}(t)w(t)$$

$$< \alpha x_m^{\mathrm{T}}x_m + (\gamma - \alpha x_m^{\mathrm{T}}x_m)w^{\mathrm{T}}(t)w(t) = \gamma \tag{3.24}$$

因此, 广义系统 (3.12) 的 L_1 控制增益小于 γ, 即优化不等式 $\displaystyle\sup_{0 \leqslant \|w\| \leqslant \infty} \frac{\|z(t)\|_\infty}{\|w(t)\|_\infty} < \gamma$ 成立。

3.3.2 广义闭环系统稳定性分析、动态跟踪及 L_1 性能优化控制

下面考虑控制输入 $u(t)$ 作用下的情况。将带有 PID 控制结构的状态反馈控制器 (3.14) 代入广义系统 (3.12), 则相应的闭环系统可以表示如下:

$$\begin{cases} E\dot{x}(t) = (A + BK)x(t) + \sum_{i=1}^{N}(A_{d_i} + B_{d_i}K)x(t - d_i(t)) + Ff(x(t)) \\ \qquad\qquad + B_1 w(t) + HV_g(t) \\ z(t) = Cx(t) + Dw(t) \end{cases} \tag{3.25}$$

以下定理分析了在 PID 控制输入的作用下, 广义闭环系统 (3.25) 的稳定性能、动态跟踪性能和鲁棒性能。

定理 3.2 对于广义闭环系统 (3.25), 考虑已知的参数 λ, $\mu_i(i = 1, 2, 3)$, $\alpha > 0$ 和矩阵 $U \geqslant 0$, 如果存在矩阵 $M = T^{-1} > 0$, $Q = P^{-\mathrm{T}}$, R, $S_i > 0(i = 1, 2, \cdots, N)$ 和正常数 $\gamma > 0$ 满足以下的线性矩阵不等式组:

$$EQ^{\mathrm{T}} = QE \geqslant 0 \tag{3.26}$$

$$\begin{bmatrix} \Psi & \hat{A}_{d_i}\hat{Q}^{\mathrm{T}} + \hat{B}_{d_i}\hat{R} & QU^{\mathrm{T}} & F & B_1 & H & Q \\ \hat{Q}\hat{A}_{d_i}^{\mathrm{T}} + \hat{R}^{\mathrm{T}}\hat{B}_{d_i}^{\mathrm{T}} & \hat{\tilde{S}} & 0 & 0 & 0 & 0 & 0 \\ UQ^{\mathrm{T}} & 0 & -\lambda^{-2}I & 0 & 0 & 0 & 0 \\ F^{\mathrm{T}} & 0 & 0 & -\lambda^2 I & 0 & 0 & 0 \\ B_1^{\mathrm{T}} & 0 & 0 & 0 & -\mu_2^2 I & 0 & 0 \\ H^{\mathrm{T}} & 0 & 0 & 0 & 0 & -\mu_3^2 I & 0 \\ Q^{\mathrm{T}} & 0 & 0 & 0 & 0 & 0 & -\mu_1^{-2}M \end{bmatrix} < 0 \tag{3.27}$$

$$\begin{bmatrix} \mu_1^2 M & 0 & MC^{\mathrm{T}} \\ 0 & (\gamma - \mu_2^2 - \mu_3^2 y_d)I & D^{\mathrm{T}} \\ CM & D & \gamma I \end{bmatrix} > 0 \tag{3.28}$$

$$\begin{bmatrix} \alpha I & I \\ I & M \end{bmatrix} > 0, \quad \begin{bmatrix} M & 0 & MC^{\mathrm{T}} \\ 0 & (\gamma - \alpha x_m^{\mathrm{T}} x_m)I & D^{\mathrm{T}} \\ CM & D & \gamma I \end{bmatrix} > 0 \quad (3.29)$$

则广义闭环系统 (3.25) 是稳定的, 且具有良好的跟踪性能, 即 $\lim\limits_{t \to \infty} V(t) = V_g(t)$, 同时 L_1 性能指标满足 $\sup\limits_{0 \leqslant \|w\| \leqslant \infty} \dfrac{\|z(t)\|_\infty}{\|w(t)\|_\infty} < \gamma$, 其中, PID 控制增益 K 可以通过 $R = KQ^{\mathrm{T}}$ 求解, 而参数矩阵 Ψ, $\bar{S}_i$, $\hat{Q}$ 分别定义为: $\Psi = \mathrm{sym}(AQ^{\mathrm{T}} + BR) + \sum\limits_{i=1}^{N} \bar{S}_i$, $\bar{S}_i = QS_iQ^{\mathrm{T}}$, $\hat{\bar{S}} = Q\hat{S}Q^{\mathrm{T}}$, $\hat{Q} = \mathrm{diag}\{Q, \cdots, Q\}$, $\hat{R} = \mathrm{diag}\{R, \cdots, R\}$。

证明 基于定理 3.1, 对 Lyapunov-Krasovskii 函数 (3.19) 求导, 结合广义闭环系统 (3.25) 得到:

$$\frac{\mathrm{d}L(x(t),t)}{\mathrm{d}t} \leqslant \zeta^{\mathrm{T}}(t)\Phi_2\zeta(t) + \|\mu_2 w(t)\|^2 + \mu_3^2 y_d \quad (3.30)$$

式中, $\Phi_2 = \begin{bmatrix} \Xi_1 + P^{\mathrm{T}}BK + K^{\mathrm{T}}B^{\mathrm{T}}P & P^{\mathrm{T}}\hat{A}_{d_i} + P^{\mathrm{T}}\hat{B}_{d_i}\hat{K} \\ \hat{A}_{d_i}^{\mathrm{T}}P + \hat{K}^{\mathrm{T}}\hat{B}_{d_i}^{\mathrm{T}}P & \hat{S} \end{bmatrix}$, $\hat{A}_{d_i} = [A_{d_1}, \cdots, A_{d_N}]$, $\hat{B}_{d_i} = [B_{d_1}, \cdots, B_{d_N}]$, $\hat{K} = \mathrm{diag}\{K, \cdots, K\}$。

在式 (3.27) 两边左乘 $\mathrm{diag}\{P^{\mathrm{T}}, \cdots, P^{\mathrm{T}}, I, I, I, I, I\}$, 右乘 $\mathrm{diag}\{P, \cdots, P, I, I, I, I, I\}$, 基于 Schur 补引理, 得到 $\Phi_2 < \mathrm{diag}\{-\mu_1^2 T, 0, \cdots, 0\}$ 成立, 同时结合式 (3.30), 可以推导出:

$$\frac{\mathrm{d}L(x(t),t)}{\mathrm{d}t} \leqslant -\mu_1^2 x^{\mathrm{T}}(t)Tx(t) + \mu_2^2 + \mu_3^2 y_d \quad (3.31)$$

与定理 3.1 的证明过程相似, 不等式 (3.22) 也成立, 即广义闭环系统 (3.25) 稳定。同时, 在不等式 (3.28)、不等式 (3.29) 两边分别乘以 $\mathrm{diag}\{T, I, I\}$ 和 $\mathrm{diag}\{I, T\}$, 基于 Schur 补引理, 不等式 (3.28)、不等式 (3.29) 分别等价于矩阵不等式 (3.17)、不等式 (3.18), 所以广义闭环系统 (3.25) 同样满足 L_1 干扰抑制性能。

下面证明控制输入 $u(t)$ 作用下的动态跟踪性能。假设 $\theta_1(t)$ 和 $\theta_2(t)$ 是广义闭环系统 (3.25) 两个不同的动态轨迹, 定义 $\sigma(t) := \theta_1(t) - \theta_2(t)$, 则关于 $\sigma(t)$ 的动态方程表示为

$$E\dot{\sigma}(t) = (A + BK)\sigma(t) + \sum_{i=1}^{N}(A_{d_i} + B_{d_i}K)\sigma(t - d_i(t))$$

$$+ F(f(\theta_1(t)) - f(\theta_2(t))) \quad (3.32)$$

与式 (3.19) 相似, Lyapunov-Krasovskii 函数设计为

$$L(\sigma(t),t) = \sigma^{\mathrm{T}}(t)P^{\mathrm{T}}E\sigma(t) + \sum_{i=1}^{N}\int_{t-d_i(t)}^{t}\sigma^{\mathrm{T}}(\tau)S_i\sigma(\tau)\mathrm{d}\tau$$

$$+ \int_0^t [\|\lambda U \sigma(\tau)\|^2 - \|\lambda f(\sigma(\tau))\|^2] \mathrm{d}\tau \tag{3.33}$$

基于不等式 (3.27)，得到：

$$\begin{bmatrix} \mathrm{sym}(P^\mathrm{T} A + P^\mathrm{T} BK) + \sum_{i=1}^N S_i + \lambda^2 U^\mathrm{T} U + \dfrac{1}{\lambda^2} P^\mathrm{T} F F^\mathrm{T} P + \mu_1^2 T & P^\mathrm{T} \hat{A}_{d_i} + P^\mathrm{T} \hat{B}_{d_i} \hat{K} \\ \hat{A}_{d_i}^\mathrm{T} P + \hat{K}^\mathrm{T} B_{d_i}^\mathrm{T} P & \hat{S} \end{bmatrix} < 0$$

对式 (3.33) 求导，基于闭环系统 (3.32)，可以计算出：

$$\frac{\mathrm{d}L(\sigma(t),t)}{\mathrm{d}t} \leqslant -\mu_1^2 \sigma^\mathrm{T}(t) T \sigma(t) \leqslant -\mu_1^2 \lambda_{\min}(T) \|\sigma(t)\|^2 \tag{3.34}$$

式中，$\lambda_{\min}(T)$ 是 T 的最小特征根。因此，$\sigma(t) = 0$ 是式 (3.32) 的渐近稳定平衡点，也显示了闭环系统 (3.25) 有唯一的平衡点 x^*。从上面的分析可以看出闭环系统 (3.25) 的状态向量 $\int_0^t e(\tau)\mathrm{d}\tau$ 和 $V(t)$ 是一致连续的。基于动态向量的关系，有 $\dfrac{\mathrm{d}}{\mathrm{d}t}\left(\int_0^t e(\tau)\mathrm{d}\tau \right) = V(t) - V_g$，进一步可以得到 $\lim\limits_{t\to\infty} \dfrac{\mathrm{d}}{\mathrm{d}t}\left(\int_0^t e(\tau)\mathrm{d}\tau \right) = 0$，即跟踪性能 $\lim\limits_{t\to\infty} V(t) = V_g$ 得到满足。

3.3.3 权动态约束性能分析

基于在定义域内 PDF 积分等于 1 的特征，动态权向量 $V(t)$ 需要满足 $V^\mathrm{T}(t)\Pi_0 V(t) \leqslant 1$，该条件可转化为 $x^\mathrm{T}(t)\Pi x(t) \leqslant 1$，其中 $\Pi := \mathrm{diag}\{0, \Pi_0, 0\}$。显而易见，$\Pi$ 是一个非负定矩阵，基于非负定矩阵的分解定理，Π 可以分解为 $\Pi = G^2$，其中 $G \geqslant 0$ 是已知非负定矩阵。另外，定理 3.2 也显示出系统 (3.25) 的平衡点不是零点，同时由于时滞项和干扰项的存在，这里所考虑的状态约束问题更加复杂。下面的定理实际上给出了满足状态约束而且具有干扰抑制性能的广义闭环系统跟踪控制算法。

定理 3.3 考虑闭环系统 (3.25)，对于已知的参数 λ, $\mu_i(i=1,2,3)$, $\alpha > 0$ 和矩阵 $U \geqslant 0$, $G > 0$，如果存在矩阵 $M = T^{-1}$, $Q = P^{-\mathrm{T}}$, R, $S > 0$ 和常数 $\gamma > 0$ 满足不等式 (3.26) ~ 不等式 (3.29) 和以下的线性矩阵不等式组：

$$\begin{bmatrix} M & MG \\ GM & \mu_1^2 (\mu_2^2 + \mu_3^2 y_d)^{-1} I \end{bmatrix} \geqslant 0 \tag{3.35}$$

$$\begin{bmatrix} M & MG \\ GM & I \end{bmatrix} \geqslant 0, \quad \begin{bmatrix} 1 & x_m^\mathrm{T} \\ x_m & M \end{bmatrix} \geqslant 0 \tag{3.36}$$

那么广义闭环系统 (3.25) 是稳定的, 并且跟踪目标满足等式 $\lim\limits_{t\to\infty} V(t) = V_g$, 状态约束满足不等式 $x^{\mathrm{T}}(t)\Pi x(t) \leqslant 1$, 同时 L_1 性能指标满足不等式 $\sup\limits_{0\leqslant\|w\|\leqslant\infty} \dfrac{\|z(t)\|_\infty}{\|w(t)\|_\infty} < \gamma$。

证明　基于定理 3.1 和定理 3.2, 能够看出系统的稳定性、跟踪性能和鲁棒性能都能得到保证。下面考虑在式 (3.35) 和式 (3.36) 的作用下, 由 PDF 所引起的权向量的限制条件 (3.5) 是否成立。

相似定理 3.1, 不等式 (3.22) 成立, 即对于任意的状态 $x(t)$, 都有 $x^{\mathrm{T}}(t)Tx(t) \leqslant x_m^{\mathrm{T}}Tx_m$ 或者 $x^{\mathrm{T}}(t)Tx(t) \leqslant \mu_1^{-2}(\mu_2^2 + \mu_3^2 y_d)$ 成立。

一方面, 在不等式 (3.36) 两边乘以矩阵 $\mathrm{diag}\{T, I\}$ 和 $\mathrm{diag}\{I, T\}$, 利用 Schur 补引理, 推断出不等式 $\Pi \leqslant T$ 和 $x_m^{\mathrm{T}}Tx_m \leqslant 1$ 成立。当 $x(t)$ 满足不等式条件 $x^{\mathrm{T}}(t)Tx(t) \leqslant x_m^{\mathrm{T}}Tx_m$ 时, 能够得到:

$$x^{\mathrm{T}}(t)\Pi x(t) \leqslant x^{\mathrm{T}}(t)Tx(t) \leqslant x_m^{\mathrm{T}}Tx_m \leqslant 1 \tag{3.37}$$

另一方面, 基于矩阵不等式 (3.35), 可以推断出 $\Pi \leqslant \mu_1^2(\mu_2^2 + \mu_3^2 y_d)^{-1}T$ 成立。所以当 $x(t)$ 满足条件 $x^{\mathrm{T}}(t)Tx(t) \leqslant \mu_1^{-2}(\mu_2^2 + \mu_3^2 y_d)$ 时, 能够得到:

$$x^{\mathrm{T}}(t)\Pi x(t) \leqslant \mu_1^2(\mu_2^2 + \mu_3^2 y_d)^{-1} x^{\mathrm{T}}(t)Tx(t) \leqslant 1 \tag{3.38}$$

综上所述, 对任意的状态向量 $x(t)$, 基于线性矩阵不等式 (3.35) 和不等式 (3.36), 限制条件 $x^{\mathrm{T}}(t)\Pi x(t) \leqslant 1$ 能够得到满足, 即不等式 (3.5) 成立。

注 3.3　一直以来, 基于非线性系统的跟踪控制都是控制理论研究的热点问题。然而很少的结果考虑到非线性广义增广模型 (3.12)。可以看出, 系统 (3.12) 不仅包含了时滞、非线性项和外部干扰, 同时含有非零平衡点, 还要满足状态限制条件。所以, 基于系统 (3.12) 的跟踪控制问题是相当复杂的。本章提出的基于 LMI 凸优化算法和 L_1 性能指标的跟踪控制算法扩展了非线性系统跟踪控制的应用范围, 具备了较强的理论研究意义。

注 3.4　根据上面的结论, 可以应用 LMI 工具箱中的求解器 feasp 来求解线性矩阵不等式组。进而, 如果线性矩阵不等式有可行解, 则可以利用求解器 feasp 所提供的可行解, 根据定理 3.2 来构造基于非线性权系统 (3.9) 的 PID 控制器。利用 MATLAB 中的 LMI 工具箱, 具有 PID 结构的状态反馈控制器的设计过程如下:

(1) 选取适当的参数 λ, $\mu_i(i = 1, 2, 3)$, $\alpha > 0$ 和矩阵 U, 求解线性矩阵不等式组 (式 (3.26)~ 式 (3.29), 式 (3.35), 式 (3.36)), 得到矩阵 M, Q, S_i 和 R;

(2) 构造 $K = [K_{\mathrm{D}}, K_{\mathrm{P}}, K_{\mathrm{I}}] = RQ^{-\mathrm{T}}$, 从而得到 PID 控制律 $u(t) = RQ^{-\mathrm{T}}x(t)$。

以上结果表明, 该控制器设计的过程可以归结成关于矩阵 R 和矩阵 Q 的一组 LMI 的运算求解过程, 这样大大降低了计算控制器参数的复杂度。同时这个控制结论可以应用到其他系统的 PI/PID 控制问题中，与之前的控制方法相比，该方法有着更低的保守性能，也更有实际意义。

3.4 仿 真 算 例

造纸和化工过程中涉及的非高斯变量，其分布函数往往存在多个峰值。假设非高斯随机系统的输出 PDF 由式 (3.2) 的 B 样条函数逼近，其中权向量和基函数分别表示为

$$V(t) = [v_1(t), v_2(t), v_3(t)]^{\mathrm{T}}$$
$$B_i(y) = \begin{cases} |\sin(2\pi y)|, & y \in [0.5(i-1), 0.5i], i = 1, 2, 3 \\ 0, & y \in [0.5(j-1), 0.5j], i \neq j \end{cases}$$

基于式 (3.4)，能够计算出 $\Lambda_1 = \mathrm{diag}\{0.25, 0.25\}$, $\Lambda_2 = [0, 0]$, $\Lambda_3 = 0.25$。根据目标 PDF，找到相应的权向量 $V_g = [0.8, 1]^{\mathrm{T}}$。

式 (3.9) 中的常数矩阵定义为

$$A_0 = \begin{bmatrix} -0.5 & -0.5 \\ 0.5 & -1.5 \end{bmatrix}, \quad A_{0d_1} = \begin{bmatrix} -0.5 & 0 \\ 0 & -0.5 \end{bmatrix}, \quad F_0 = \begin{bmatrix} -0.3 & 0 \\ -0.3 & 0.1 \end{bmatrix}$$

$$B_0 = \begin{bmatrix} 0.5 & 0 \\ 0 & 0.5 \end{bmatrix}, \quad B_{0d_1} = \begin{bmatrix} 0.75 & 0 \\ 0 & 0.75 \end{bmatrix}, \quad B_{01} = \begin{bmatrix} -0.5 & 0 \\ 0 & -0.7 \end{bmatrix}$$

令 $\lambda_1 = 2$, $\mu_1^2 = \mu_2^2 = \mu_3^2 = 2$, $\gamma = 6$，求解线性矩阵不等式组 (式 (3.26) ∼ 式 (3.29)，式 (3.35)，式 (3.36))，得到：

$$K_{\mathrm{P}} = \begin{bmatrix} -0.4781 & 1.7281 \\ 0.3550 & -2.8292 \end{bmatrix}, \quad K_{\mathrm{I}} = \begin{bmatrix} -6.3294 & 1.7274 \\ 0.2760 & -5.7269 \end{bmatrix}$$

$$K_{\mathrm{D}} = \begin{bmatrix} 1.0038 & -0.1030 \\ -0.0249 & 1.0202 \end{bmatrix}$$

运用 Simulink 仿真系统，可以得到输出 PDF 相应权向量的运动轨迹如图 3.1 所示，PID 控制输入如图 3.2 所示，图 3.3 是 $\gamma(y, u(t))$ 的三维图。从图中可以看出稳定性、跟踪性能和鲁棒性能够同时得到满足。

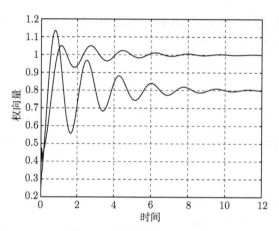

图 3.1 权向量的运动轨迹

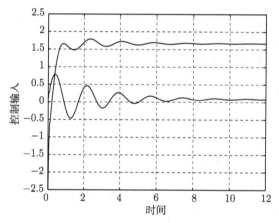

图 3.2 具有 PID 结构的控制输入

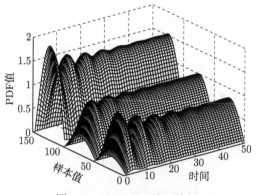

图 3.3 $\gamma(y, u(t))$ 的三维图

3.5　本　章　小　结

本章建立了一种连续时间非高斯随机分布系统的智能学习模型，提出了一种基于 PID 结构和 L_1 性能指标的随机输出 PDF 跟踪控制和干扰抑制方法。伴随着 B 样条模型对随机系统输出 PDF 的逼近，将 PDF 形状控制问题转化为相应动态权向量的控制问题。进一步基于 PID 控制器结构，建立了含有非零平衡点和外部干扰的非线性广义模型。在此基础上提出了新的凸优化算法，使得闭环系统稳定并且优化了扩展的 L_1 性能指标，同时解决了非高斯随机系统输出 PDF 的跟踪控制问题和权向量的约束问题。

第4章 离散时间随机分布系统多目标 PI 控制

相比第 3 章关注的连续型随机分布系统，离散型随机分布系统更贴近实际工业过程，特别是间歇控制过程。因此，针对离散控制系统的分析与设计一直都是控制理论的重要组成部分。离散时间系统的运动分析在数学上可以归结为求解时变或时不变的差分方程，与连续时间系统微分方程相比较，离散时间系统差分方程的求解在计算上简单得多，也更加易于借助计算机进行运算，工程上易于实现。离散系统的 PI 控制结构又给系统设计带来了新的困难，因此研究基于离散时间系统的随机分布控制方法是十分必要的。

本章建立一种离散时间随机分布系统的智能学习模型，同时基于 L_1 鲁棒优化指标和凸优化算法研究具有离散 PI 结构的输出 PDF 形状控制问题。内容安排与第 3 章相似，伴随着方根 B 样条网络对输出 PDF 的逼近，进一步建立带有非零平衡点和时滞的离散非线性权动态模型，并在此基础上设计广义离散 PI 控制输入，使得离散闭环系统渐近稳定并且保证 L_1 干扰抑制优化性能，完成离散非高斯随机系统输出 PDF 的跟踪控制目标，同时满足权向量的约束条件。

4.1 方根 B 样条网络逼近及离散权动态模型

考虑一类离散动态随机过程，$\eta(k)$ 是系统输出的一致有界随机变量，$u(k) \in \mathbb{R}^m$ 是随机过程的控制输入，用于控制系统随机输出变量 $\eta(k)(k = 0, 1, 2, \cdots)$ 的分布形状。在每一个采样时刻 k，$\eta(k)$ 的 PDF 可以表示为 $\gamma(y, u(k))$，其中变量 y 定义在区间 $[a, b]$ 上。结合方根 B 样条网络的逼近能力，用样条神经网络来逼近 $\gamma(y, u(k))$，具体表示形式如下：

$$\sqrt{\gamma(y, u(k))} = \sum_{i=1}^{n} v_i(u(k))B_i(y) \tag{4.1}$$

式中，$B_i(y)$ 是样条基函数；$v_i(k) := v_i(u(k))$ 是相应的动态权向量。由于正积分约束的存在，即仅有 $n-1$ 个权向量是相互独立的，所以将式 (4.1) 分解为

$$\gamma(y, u(k)) = (C_0(y)V(k) + v_n(k)B_n(y))^2 \tag{4.2}$$

式中，

$$C_0(y) = [B_1(y), B_2(y), \cdots, B_{n-1}(y)]$$

$$V(k) = [v_1(k), v_2(k), \cdots, v_{n-1}(k)]^{\mathrm{T}}$$

记

$$\varLambda_1 = \int_a^b C_0^{\mathrm{T}}(y)C_0(y)\mathrm{d}y, \quad \varLambda_2 = \int_a^b C_0(y)B_n(y)\mathrm{d}y, \quad \varLambda_3 = \int_a^b B_n^2(y)\mathrm{d}y \qquad (4.3)$$

相似于第 3 章的分析, 为了满足权向量的约束条件 $\int_a^b \gamma(y, u(k))\mathrm{d}y = 1$, 需要保证不等式

$$V^{\mathrm{T}}(k)\varLambda_2\varLambda_2^{\mathrm{T}}V(k) - (V^{\mathrm{T}}(k)\varLambda_1 V(k) - 1)\varLambda_3 \geqslant 0$$

成立, 这等价于条件

$$V^{\mathrm{T}}(k)\varPi_0 V(k) \leqslant 1, \quad \varPi_0 = \varLambda_1 - \varLambda_3^{-1}\varLambda_2^{\mathrm{T}}\varLambda_2 > 0 \qquad (4.4)$$

需要满足。根据权向量 $V(k)$ 的约束条件 (4.4), $v_n(k)$ 能够表示成 $V(k)$ 的函数, 具体形式如下:

$$v_n(k) = h(V(k)) = \frac{\sqrt{\varLambda_3 - V^{\mathrm{T}}(k)\varLambda_0 V(k)} - \varLambda_2 V(k)}{\varLambda_3} \qquad (4.5)$$

式中, $\varLambda_0 = \varLambda_1\varLambda_3 - \varLambda_2^{\mathrm{T}}\varLambda_2$。

为了设计合适的控制输入, 接下来需要辨识离散控制输入 $u(k)$ 和动态权向量 $V(k)$ 的动态关系。这个过程相当于另外一个建模过程, 该过程已经被广泛地应用于随机分布控制及熵优化理论之中。在实际的建模过程中, 权动态系统不可避免地包含时滞项和干扰噪声。为了更加准确地反映实际对象, 本节考虑同时带有外部干扰、非线性及时滞的权向量动态神经网络离散模型, 具体形式表示如下:

$$V(k+1) = A_0 V(k) + \sum_{i=1}^{N} A_{0d_i} V(k - d_i) + F_0 f_0(V(k)) + B_0 u(k)$$

$$+ \sum_{i=1}^{N} B_{0d_i} u(k - d_i) + E_0 w(k) \qquad (4.6)$$

式中, $V(k) \in \mathbb{R}^{n-1}$ 是相互独立的权向量; $u(k)$ 和 $w(k)$ 分别代表控制输入和外部干扰, 且 $w(k)$ 假设满足不等式 $\|w\|_\infty = \sup_{k \geqslant 0} \|w(k)\| < \infty$; $A_0, A_{0d_i}, F_0, B_0, B_{0d_i}$ 和 E_0 是已知的系统矩阵, 这些矩阵基于输入数据和输出的概率分布, 能够通过在线估计得到; 时滞项 d_i 满足 $d := \max_i \{d_i\}$; 非线性项 $f_0(V(k))$ 是未知非线性函数, 其满足 Lipschitz 条件, 即对任意的 $V_1(k)$ 和 $V_2(k)$, 有

$$\|f_0(V_1(k)) - f_0(V_2(k))\| \leqslant \|U_0(V_1(k) - V_2(k))\| \tag{4.7}$$

式中，U_0 是已知正定矩阵。对于离散权动态模型 (4.6)，$f_0(V(k))$ 也可以看成是模型不确定项。

4.2　广义离散 PI 控制器设计

与等式 (4.1) 相似，目标 PDF $g(y)$ 可以表示为

$$g(y) = (C_0(y)V_g + h(V_g)B_n(y))^2 \tag{4.8}$$

式中，V_g 表示期望的权向量，其相对应的样条基函数为 $B_i(y)$。由前述内容可知，跟踪控制器设计的目的是在每一个采样时刻 k 找到合适的控制输入 $u(k)$，使得 $\gamma(y, u(k))$ 能够跟踪 $g(y)$。从而，输出 PDF 和目标 PDF 之间的误差表示如下：

$$e(y, k) = \sqrt{g(y)} - \sqrt{\gamma(y, u(k))} = C_0 W_e(k) + (h(V_g) - h(V(k)))B_n(y) \tag{4.9}$$

式中，$W_e(k) = V_g - V(k)$。由于 $h(V(k))$ 的连续性，只要 $W_e(k) \to 0$ 成立，就可以得到 $e(y, k) \to 0$。这样，所考虑的概率分布控制问题可以转化为权向量的跟踪问题，而控制目标也转化为设计适合的控制输入 $u(k)$ 使得权向量动态系统具有良好的跟踪性能，即保证了当 $k \to +\infty$ 时，$e(y, k) \to 0$，或者当 $k \to +\infty$ 时，$W_e(k) \to 0$。

对于离散系统的概率分布跟踪控制问题，经典的 PI 控制方法并不能直接实现，因为这里的观测误差向量 $e(y, k)$ 以及 $e(y, k-1)$ 作为定义在样本区间上的函数并不能直接用于反馈。因此，我们提出一个新型广义 PI 控制器，如下所示：

$$\begin{cases} u(k) = K_{\mathrm{P}}V(k) + K_{\mathrm{I}}\xi(k) \\ \xi(k) = \xi(k-1) + T_0 W_e(k-1) \end{cases} \tag{4.10}$$

式中，$T_0 = t_0 I$，$t_0 > 0$ 代表样本间隔；$\xi(k)$ 类似于连续系统中的积分项。由此看出，PDF 形状控制问题可以转化为一个带有约束条件的 PI 权模型跟踪控制问题。控制目标是求解 PI 控制增益 K_{P} 和 K_{I} 使得闭环系统稳定且 $W_e(k)$ 收敛到零。

基于动态模型 (4.6) 和广义 PI 控制器 (4.10)，考虑状态变量 $x(k) := [V^{\mathrm{T}}(k), \xi^{\mathrm{T}}(k)]^{\mathrm{T}}$，可以建立如下的增广系统模型：

$$\begin{cases} x(k+1) = Ax(k) + \displaystyle\sum_{i=1}^{N} A_{d_i}x(k-d_i) + Ff(x(k)) + Bu(k) \\ \qquad\qquad + \displaystyle\sum_{i=1}^{N} B_{d_i}u(k-d_i) + Ew(k) + HV_g \\ z(k) = Cx(k) + Dw(k) \\ x(k) = \varphi(k), \quad k \in [-d, 0] \end{cases} \tag{4.11}$$

式中，$z(k)$ 表示参考输出，且有

$$A = \begin{bmatrix} A_0 & 0 \\ -T_0 & I \end{bmatrix}, \quad A_{d_i} = \begin{bmatrix} A_{0d_i} & 0 \\ 0 & 0 \end{bmatrix}, \quad B = \begin{bmatrix} B_0 \\ 0 \end{bmatrix}, \quad B_{d_i} = \begin{bmatrix} B_{0d_i} \\ 0 \end{bmatrix}$$

$$F = \begin{bmatrix} F_0 \\ 0 \end{bmatrix}, \quad E = \begin{bmatrix} E_0 \\ 0 \end{bmatrix}, \quad H = \begin{bmatrix} 0 \\ T_0 \end{bmatrix}$$

增广系统 (4.11) 中的 $z(k)$ 可以通过选择合适的矩阵 C 和 D 来得到。从式 (4.11) 可以看出，系统模型包含外部干扰项 $w(k)$ 和参考输入 V_g，且该系统含有非零平衡点，这加大了控制器设计的难度。另外，$f(x(k))$ 同样满足如下的 Lipschitz 条件：

$$\|f(x_1(k)) - f(x_2(k))\| \leqslant \|U(x_1(k) - x_2(k))\| \tag{4.12}$$

式中，$U := \mathrm{diag}\{U_0, 0\}$。式 (4.11) 也可以看成是一个动态神经网络的表征模型。

通过建立增广系统 (4.11)，随机分布控制问题可以简化为对时滞权动态系统的鲁棒控制问题，因为式 (4.10) 所表示的广义 PI 控制律可以看成是增广系统 (4.11) 的状态反馈，即控制输入表示为 $u(k) = Kx(k), K = [K_\mathrm{P}, K_\mathrm{I}]$，这进一步简化了控制器设计过程。

4.3　基于凸优化的多目标控制算法

4.3.1　自治离散系统稳定性及 L_1 性能优化控制

相似于第 3 章的定义，离散系统的 L_1 性能指标定义如下。

定义 4.1　对于一般的离散系统，峰峰控制增益定义为 $\sup\limits_{\|w\|_\infty \leqslant 1} \|z(k)\|_\infty$。峰峰控制问题是在每一个采样时刻 k 设计控制器 $u(k) = Kx(k)$ 使得峰峰控制增益最小化或者满足不等式 $\sup\limits_{\|w\|_\infty \leqslant 1} \|z(k)\|_\infty < \gamma$ 或 $\sup\limits_{0 \leqslant \|w\| \leqslant \infty} \dfrac{\|z(k)\|_\infty}{\|w(k)\|_\infty} < \gamma$，其中 $\gamma > 0$ 是一个常数。

V_g 是已知的向量，记 $y_d := \|V_g\|^2$。以下定理给出了一个有关时滞离散系统 (4.11) 在零输入条件下的鲁棒 L_1 稳定性能问题的结论，该结论同样适用于一般系统。

定理 4.1　对于离散系统 (4.11)，考虑已知常数 λ，$\mu_i(i = 1, 2, 3)$，$\alpha > 0$ 和矩阵 U，如果存在对称矩阵 $T > 0$，$P > 0$，$S_i > 0(i = 1, 2, \cdots, N)$ 和常数 $\gamma > 0$，满足如下的线性矩阵不等式组：

$$\begin{bmatrix} -P+\sum_{i=1}^{N} S_i + \mu_3^2 T + \lambda^2 U^{\mathrm{T}} U & 0 & 0 & 0 & 0 & A^{\mathrm{T}} P \\ 0 & -\hat{S} & 0 & 0 & 0 & \hat{A}_d^{\mathrm{T}} P \\ 0 & 0 & -\lambda^2 I & 0 & 0 & F^{\mathrm{T}} P \\ 0 & 0 & 0 & -\mu_1^2 I & 0 & E^{\mathrm{T}} P \\ 0 & 0 & 0 & 0 & -\mu_2^2 I & H^{\mathrm{T}} P \\ PA & P\hat{A}_d & PF & PE & PH & -P \end{bmatrix} < 0 \quad (4.13)$$

$$\begin{bmatrix} \mu_3^2 T & 0 & C^{\mathrm{T}} \\ 0 & (\gamma - \mu_1^2 - \mu_2^2 y_d) I & D^{\mathrm{T}} \\ C & D & \gamma I \end{bmatrix} > 0 \quad\quad\quad (4.14)$$

$$\begin{bmatrix} \alpha I & T \\ T & T \end{bmatrix} > 0, \quad \begin{bmatrix} T & 0 & C^{\mathrm{T}} \\ 0 & (\gamma - \alpha x_m^{\mathrm{T}} x_m) I & D^{\mathrm{T}} \\ C & D & \gamma I \end{bmatrix} > 0 \quad (4.15)$$

则在控制输入为零的条件下，离散自治系统 (4.11) 是稳定的，同时满足 L_1 鲁棒性能指标，即不等式 $\sup\limits_{0 \leqslant \|w\| \leqslant \infty} \dfrac{\|z(k)\|_\infty}{\|w(k)\|_\infty} < \gamma$ 成立。

证明　考虑 Lyapunov-Krasovskii 函数如下：

$$V(x(k),k) = x^{\mathrm{T}}(k)Px(k) + \sum_{i=1}^{N}\sum_{l=1}^{d_i} x^{\mathrm{T}}(k-l)S_i x(k-l)$$
$$+ \sum_{i=1}^{k-1} \left[\|\lambda U x(i)\|^2 - \|\lambda f(x(i))\|^2 \right] \quad\quad (4.16)$$

显然 $V(x(k),k) > 0$ 成立。对其求差分可以得到：

$$\begin{aligned} \Delta V(x(k),k) &= V(x(k+1),k+1) - V(x(k),k) \\ &= x^{\mathrm{T}}(k+1)Px(k+1) - x^{\mathrm{T}}(k)Px(k) + \|\lambda U x(k)\|^2 - \|\lambda f(x(k))\|^2 \\ &\quad + \sum_{i=1}^{N}\left[\sum_{l=0}^{d_i-1} x^{\mathrm{T}}(k-l)S_i x(k-l) - \sum_{l=1}^{d_i} x^{\mathrm{T}}(k-l)S_i x(k-l) \right] \\ &= x^{\mathrm{T}}(k+1)Px(k+1) + x^{\mathrm{T}}(k)\left(\sum_{i=1}^{N} S_i - P \right) x(k) + \|\lambda U x(k)\|^2 \\ &\quad - \|\lambda f(x(k))\|^2 - \sum_{i=1}^{N} x^{\mathrm{T}}(k-d_i)S_i x(k-d_i) \\ &= \zeta^{\mathrm{T}}(k)\Upsilon_1\zeta(k) + \mu_1^2\|w(k)\|^2 + \mu_2^2\|V_g\|^2 \quad\quad (4.17) \end{aligned}$$

式中,

$$\zeta(k) = \left[x^{\mathrm{T}}(k), \hat{x}_d^{\mathrm{T}}(k), f^{\mathrm{T}}(x(k)), w^{\mathrm{T}}(k), V_g^{\mathrm{T}}\right]^{\mathrm{T}}$$

$$\hat{x}_d^{\mathrm{T}}(k) = \left[x^{\mathrm{T}}(k-d_1), x^{\mathrm{T}}(k-d_2), \cdots, x^{\mathrm{T}}(k-d_N)\right], \quad \hat{A}_d = [A_{d_1}, A_{d_2}, \cdots, A_{d_N}]$$

$$\hat{S} := \mathrm{diag}\{S_1, S_2, \cdots, S_N\}, \quad \Xi_1 = A^{\mathrm{T}}PA + \sum_{i=1}^{N} S_i - P + \lambda^2 U^{\mathrm{T}}U$$

$$\Upsilon_1 = \begin{bmatrix} \Xi_1 & A^{\mathrm{T}}P\hat{A}_d & A^{\mathrm{T}}PF & A^{\mathrm{T}}PE & A^{\mathrm{T}}PH \\ \hat{A}_d^{\mathrm{T}}PA & \hat{A}_d^{\mathrm{T}}P\hat{A}_d - \hat{S} & \hat{A}_d^{\mathrm{T}}PF & \hat{A}_d^{\mathrm{T}}PE & \hat{A}_d^{\mathrm{T}}PH \\ F^{\mathrm{T}}PA & F^{\mathrm{T}}P\hat{A}_d & F^{\mathrm{T}}PF - \lambda^2 I & F^{\mathrm{T}}PE & F^{\mathrm{T}}PH \\ E^{\mathrm{T}}PA & E^{\mathrm{T}}P\hat{A}_d & E^{\mathrm{T}}PF & E^{\mathrm{T}}PE - \mu_1^2 I & E^{\mathrm{T}}PH \\ H^{\mathrm{T}}PA & H^{\mathrm{T}}P\hat{A}_d & H^{\mathrm{T}}PF & H^{\mathrm{T}}PE & H^{\mathrm{T}}PH - \mu_2^2 I \end{bmatrix}$$

基于 Schur 补引理,能够得到不等式 $\Upsilon_1 < \mathrm{diag}\{-\mu_3^2 T, 0, 0, 0, 0\} \iff$ 式 (4.13)。通过式 (4.17) 可以看出对任意满足条件 $\|w(k)\|_\infty \leqslant 1$ 的 $w(k)$,有

$$\Delta V(x(k), k) \leqslant -\mu_3^2 x^{\mathrm{T}}(k)Tx(k) + \mu_1^2 + \mu_2^2 y_d \tag{4.18}$$

因此,当 $x^{\mathrm{T}}(k)Tx(k) > \mu_3^{-2}(\mu_1^2 + \mu_2^2 y_d)$ 时,$\Delta V(x(k), k) < 0$ 成立。对于任意的 $x(k)$,可以得到:

$$x^{\mathrm{T}}(k)Tx(k) \leqslant \max\{x_m^{\mathrm{T}}Tx_m, \mu_3^{-2}(\mu_1^2 + \mu_2^2 y_d)\}$$

$$\|x_m\| = \sup_{-d \leqslant k \leqslant 0} \|x(k)\| \tag{4.19}$$

这也意味着在不考虑控制输入的情况下,离散系统 (4.11) 是稳定的。

基于式 (4.19) 可以看出,如果任意 $w(k)$ 都满足条件 $\|w(k)\|_\infty \leqslant 1$,那么或者不等式 $x^{\mathrm{T}}(k)Tx(k) \leqslant x_m^{\mathrm{T}}Tx_m$ 成立,或者 $x^{\mathrm{T}}(k)Tx(k) \leqslant \mu_3^{-2}(\mu_1^2 + \mu_2^2 y_d)$ 成立。通过 Schur 补引理和式 (4.14) 可以得到:

$$\begin{bmatrix} \mu_3^2 T & 0 \\ 0 & (\gamma - \mu_1^2 - \mu_2^2 y_d)I \end{bmatrix} - \frac{1}{\gamma} \begin{bmatrix} C^{\mathrm{T}} \\ D^{\mathrm{T}} \end{bmatrix} \begin{bmatrix} C & D \end{bmatrix} > 0$$

在 $x^{\mathrm{T}}(k)Tx(k) \leqslant \mu_3^{-2}(\mu_1^2 + \mu_2^2 y_d)$ 和 $\|w(k)\|_\infty \leqslant 1$ 成立的条件下,上式保证了

$$\frac{1}{\gamma} \|z(k)\|^2 < \mu_3^2 x^{\mathrm{T}}(k)Tx(k) + (\gamma - \mu_1^2 - \mu_2^2 y_d)w^{\mathrm{T}}(k)w(k) < \gamma \tag{4.20}$$

另外,由式 (4.15) 得到:

$$\begin{bmatrix} T & 0 \\ 0 & (\gamma - \alpha x_m^{\mathrm{T}} x_m)I \end{bmatrix} - \frac{1}{\gamma} \begin{bmatrix} C^{\mathrm{T}} \\ D^{\mathrm{T}} \end{bmatrix} \begin{bmatrix} C & D \end{bmatrix} > 0$$

相似于上面的证明, 在 $x^{\mathrm{T}}(k)Tx(k) \leqslant x_m^{\mathrm{T}} Tx_m$ 和 $\|w(k)\|_\infty \leqslant 1$ 同时满足的条件下, 能够得到:

$$\frac{1}{\gamma}\|z(t)\|^2 < x^{\mathrm{T}}(k)Tx(k) + (\gamma - \alpha x_m^{\mathrm{T}} x_m)w^{\mathrm{T}}(k)w(k)$$
$$< \alpha x_m^{\mathrm{T}} x_m + (\gamma - \alpha x_m^{\mathrm{T}} x_m)w^{\mathrm{T}}(k)w(k) = \gamma \qquad (4.21)$$

因此, 离散自治系统 (4.11) 的 L_1 增益小于 γ, 即不等式 $\sup\limits_{0 \leqslant \|w\| \leqslant \infty} \dfrac{\|z(k)\|_\infty}{\|w(k)\|_\infty} < \gamma$ 能够满足。

4.3.2　离散闭环系统稳定性分析、状态跟踪及 L_1 性能优化控制

下面考虑控制输入 $u(t)$ 作用下的情形。将带有 PI 结构的反馈控制器 (4.10) 代入离散系统 (4.11), 得到相应闭环系统:

$$\begin{cases} x(k+1) = (A+BK)x(k) + \sum\limits_{i=1}^{N}(A_{d_i} + B_{d_i}K)x(k-d_i) \\ \qquad\qquad + Ff(x(k)) + Ew(k) + HV_g \\ z(k) = Cx(k) + Dw(k) \end{cases} \qquad (4.22)$$

下面的定理分析了离散闭环系统 (4.22) 的稳定性能、动态跟踪性能以及鲁棒性。

定理 4.2　对于闭环离散系统 (4.22), 考虑已知常数 λ, $\mu_i(i=1,2,3)$, $\alpha > 0$ 和矩阵 U, 如果存在矩阵 $M = T^{-1} > 0$, $Q = P^{-1} > 0$, R, $S_i > 0(i=1,2,\cdots,N)$ 和参数 $\gamma > 0$, 满足如下的线性矩阵不等式组:

$$\begin{bmatrix} -Q + \sum\limits_{i=1}^{N} QS_iQ & 0 & 0 & 0 & 0 \\ 0 & -\hat{Q}\hat{S}\hat{Q} & 0 & 0 & 0 \\ 0 & 0 & -\lambda^2 I & 0 & 0 \\ 0 & 0 & 0 & -\mu_1^2 I & 0 \\ 0 & 0 & 0 & 0 & -\mu_2^2 I \\ AQ + BR^{\mathrm{T}} & \hat{A}_d\hat{Q} + \hat{B}_d\hat{R}^{\mathrm{T}} & F & E & H \\ UQ & 0 & 0 & 0 & 0 \\ Q & 0 & 0 & 0 & 0 \end{bmatrix}$$

$$\left[\begin{array}{ccc} QA^{\mathrm{T}} + RB^{\mathrm{T}} & QU^{\mathrm{T}} & Q \\ \hat{Q}\hat{A}_d^{\mathrm{T}} + \hat{R}\hat{B}_d^{\mathrm{T}} & 0 & 0 \\ F^{\mathrm{T}} & 0 & 0 \\ E^{\mathrm{T}} & 0 & 0 \\ H^{\mathrm{T}} & 0 & 0 \\ -Q & 0 & 0 \\ 0 & -\lambda^{-2}I & 0 \\ 0 & 0 & -\mu_3^{-2}M \end{array}\right] < 0 \tag{4.23}$$

$$\left[\begin{array}{ccc} \mu_3^2 M & 0 & MC^{\mathrm{T}} \\ 0 & (\gamma - \mu_1^2 - \mu_2^2 y_d)I & D^{\mathrm{T}} \\ CM & D & \gamma I \end{array}\right] > 0 \tag{4.24}$$

$$\left[\begin{array}{cc} \alpha I & I \\ I & M \end{array}\right] > 0, \quad \left[\begin{array}{ccc} M & 0 & MC^{\mathrm{T}} \\ 0 & (\gamma - \alpha x_m^{\mathrm{T}} x_m)I & D^{\mathrm{T}} \\ CM & D & \gamma I \end{array}\right] > 0 \tag{4.25}$$

则可以得到闭环系统 (4.22) 是稳定的, 同时满足跟踪性能 $\lim\limits_{k \to \infty} V(k) = V_g$ 和 L_1 鲁棒性能指标, 即不等式 $\sup\limits_{0 \leqslant \|w\| \leqslant \infty} \dfrac{\|z(k)\|_\infty}{\|w(k)\|_\infty} < \gamma$ 成立, 其中 PI 控制增益 K 可以通过求解等式 $R = QK^{\mathrm{T}}$ 得到。定理中 $\hat{Q} = \mathrm{diag}\{Q, \cdots, Q\}$, $\hat{R} = \mathrm{diag}\{R, \cdots, R\}$。

证明 与定理 4.1 的证明相似, 对式 (4.16) 中的 Lyapunov-Krasovskii 函数进行差分计算, 得到如下不等式:

$$\Delta V(x(k), k) \leqslant \zeta^{\mathrm{T}}(k)\Upsilon_2\zeta(k) + \|\mu_2 w(k)\|^2 + \mu_3^2 y_d \tag{4.26}$$

$\hat{A}_d = [A_{d_1}, \cdots, A_{d_N}]$, $\hat{B}_d = [B_{d_1}, \cdots, B_{d_N}]$, $X = A + BK$, $Y = \hat{A}_d + \hat{B}_d\hat{K}$, $\hat{K} = \mathrm{diag}\{K, \cdots, K\}$ 和

$$\Upsilon_2 = \left[\begin{array}{ccccc} \Xi & X^{\mathrm{T}}PY & X^{\mathrm{T}}PF & X^{\mathrm{T}}PE & X^{\mathrm{T}}PH \\ Y^{\mathrm{T}}PX & Y^{\mathrm{T}}PY - \hat{S} & Y^{\mathrm{T}}PF & Y^{\mathrm{T}}PE & Y^{\mathrm{T}}PH \\ F^{\mathrm{T}}PX & F^{\mathrm{T}}PY & F^{\mathrm{T}}PF - \lambda^2 I & F^{\mathrm{T}}PE & F^{\mathrm{T}}PH \\ E^{\mathrm{T}}PX & E^{\mathrm{T}}PY & E^{\mathrm{T}}PF & E^{\mathrm{T}}PE - \mu_1^2 I & E^{\mathrm{T}}PH \\ H^{\mathrm{T}}PX & H^{\mathrm{T}}PY & H^{\mathrm{T}}PF & H^{\mathrm{T}}PE & H^{\mathrm{T}}PH - \mu_2^2 I \end{array}\right]$$

式中, $\Xi = X^{\mathrm{T}}PX + \sum\limits_{i=1}^{N} S_i - P + \lambda^2 U^{\mathrm{T}}U$。

在式 (4.23) 左右两边同时乘以矩阵 $\mathrm{diag}\{P, \cdots, P, I, I, I, P, I, I\}$, 基于 Schur 补引理, 得到 $\Upsilon_2 < \mathrm{diag}\{-\mu_3^2 T, 0, 0, 0, 0\} \Longleftrightarrow$ 式 (4.23)。对任意的 $\|w(k)\|_\infty \leqslant 1$, 可

以得到：

$$\Delta V(x(k),k) \leqslant -\mu_3^2 x^{\mathrm{T}}(k)Tx(k) + \mu_1^2 + \mu_2^2 y_d \tag{4.27}$$

与定理 4.1 的证明相似，对于闭环离散系统 (4.22)，不等式 (4.19) 能够得到满足，这也意味着闭环系统在存在 $w(k)$ 和 V_g 的情况下是稳定的。与此同时，在不等式 (4.24) 和不等式 (4.25) 左右两边分别同时乘以矩阵 $\mathrm{diag}\{T,I,I\}$ 和 $\mathrm{diag}\{I,T\}$，可以得到不等式 (4.24) 和不等式 (4.25) 分别等价于不等式 (4.14) 和不等式 (4.15)，所以闭环离散系统 (4.22) 依旧满足 L_1 鲁棒性能指标，即不等式 $\sup\limits_{0\leqslant\|w\|\leqslant\infty}\dfrac{\|z(k)\|_\infty}{\|w(k)\|_\infty} < \gamma$ 成立。

接下来证明在 PI 控制输入作用下的动态跟踪性能。假设 $\theta_1(k)$ 和 $\theta_2(k)$ 分别是闭环系统 (4.22) 两个不同的状态轨迹。定义 $\sigma(k) := \theta_1(k) - \theta_2(k)$，则 $\sigma(k)$ 的动态轨迹可以表示为

$$\sigma(k+1) = (A+BK)\sigma(k) + \sum_{i=1}^{N}(A_{d_i}+B_{d_i}K)\sigma(k-d_i)$$
$$+F(f(\theta_1(k)) - f(\theta_2(k))) \tag{4.28}$$

相似于式 (4.16)，考虑如下的 Lyapunov-Krasovskii 函数：

$$V(\sigma(k),k) = \sigma^{\mathrm{T}}(k)P\sigma(k) + \sum_{i=1}^{N}\sum_{l=1}^{d_i}\sigma^{\mathrm{T}}(k-l)S_i\sigma(k-l)$$
$$+\sum_{i=1}^{k-1}\left[\|\lambda U\sigma(i)\|^2 - \|\lambda f(\sigma(i))\|^2\right] \tag{4.29}$$

基于不等式 (4.23) 及 Schur 补引理，能够得到：

$$\begin{bmatrix} -P+\sum\limits_{i=1}^{N}S_i+\mu_3^2 T+\lambda^2 U^{\mathrm{T}}U & 0 & 0 & X^{\mathrm{T}}P \\ 0 & -\hat{S} & 0 & Y^{\mathrm{T}}P \\ 0 & 0 & -\lambda^2 I & F^{\mathrm{T}}P \\ PX & PY & PF & -P \end{bmatrix} < 0$$

进一步推导出：

$$\Delta V(\sigma(k),k) \leqslant -\mu_3^2 \sigma^{\mathrm{T}}(k)T\sigma(k) \leqslant -\mu_3^2 \lambda_{\min}(T)\|\sigma(k)\|^2 < 0 \tag{4.30}$$

式中，$\lambda_{\min}(T)$ 是 T 的最小特征值。这表明 $\sigma = 0$ 是系统 (4.28) 的渐近稳定平衡点，即闭环系统 (4.22) 有唯一的平衡点 $x^* = [V^{*\mathrm{T}}, \xi^{*\mathrm{T}}]^{\mathrm{T}}$。进一步可以得到

$$\lim_{k\to\infty} W_e(k) = \lim_{k\to\infty} T_0^{-1}[\xi(k+1) - \xi(k)] = T_0^{-1}(\xi^* - \xi^*) = 0$$

这也显示出良好的动态跟踪性能。

4.3.3 权动态约束性能分析

PDF 的性质决定了权动态必须满足条件 $V^{\mathrm{T}}(k)\Pi_0 V(k) \leqslant 1$，基于增广系统 (4.11)，该条件可以转化为 $x^{\mathrm{T}}(k)\Pi x(k) \leqslant 1$，其中 $\Pi := \mathrm{diag}\{\Pi_0, 0\} \geqslant 0$。结合非负定矩阵的分解性质，$\Pi$ 能够被分解为 $\Pi = G^2$，其中 $G \geqslant 0$。

定理 4.3 考虑已知参数 λ，$\mu_i(i=1,2,3)$，$\alpha > 0$ 和矩阵 $U \geqslant 0$，$G \geqslant 0$，如果存在矩阵 $M = T^{-1} > 0$，$Q > 0$，R，$S_i > 0(i=1,2,\cdots,N)$ 和常数 $\gamma > 0$，使得矩阵不等式 (4.23) $\sim$ 不等式 (4.25) 及如下不等式可解：

$$\begin{bmatrix} M & MG \\ GM & \mu_3^2(\mu_1^2 + \mu_2^2 y_d)^{-1}I \end{bmatrix} \geqslant 0 \tag{4.31}$$

$$\begin{bmatrix} M & MG \\ GM & I \end{bmatrix} \geqslant 0, \quad \begin{bmatrix} 1 & x_m^{\mathrm{T}} \\ x_m & M \end{bmatrix} \geqslant 0 \tag{4.32}$$

则可以证明闭环离散系统 (4.22) 稳定，且同时满足状态约束 $x^{\mathrm{T}}(k)\Pi x(k) \leqslant 1$，跟踪目标 $\lim\limits_{k\to\infty} V(k) = V_g$ 以及鲁棒优化性能 $\sup\limits_{0\leqslant \|w\|\leqslant\infty} \dfrac{\|z(k)\|_\infty}{\|w(k)\|_\infty} < \gamma$，其中控制增益 K 通过等式 $R = QK^{\mathrm{T}}$ 得到。

证明 根据定理 4.2 可知闭环系统具有满意的稳定性、跟踪收敛性能及鲁棒性能。下面证明基于不等式 (4.31) 和不等式 (4.32)，闭环系统满足随机分布控制要求的权动态约束。

与定理 4.1 的证明过程类似，可以证明式 (4.19) 成立，即对任意满足条件 $\|w(k)\|_\infty \leqslant 1$ 的 $w(k)$，或者不等式 $x^{\mathrm{T}}(k)Tx(k) \leqslant x_m^{\mathrm{T}}Tx_m$ 成立，或者 $x^{\mathrm{T}}(k)Tx(k) \leqslant \mu_3^{-2}(\mu_1^2 + \mu_2^2 y_d)$ 成立。基于不等式 (4.32)，可以推导出 $\Pi \leqslant T$ 和 $x_m^{\mathrm{T}}Tx_m \leqslant 1$ 成立，进一步得到：

$$x^{\mathrm{T}}(k)\Pi x(k) \leqslant x^{\mathrm{T}}(k)Tx(k) \leqslant x_m^{\mathrm{T}}Tx_m \leqslant 1 \tag{4.33}$$

另外，基于不等式 (4.31)，有 $\Pi \leqslant \mu_3^2(\mu_1^2 + \mu_2^2 y_d)^{-1}T$ 成立，进一步得到：

$$x^{\mathrm{T}}(k)\Pi x(k) \leqslant \mu_3^2(\mu_1^2 + \mu_2^2 y_d)^{-1}x^{\mathrm{T}}(k)Tx(k) \leqslant 1 \tag{4.34}$$

综合不等式 (4.33) 和不等式 (4.34)，可以推导出对任意的满足条件 $\|w(k)\|_\infty \leqslant 1$ 的 $w(k)$，约束条件 $x^{\mathrm{T}}(k)\Pi x(k) \leqslant 1$ 成立，即 $V^{\mathrm{T}}(k)\Pi_0 V(k) \leqslant 1$ 得到满足。

注 4.1 一直以来，由 PDF 特性所引起的权向量的约束条件是随机分布控制中的一个难点。在先前的研究中，该约束条件都有所提及，但缺少通过直接设计相应的控制输入来解决该问题的方法。文献 [11] 中设计了基于权向量约束条件的 PI 控制算法，但算法本身相当复杂，所涉及的矩阵不等式是非凸且非线性的。本书的第 3、4 章通过改进的 LMI 凸优化算法，保证了权向量的约束条件得到满足，同时还完成了跟踪控制目标和干扰抑制性能的优化。可以看出，书中所提出的控制算法是对先前概率分布控制理论一个很好的补充。

4.4　仿真算例

在许多实际工业过程中，输出 PDF 通常会有 2 个或 3 个波峰。假设输出 PDF 可以由如下基函数来表示：

$$
B_i(y) = \left\{
\begin{array}{ll}
|\sin(2\pi y)|, & y \in [0.5(i-1), 0.5i] \\
0, & y \in [0.5(j-1), 0.5j]
\end{array}
\right. , \quad i \neq j
$$

通过式 (4.3) 和式 (4.4)，能够计算出：

$$
\Pi_0 = \int_0^{1.5} C_0^{\mathrm{T}}(y) C_0(y) \mathrm{d}y = \left[
\begin{array}{cc}
\displaystyle\int_0^{1.5} B_1^2(y)\mathrm{d}y & 0 \\
0 & \displaystyle\int_0^{1.5} B_2^2(y)\mathrm{d}y
\end{array}
\right]
$$

$$
= \left[
\begin{array}{cc}
0.25 & 0 \\
0 & 0.25
\end{array}
\right]
$$

进一步得到 $h(V(k))$：

$$
h(V(k)) = \frac{\sqrt{-4\left\{ V^{\mathrm{T}}(k)\left[\displaystyle\int_0^{1.5} C_0^{\mathrm{T}}(y) C_0(y)\mathrm{d}y\right] V(k) - 1 \right\} \displaystyle\int_0^{1.5} B_3^2(y)\mathrm{d}y}}{2\displaystyle\int_0^{1.5} B_3^2(y)\mathrm{d}y}
$$

$$
= \sqrt{4 - [v_1^2(k) + v_2^2(k)]}
$$

假设目标 PDF 的权向量为 $V_g = [0.8, 1.1]^{\mathrm{T}}$，对于权动态模型，系统矩阵及非线性项选择为

$$
A_0 = \left[
\begin{array}{cc}
-1 & 0.5 \\
-0.5 & -1
\end{array}
\right], \quad
A_{0d} = \left[
\begin{array}{cc}
0.5 & 0 \\
0 & 0.5
\end{array}
\right], \quad
F_0 = \left[
\begin{array}{cc}
-0.3 & -0.3 \\
0 & -0.3
\end{array}
\right]
$$

$$
B_0 = \left[
\begin{array}{cc}
-0.5 & 0 \\
0 & -0.5
\end{array}
\right], \quad
B_{0d} = \left[
\begin{array}{cc}
0.3 & 0 \\
0 & 0.3
\end{array}
\right], \quad
E_0 = \left[
\begin{array}{cc}
-0.5 & 0 \\
0 & -0.5
\end{array}
\right]
$$

$$
T_0 = \left[
\begin{array}{cc}
0.2 & 0 \\
0 & 0.2
\end{array}
\right], \quad
f(V(k)) = \left[
\begin{array}{c}
v_2 - \cos v_1 \\
\sin v_2
\end{array}
\right]
$$

定义参数 $\lambda_1 = 2$, $\mu_1^2 = \mu_2^2 = \mu_3^2 = 2$, $\gamma = 6$，求解线性矩阵不等式组 (式 (4.23) ~ 式 (4.25)，式 (4.31)，式 (4.32))，能够得到：

$$K_{\mathrm{P}} = \begin{bmatrix} -1.1971 & 0.8020 \\ -0.6719 & -1.0137 \end{bmatrix}, \quad K_{\mathrm{I}} = \begin{bmatrix} 3.8274 & -0.4260 \\ 1.0854 & 4.7320 \end{bmatrix}$$

将 PI 型控制输入 (4.10) 代入增广系统 (4.11)，设计 Simulink 闭环仿真系统，可得输出 PDF 相应的权向量的动态轨迹如图 4.1 所示。离散的 PI 型控制输入的动态轨迹如图 4.2 所示。图 4.3 是输出 PDF $\gamma(y, u(k))$ 的三维图。可以看出，在本章给出的具有广义 PI 结构的鲁棒控制策略下，跟踪性能和鲁棒性能都能够得到满足。

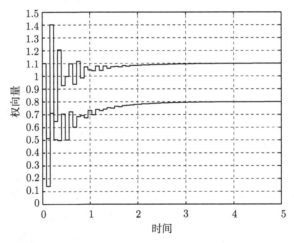

图 4.1 权向量 $V(t)$ 的动态轨迹

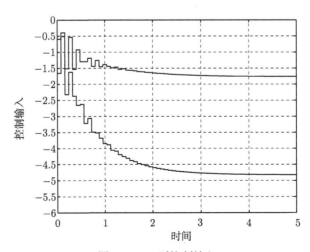

图 4.2 PI 型控制输入

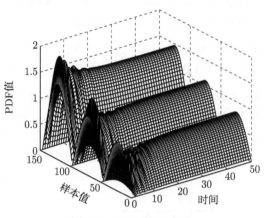

图 4.3　PDF 的三维图

4.5　本　章　小　结

　　本章建立了一种离散时间非高斯随机分布系统智能学习模型，提出了一种基于广义 PI 控制器结构及 L_1 性能优化指标的随机输出概率分布形状控制和干扰抑制方法。通过方根 B 样条网络模型的引入，将随机分布控制问题转化为带有状态约束条件的权向量的多目标控制问题。具体来说，首先设计离散 PI 跟踪控制输入，建立含有非零平衡点的时滞权动态非线性增广模型，并在此基础上提出了基于 LMI 的凸优化算法，保证闭环系统在非零平衡点的渐近稳定并且满足 L_1 鲁棒性能要求，同时满足权向量的约束条件，最终完成了非高斯随机系统输出 PDF 形状控制的目标。

第 5 章　随机分布系统迭代学习控制

第 3 章和第 4 章给出了非高斯智能学习模型的随机分布系统结构控制算法，然而并未讨论算法的适应性以及学习性等问题，特别是样条函数参数的不可调整性降低了控制算法的适用性。基于此，本章介绍间歇非高斯随机分布系统迭代学习控制算法，这种控制算法主要是为了克服系统模型信息不完备以及学习能力差的缺点。本章假设样条基函数的参数可调，重点设计相应的迭代学习控制律，确保相邻采样周期内的跟踪误差逐步减少。在此框架下，分别考虑 H_∞ 和 L_1 优化性能指标，基于由输出 PDF 跟踪误差构成的性能函数，将迭代学习跟踪控制问题转化为求解一系列线性矩阵不等式的凸优化控制方法。进一步通过 Lyapunov 函数分析方法，分析系统的稳定性能、可控性能、干扰抑制性能。本章所提出的迭代学习控制算法也可以推广到神经网络或者其他随机控制问题中去解决未知参数的学习问题。

5.1　问 题 描 述

5.1.1　带有可调参数的动态样条逼近

考虑一类复杂的间歇离散动态随机过程，$\eta(k)$ 表示系统输出的一致有界随机变量，$u_k(i)$ 为第 k 次采样周期内的第 i 个时间节点处的控制信号，用于控制系统输出的分布形状。在每一个采样周期 k 的 PDF 可以表示为 $\gamma_k(y, u_k(i))$，具体定义为

$$P\{a \leqslant \eta < \zeta, u_k(i)\} = \int_a^\zeta \gamma_k(y, u_k(i))\mathrm{d}y \tag{5.1}$$

式中，$P\{a \leqslant \eta < \zeta, u_k(i)\}$ 表示 η 落在区间 a 到 ζ 的概率；k 表示采样周期数量；i 代表第 k 次采样周期内的控制步长。本章对应的非高斯随机分布控制问题就是通过设计输入信号 $u_k(i)$ 使得概率分布 $\gamma(y, u_k(i))$ 满足多目标控制的要求，包括稳定性、鲁棒性、跟踪性能和状态约束等。

假设概率分布 $\gamma(y, u_k(i))$ 是连续且有界的。输出 PDF 可以用样条神经网络来估计，此时无限维非高斯随机分布控制问题可以简化为有限维的权动态控制问题。具体地，输出 PDF 的样条逼近定义为

$$\gamma_k(y, u_k(i)) = \sum_{l=1}^n v_{l,k}(u_k(i))B_{l,k}(y) + \varepsilon(y, k) \tag{5.2}$$

式中，$v_{l,k}(u_k(i))$ 表示第 k 次采样周期内第 i 个时间节点处的第 l 个动态权向量；$B_{l,k}(y)$ 是相应的样条基函数。然而，文献 [11] 中，采用的都是固定形式的样条基函数，这在一定程度上限制了 PDF 的形状。本章将选取动态的样条神经网络基函数，将式 (5.2) 重新定义为

$$\gamma_k(\theta_k, y, u_k(i)) = \sum_{l=1}^{n} v_{l,k}(u_k(i))B_{l,k}(\theta_k, y) + \varepsilon(y, k) \tag{5.3}$$

此处 $B_{l,k}(\theta_k, y)$ 是带有可变参数 θ_k 的样条基函数；$\varepsilon(y, k)$ 表示估计误差。

定义向量：

$$V_k(i) = [v_{1,k}(i), v_{2,k}(i), \cdots, v_{n,k}(i)]^{\mathrm{T}}$$
$$C_{0k}(\theta_k, y) = [B_{1,k}(\theta_k, y), B_{2,k}(\theta_k, y), \cdots, B_{n,k}(\theta_k, y)]$$

可以得到：

$$\gamma_k(\theta_k, y, u_k(i)) = C_{0k}(\theta_k, y)V_k(i) + \varepsilon(y, k) \tag{5.4}$$

注 5.1   本章采用的样条基函数是可变的，需要调节其中的可变参数 θ_k 来达到减小跟踪误差的目的。为了简化算法设计，假定权向量是不变的。进一步，如果考虑径向基函数，可变参数 θ_k 也可看成是第 k 次采样周期内基函数的中心 $\mu_{l,k}$ 和宽度 $\sigma_{l,k}$，具体描述为

$$R_{l,k}(y) = \exp(-(y_j - \mu_{l,k})^2 / 2\sigma_{l,k}^2), \quad l = 1, 2, \cdots, n \tag{5.5}$$

5.1.2   迭代学习控制器设计

本小节将介绍如何设计迭代学习算法来调节可变参数 θ_k，逐步地减小控制误差，即当第 $k-1$ 次采样周期完成后，及时更新参数 θ_k 使得第 k 次采样周期内的控制性能得到改进，通过多次迭代使得可量测的输出分布函数 $\gamma_k(\theta_k, y, u_k(i))$ 能够收敛到给定目标 $\gamma_g(y)$。考虑如下性能指标函数：

$$J_k(\theta_k) = \int_a^b (\gamma_k(\theta_k, y, u_k(i)) - \gamma_g(y))^2 \mathrm{d}y \tag{5.6}$$

设计可变参数 θ_k 的学习律如下：

$$\begin{cases} \theta_k = \varUpsilon_1 \theta_{k-1} + \varUpsilon_2 \xi_{k-1} \\ \xi_k = \xi_{k-1} + J_k(\theta_k) \end{cases} \tag{5.7}$$

式中，$\varUpsilon_1$ 和 $\varUpsilon_2$ 是两个待确定的学习参数。学习的目的是找到 $\varUpsilon_1$ 和 $\varUpsilon_2$ 使得 $J_k(\theta_k)$ 在第 k 次采样周期的数值小于第 $k-1$ 次采样周期的数值，即使误差不断减小。ξ_k

是基于性能函数设计的辅助向量。学习律 (5.7) 可以进一步写成：

$$\begin{cases} \theta_k = \Upsilon_1\theta_{k-1} + \Upsilon_2\xi_{k-1} \\ \xi_k = \xi_{k-1} + J_k(\Upsilon_1\theta_{k-1} + \Upsilon_2\xi_{k-1}) \end{cases} \tag{5.8}$$

注意 $J_k(\theta_k)$ 是关于 θ_k 的非线性函数，其取决于样条基函数的具体形式。将 $J_k(\theta_k)$ 进行泰勒级数展开，得到：

$$J_k(\theta_k) = F\theta_k + G_1 r + G_2\delta_{k-1} \tag{5.9}$$

式中，F，G_1 和 G_2 是已知矩阵；r 代表与目标 PDF 和控制输入 $u_k(i)$ 相关的已知输入量；δ_{k-1} 是建模误差，它包含了估计误差 $\varepsilon(y, k)$ 和未建模动态两个部分，且可以通过选择合适的 G_2 使其满足 $\|\delta_{k-1}\|_2 < 1$。结合泰勒级数展开形式，学习律 (5.7) 可以进一步描述如下：

$$\begin{cases} \theta_k = \Upsilon_1\theta_{k-1} + \Upsilon_2\xi_{k-1} \\ \xi_k = F\Upsilon_1\theta_{k-1} + (F\Upsilon_2 + I)\xi_{k-1} + G_1 r + G_2\delta_{k-1} \end{cases} \tag{5.10}$$

注 5.2 基于性能函数 (5.6) 设计相应的参数学习算法来达到分阶段减小误差的目的，这是一个典型的模型自由迭代学习控制问题，目前很少有文献既能得到满意结果又能分析系统性能。即使是经典的迭代学习控制问题，大多数方法还是依赖于线性化。本章通过式 (5.7) ∼ 式 (5.10)，将模型自由迭代学习控制问题转化为基于系统 (5.10) 的控制问题，这样很多经典的非线性或者鲁棒控制方法可以应用其中。

5.2 迭代学习优化算法

本节针对系统 (5.10)，系统地分析以上提出的迭代学习算法的收敛性能和鲁棒性能，并研究基于凸优化算法的多目标控制问题。

5.2.1 H_∞ 优化控制

将 $\rho_k = M_1\theta_k + M_2\xi_k$ 作为参考输出，此处的 $M_i(i = 1, 2)$ 是两个已知的权矩阵。所要考虑的 H_∞ 优化问题为：寻找合适的迭代学习参数 $\Upsilon_i(i = 1, 2)$，使得系统 (5.10) 在存在外部输入和扰动的情况下稳定且满足 $\|\rho_k\|_2 < \nu$，其中 ν 是一个给定的正常数。

定义 $\Upsilon = [\Upsilon_1, \Upsilon_2]$，$M = [M_1, M_2]$ 和矩阵

$$\bar{F} = \begin{bmatrix} I \\ F \end{bmatrix}, \quad E = \begin{bmatrix} 0 & 0 \\ 0 & I \end{bmatrix}, \quad G = \begin{bmatrix} 0 & 0 \\ G_1 & G_2 \end{bmatrix}, \quad x_k = \begin{bmatrix} \theta_k \\ \xi_k \end{bmatrix}, \quad \bar{\delta}_k = \begin{bmatrix} r \\ \delta_k \end{bmatrix}$$

则系统 (5.10) 可转化为

$$\begin{cases} x_{k+1} = (\bar{F}\varUpsilon + E)x_k + G\bar{\delta}_k \\ \rho_k = Mx_k \end{cases} \tag{5.11}$$

定理 5.1   *对于已知参数 ν, 假设存在矩阵 $Q > 0$ 和 R, 使得如下的线性矩阵不等式*

$$\begin{bmatrix} -Q & 0 & R^{\mathrm{T}}\bar{F}^{\mathrm{T}} + QE^{\mathrm{T}} & QM^{\mathrm{T}} \\ 0 & -\gamma^2 I & G^{\mathrm{T}} & 0 \\ \bar{F}R + EQ & G & -Q & 0 \\ MQ & 0 & 0 & -I \end{bmatrix} < 0 \tag{5.12}$$

成立, 其中参数 $\gamma^2 = \nu^2/(\|r\|_2^2 + 1)$, 则闭环系统 (5.11) 是 H_∞ 稳定的, 且满足不等式 $\|\rho_k\|_2 < \nu$, 其中, 学习控制律可以通过计算 $\varUpsilon = RQ^{-1}$ 得到。

证明   基于已有的 H_∞ 性能优化方法, 可以验证出当 $\bar{\delta}_k = 0$ 时, 系统 (5.11) 是渐近稳定的; 当 $\bar{\delta}_k \neq 0$ 时, 如果存在矩阵 $P > 0$, 使以下不等式

$$\begin{bmatrix} (\bar{F}\varUpsilon + E)^{\mathrm{T}}P(\bar{F}\varUpsilon + E) - P + M^{\mathrm{T}}M & (\bar{F}\varUpsilon + E)^{\mathrm{T}}PG \\ G^{\mathrm{T}}P(\bar{F}\varUpsilon + E) & G^{\mathrm{T}}PG - \gamma^2 I \end{bmatrix} < 0 \tag{5.13}$$

成立, 则系统 (5.11) 是 H_∞ 稳定的。结合 Schur 补引理, 同时定义 $Q = P^{-1}$ 以及 $R = \varUpsilon Q$, 可以验证不等式 (5.12) 等价于不等式 (5.13), 进一步能够得到 $\|\rho_k\|_2^2 < \gamma^2 \|\bar{\delta}_k\|_2^2 < \gamma^2 (\|r\|_2^2 + 1) < \nu^2$。

定理 5.1 通过求解有关 Q 和 R 的简单线性矩阵不等式, 得到了相应的迭代学习控制律, 并且能够保证闭环系统 H_∞ 稳定。然而, 上述设计的算法很难获得良好的跟踪控制性能, 跟踪性能函数仅仅可以验证为有界。接下来介绍新的优化算法使得闭环系统能够同时满足稳定性、鲁棒性和跟踪控制性能。

5.2.2 L_1 优化跟踪控制

类似于 5.2.1 小节中的处理方法, 首先定义以下矩阵:

$$\bar{G}_1 = \begin{bmatrix} 0 \\ G_1 \end{bmatrix}, \quad \bar{G}_2 = \begin{bmatrix} 0 \\ G_2 \end{bmatrix}, \quad x_k = \begin{bmatrix} \theta_k \\ \xi_k \end{bmatrix}$$

则系统 (5.10) 可以转化为

$$\begin{cases} x_{k+1} = (\bar{F}\varUpsilon + E)x_k + \bar{G}_1 r + \bar{G}_2 \delta_k \\ z_k = W_1 x_k + W_2 \delta_k \end{cases} \tag{5.14}$$

式中, z_k 是参考输出; W_1, W_2 是已知权矩阵。接下来考虑 L_1 优化控制问题: 设计相应的迭代学习控制律, 使得被控系统 (5.14) 稳定, 且满足不等式 $\displaystyle\sup_{\|\delta_k\|_\infty \leqslant 1} \|z_k\|_\infty \leqslant \gamma_1$

或者 $\displaystyle\sup_{0\leqslant\|\delta_k\|\leqslant\infty}\frac{\|z_k\|_\infty}{\|\delta_k\|_\infty}\leqslant\gamma_1$，其中 $\gamma_1>0$ 是一个给定的正常数。与此同时，误差性能指标 $J_k(\theta_k)$ 可以确保收敛到零。下面的结果给出了相应的算法设计和严格的定理证明。

定理 5.2 对于已知参数 $\mu_i(i=1,2,3)$ 和 $\gamma_1>0$，假设存在矩阵 $N>0$，$Q=P^{-1}>0$ 和 R，使得线性矩阵不等式组

$$
\begin{bmatrix}
-Q & 0 & 0 & R^{\mathrm{T}}\bar{F}^{\mathrm{T}}+QE^{\mathrm{T}} & Q \\
0 & -\mu_1^2 I & 0 & \bar{G}_1^{\mathrm{T}} & 0 \\
0 & 0 & -\mu_2^2 I & \bar{G}_2^{\mathrm{T}} & 0 \\
\bar{F}R+EQ & \bar{G}_1 & \bar{G}_2 & -Q & 0 \\
Q & 0 & 0 & 0 & -\mu_3^2 N
\end{bmatrix}<0 \tag{5.15}
$$

$$
\begin{bmatrix}
\mu_3^2 T & 0 & W_1^{\mathrm{T}} \\
0 & (\gamma_1-\mu_1^2 y_d-\mu_2^2)I & W_2^{\mathrm{T}} \\
W_1 & W_2 & \gamma_1 I
\end{bmatrix}>0 \tag{5.16}
$$

$$
\begin{bmatrix}
\alpha I & T \\
T & T
\end{bmatrix}>0,\quad
\begin{bmatrix}
T & 0 & W_1^{\mathrm{T}} \\
0 & (\gamma_1-\alpha x_0^{\mathrm{T}}x_0)I & W_2^{\mathrm{T}} \\
W_1 & W_2 & \gamma_1 I
\end{bmatrix}>0 \tag{5.17}
$$

成立，则动态闭环系统 (5.14) 是稳定的，同时满足跟踪性能 $\displaystyle\lim_{k\to\infty}J_k(\theta_k)=0$ 和 L_1 优化性能 $\displaystyle\sup_{0\leqslant\|\delta\|\leqslant\infty}\frac{\|z_k\|_\infty}{\|\delta_k\|_\infty}<\gamma_1$。此时，迭代学习控制的学习律可以通过 $\varUpsilon=RQ^{-1}$ 计算得到。

证明 选择如下 Lyapunov 函数：

$$
V(x_k,k)=x_k^{\mathrm{T}}Px_k \tag{5.18}
$$

对式 (5.18) 求差分可以得到：

$$
\begin{aligned}
\Delta V(x_k,k)&=V(x_{k+1},k+1)-V(x_k,k) \\
&=x_{k+1}^{\mathrm{T}}Px_{k+1}-x_k^{\mathrm{T}}Px_k \\
&=\zeta_k^{\mathrm{T}}\varPsi\zeta_k+\mu_1^2\|r\|^2+\mu_2^2\|\delta_k\|^2
\end{aligned} \tag{5.19}
$$

式中，$\zeta_k=[x_k^{\mathrm{T}},r^{\mathrm{T}},\delta_k^{\mathrm{T}}]^{\mathrm{T}}$，且

$$
\varPsi=\begin{bmatrix}
(\bar{F}\varUpsilon+E)^{\mathrm{T}}P(\bar{F}\varUpsilon+E)-P & (\bar{F}\varUpsilon+E)^{\mathrm{T}}P\bar{G}_1 & (\bar{F}\varUpsilon+E)^{\mathrm{T}}P\bar{G}_2 \\
\bar{G}_1^{\mathrm{T}}P(\bar{F}\varUpsilon+E) & \bar{G}_1^{\mathrm{T}}P\bar{G}_1-\mu_1^2 & \bar{G}_1^{\mathrm{T}}P\bar{G}_2 \\
\bar{G}_2^{\mathrm{T}}P(\bar{F}\varUpsilon+E) & \bar{G}_2^{\mathrm{T}}P\bar{G}_1 & \bar{G}_2^{\mathrm{T}}P\bar{G}_2-\mu_2^2
\end{bmatrix}
$$

通过在不等式 (5.15) 两边同时乘以对角矩阵 $\mathrm{diag}\{P, I, I, P, I\}$，且定义 $Q = P^{-1}$, $R = \Upsilon Q$，可以得到 $\Psi < \mathrm{diag}\{-\mu_3^2 T, 0, 0\} \Longleftrightarrow$ 式 (5.15)。考虑到式 (5.19)，可以验证对于任意满足 $\|\delta_k\|_\infty \leqslant 1$ 的 δ_k，有

$$\Delta V(x_k, k) \leqslant -\mu_3^2 x_k^{\mathrm{T}} T x_k + \mu_1^2 y_d + \mu_2^2 \tag{5.20}$$

因此，如果 $x_k^{\mathrm{T}} T x_k > \mu_3^{-2}(\mu_1^2 y_d + \mu_2^2)$ 成立，则 $\Delta V(x_k, k) < 0$。所以对于任意的 x_k，可以得到以下不等式：

$$x_k^{\mathrm{T}} T x_k \leqslant \max\{x_0^{\mathrm{T}} T x_0, \mu_3^{-2}(\mu_1^2 y_d + \mu_2^2)\} \tag{5.21}$$

从而证明了闭环系统 (5.14) 的稳定性。

接下来考虑动态跟踪性能。假设 ρ_{1k} 和 ρ_{2k} 为闭环系统 (5.14) 的两个运动轨迹，且对应于同一个固定的初始条件。定义 $\sigma_k := \rho_{1k} - \rho_{2k}$，则基于 σ_k 的动态模型可以描述为

$$\sigma_{k+1} = (\bar{F}\Upsilon + E)\sigma_k \tag{5.22}$$

类似上述证明，选取 Lyapunov 函数如下：

$$V(\sigma_k, k) = \sigma_k^{\mathrm{T}} P \sigma_k \tag{5.23}$$

由不等式 (5.15) 可以得到：

$$\begin{bmatrix} -P + \mu_3^2 T & (\bar{F}\Upsilon + E)^{\mathrm{T}} P \\ P(\bar{F}\Upsilon + E) & -P \end{bmatrix} < 0$$

对 Lyapunov 函数 (5.23) 求差分，可得

$$\Delta V(\sigma_k, k) \leqslant -\mu_3^2 \sigma_k^{\mathrm{T}} T \sigma_k \leqslant -\mu_3^2 \lambda_{\min}(T) \|\sigma_k\|^2 < 0 \tag{5.24}$$

式中，$\lambda_{\min}(T)$ 表示矩阵 T 的最小特征值，可以验证 $\sigma = 0$ 是系统 (5.22) 唯一的渐近稳定的平衡点，这就意味着闭环系统 (5.14) 存在唯一的稳定平衡点，记作 $x^* = [\theta^{*\mathrm{T}}, \xi^{*\mathrm{T}}]^{\mathrm{T}}$。因此，由式 (5.7) 可以得到：

$$\lim_{k \to \infty} J_k(\theta_k) = \lim_{k \to \infty} (\xi(k) - \xi(k-1)) = \xi^* - \xi^* = 0 \tag{5.25}$$

这证明了系统具有良好的动态跟踪性能。

下面进一步讨论基于 L_1 性能指标的干扰抑制问题。根据不等式 (5.21)，可以得到 $x_k^{\mathrm{T}} T x_k \leqslant x_0^{\mathrm{T}} T x_0$ 或者 $x_k^{\mathrm{T}} T x_k \leqslant \mu_3^{-2}(\mu_1^2 y_d + \mu_2^2)$。基于不等式 (5.16)，有

$$
\begin{bmatrix} \mu_3^2 T & 0 \\ 0 & (\gamma_1 - \mu_1^2 y_d - \mu_2^2)I \end{bmatrix} - \frac{1}{\gamma_1} \begin{bmatrix} W_1^\mathrm{T} \\ W_2^\mathrm{T} \end{bmatrix} \begin{bmatrix} W_1 & W_2 \end{bmatrix} > 0
$$

即保证了在满足 $x_k^\mathrm{T} T x_k \leqslant \mu_3^{-2}(\mu_1^2 y_d + \mu_2^2)$ 和 $\|\delta_k\|_\infty \leqslant 1$ 的前提下，有

$$
\frac{1}{\gamma_1}\|z_k\|^2 < \mu_3^2 x^\mathrm{T}(k) T x(k) + (\gamma_1 - \mu_1^2 y_d - \mu_2^2)\delta_k^\mathrm{T}\delta_k \leqslant \gamma_1 \tag{5.26}
$$

另外，根据不等式 (5.17)，可得

$$
\begin{bmatrix} T & 0 \\ 0 & (\gamma_1 - \alpha x_0^\mathrm{T} x_0)I \end{bmatrix} - \frac{1}{\gamma_1} \begin{bmatrix} W_1^\mathrm{T} \\ W_2^\mathrm{T} \end{bmatrix} \begin{bmatrix} W_1 & W_2 \end{bmatrix} > 0
$$

类似上述证明，在满足 $x_k^\mathrm{T} T x_k \leqslant x_0^\mathrm{T} T x_0$ 和 $\|\delta_k\|_\infty \leqslant 1$ 的前提下，可以得到：

$$
\begin{aligned}
\frac{1}{\gamma_1}\|z_k\|^2 &< x_k^\mathrm{T} T x_k + (\gamma_1 - \alpha x_0^\mathrm{T} x_0)\delta_k^\mathrm{T}\delta_k \\
&\leqslant \alpha x_0^\mathrm{T} x_0 + (\gamma_1 - \alpha x_0^\mathrm{T} x_0)^\mathrm{T}\delta_k^\mathrm{T}\delta_k = \gamma_1
\end{aligned} \tag{5.27}
$$

因此，闭环系统的 L_1 增益指标小于常数 γ_1。

5.3 仿 真 算 例

在一些实际过程中，如火焰分布控制等问题，可量测的输出 PDF 通常有 2 个或者 3 个波峰。本章中，如式 (5.2) 所描述的，假定输出 PDF 可以使用如下的样条模型去估计，且带有可调参数 $\theta_i(k)(i=1,2,3)$ 和 $y(y \in [0,1.5])$：

$$
B_{i,k}(\theta_i(k),y) = \begin{cases} |\theta_i(k)\sin(2\pi y)|, & y \in [0.5(i-1),0.5i] \\ 0, & y \in [0.5(j-1),0.5j] \end{cases}, \quad i \neq j
$$

假设目标分布 $\gamma_g(y)$ 满足

$$
\gamma_g(y) = 0.5B_1(y) + 1B_2(y) + 2B_3(y)
$$

$$
B_i(y) = \begin{cases} |\sin(2\pi y)|, & y \in [0.5(i-1),0.5i] \\ 0, & y \in [0.5(j-1),0.5j] \end{cases}, \quad i \neq j
$$

基于式 (5.6)，计算出性能函数如下：

$$
J_k(\theta_1,\theta_2,\theta_3) = \frac{1}{4}(\theta_1^2 + \theta_2^2 + \theta_3^2) - \frac{1}{4}(\theta_1 + 2\theta_2 + 4\theta_3) + \frac{21}{16}
$$

将 J_k 进行泰勒级数展开，将模型参数表示为

$$\bar{F} = \begin{bmatrix} 1 & 0 & 0 \\ 0 & 1 & 0 \\ 0 & 0 & 1 \\ -0.25 & -0.5 & -1 \end{bmatrix}, \quad \bar{E} = \begin{bmatrix} 0 & 0 & 0 & 0 \\ 0 & 0 & 0 & 0 \\ 0 & 0 & 0 & 0 \\ 0 & 0 & 0 & 1 \end{bmatrix}, \quad \bar{G}_1 = \begin{bmatrix} 0 \\ 0 \\ 0 \\ -21/16 \end{bmatrix}$$

$$\bar{G}_2 = \begin{bmatrix} 0 & 0 & 0 \\ 0 & 0 & 0 \\ 0 & 0 & 0 \\ 3 & 3 & 3 \end{bmatrix}, \quad \delta_k = \begin{bmatrix} 0.1\sin\theta_1 & 0.2\cos\theta_2 & 0.32\sin\theta_3 \end{bmatrix}^{\mathrm{T}}$$

通过求解矩阵不等式 (5.15) ∼ 式 (5.17)，计算出迭代学习参数：

$$\Upsilon_1 = \begin{bmatrix} 0.0001 & 0.0002 & 0.0005 \\ 0.0002 & 0.0005 & 0.0009 \\ 0.0005 & 0.0009 & 0.0019 \end{bmatrix}, \quad \Upsilon_2 = \begin{bmatrix} 0.1256 \\ 0.2512 \\ 0.5023 \end{bmatrix}$$

　　图 5.1 显示了目标 PDF 形状和第一次采样周期内的 PDF 形状。可以看出，第一次采样周期内的 PDF 和目标 PDF 之间的误差非常明显，需要改进。第 20 次迭代后的 PDF 如图 5.2 所示，与图 5.1 相比，跟踪性能得到明显改善。图 5.3 显示动态可变参数 $\theta_i(k)$ 的运动轨迹，可以发现可变参数在有限次迭代后是稳定且收敛的。性能函数 $J_k(\theta_k)$ 的响应曲线如图 5.4 所示，反映出输出 PDF 和目标 PDF 之间的误差几乎可以收敛到零。图 5.5 是输出 PDF 的三维图，与参考文献 [11] 中的仿真结果相比，跟踪性能更好，且具有良好的稳定性和鲁棒性能。

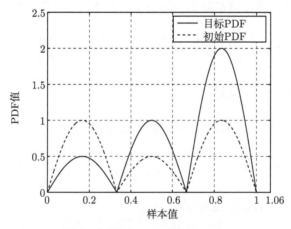

图 5.1　目标 PDF 和初始 PDF

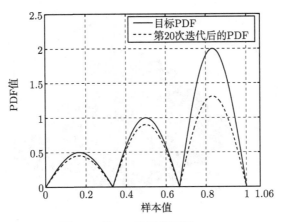

图 5.2 第 20 次迭代后的 PDF

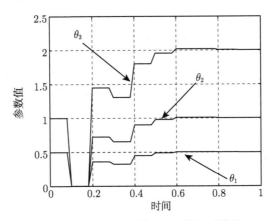

图 5.3 动态可变参数 $\theta_i(k)$ 的运动轨迹

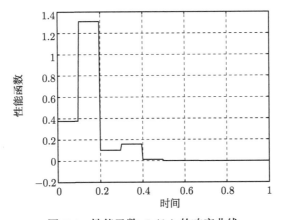

图 5.4 性能函数 $J_k(\theta_k)$ 的响应曲线

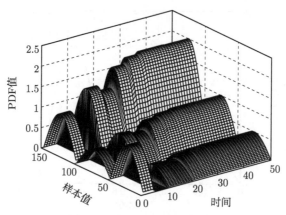

图 5.5　输出 PDF 的三维图

5.4　本章小结

本章针对间歇非高斯随机过程提出了一种模型自由迭代学习控制算法。通过针对基函数中的可调参数设计迭代学习控制律，结合凸优化算法将迭代学习控制转化为传统的 H_∞ 或 L_1 跟踪控制问题。采用该控制方法，良好的跟踪性和鲁棒性能够同时得到满足。

第6章　随机分布系统自适应控制

一直以来，系统建模都是随机分布控制理论的关键问题，选择合适的建模工具尤为重要。利用成熟的自适应控制技术，研究非高斯随机分布系统的智能建模方法，进而设计控制算法是接下来的研究重点。

近年来，神经网络模型在控制理论中的应用越来越广泛。由于神经网络模型具有大量的并行计算和快速的自我调节能力，其研究的热点问题主要集中在神经网络模型的逼近和辨识两个方面。一般来讲，理论研究中常用的神经网络模型可以分为静态神经网络模型和动态神经网络模型。静态神经网络，如径向基函数 (RBF) 神经网络、后向传播 (BP) 神经网络、样条神经网络等，因为具有很强的逼近能力，通常被应用去逼近一个未知的非线性函数。但是对于模型未知的非线性动态系统，大部分静态神经网络并不能成为有效的黑箱辨识器，而动态神经网络模型的提出能够弥补这一缺陷。由于动态神经网络具有动态记忆和动态调节能力，动态神经网络的辨识实际上是一个模型估计的过程，通过对未知权矩阵设计自适应调节律，能够显示出动态神经网络模型良好的辨识能力。目前，有关动态神经网络分析和应用的研究结果很多，文献 [55]、[56] 分别提出了高阶动态神经网络和多层动态网络的概念。文献 [57]~ [59] 基于自适应控制律研究了动态神经网络针对非线性系统的辨识问题。在文献 [55]、[60]、[61] 中，基于动态神经网络模型设计出相应的控制输入，完成动态跟踪控制问题。文献 [62]、[63] 分别研究了基于随机非线性系统的动态神经网络辨识过程和时滞动态神经网络的稳定性问题。文献 [64]、[65] 将动态神经网络模型分别应用于混沌系统和感应伺服机，基于变结构控制方法和后推设计方法展开研究。

对于先前描述的概率分布控制框架，其主要思想是直接设计控制器使得系统输出 PDF 形状能够跟踪给定的 PDF 形状。针对被考虑的输出 PDF，应用 B 样条神经网络模型逼近方法，在确定了所有的基函数之后，将 PDF 的跟踪控制问题转化为对未知权动态模型的控制。然而，在实际控制过程中，仅仅能够量测到大量的数据信息，而缺乏控制器设计所必需的模型信息。所以，面对这样的黑箱模型，为了设计出理想的状态反馈控制器，对权动态模型的辨识是十分关键的。针对这一问题，本章介绍以下两步神经网络模型建模过程。

第一步：运用样条神经网络模型逼近方法，将输出 PDF 表示为预先确定基函数的线性组合，即通过控制线性组合中的权向量就可以实现对输出分布形状的控制。

　　第二步：针对权向量和控制输入之间的非线性关系，引入带有未知参数的动态神经网络模型来辨识未建模的黑箱动态。

　　具体的流程如图 6.1 所示。

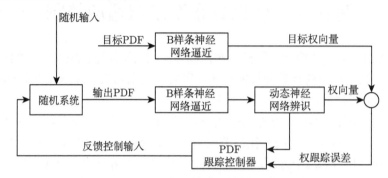

图 6.1   基于两步神经网络模型的概率分布控制

　　本章在两步建模的基础上，设计合适的模型参数和自适应调节算法，引入自适应补偿机制，动态神经网络模型就能够很好地完成未知非线性权动态的辨识任务。本章介绍的内容在理论分析中第一次将静态神经网络和动态神经网络联系起来解决问题，不仅完成了输出 PDF 的动态跟踪目标，而且解决了随机分布控制中的权动态的辨识问题，具有很强的理论研究意义和实际应用价值。基于两步神经网络模型的应用框架，本章提出了两种不同的控制器设计方法。

　　(1) 随着线性 B 样条神经网络模型对于输出 PDF 的逼近，应用动态神经网络模型去辨识控制输入和权向量之间的动态关系。基于设计的动态神经网络模型，计算出相应的状态反馈跟踪控制器。为了保证控制输入的存在性和未知加权矩阵的有界性，引入修改的自适应投影算法。根据 Lyapunov 函数分析方法和 Barbalat 引理，辨识误差和跟踪误差能够同时收敛到零。

　　(2) 考虑方根 B 样条神经网络模型和带有时滞状态的动态神经网络模型，设计 PI 结构的控制输入，同时利用凸优化算法求解 PI 控制增益，结合参数自适应控制律，计算相应的控制输入，不仅使得辨识误差和跟踪误差同时收敛到零，而且能够保证由 PDF 所引起的约束条件得到满足。

6.1　基于两步神经网络模型参数自适应随机分布控制算法

6.1.1　线性样条神经网络逼近

　　采用线性 B 样条神经网络逼近方法，随机系统的输出 PDF 可以表示为预先确定基函数的线性组合。因此，在确定了所有的基函数之后，通过控制相应的权值就可以实现对输出 PDF 形状的控制。

与前面章节的内容相同,随机变量 $\eta(t)$ 的分布形状可以由它的 PDF $\gamma(y, u(t))$ 来表述。根据函数逼近的一般性原则,用下述的线性 B 样条神经网络模型来逼近分布函数:

$$\gamma(y, u(t)) = \sum_{i=1}^{n} v_i(u(t)) B_i(y) + e_0 \tag{6.1}$$

式中,$v_i(t) := v_i(u(t))(i = 1, 2, \cdots, n)$ 是与控制输入 $u(t)$ 有关的权值;$B_i(y)(i = 1, 2, \cdots, n) \geqslant 0$ 是预先设计的线性 B 样条基函数,定义在区间 $[a, b]$ 上;e_0 是逼近误差。在控制算法的推导过程中,可以先忽略误差项对闭环系统的影响。由于 PDF 在定义域区间上的积分等于 1,因此在逼近过程中仅有 $n - 1$ 个权向量是相互独立的。

实际上,上述 B 样条逼近形式 (6.1) 可以对输出 PDF 的形状进行任意精度建模,该表示形式只是对每一时刻输出 PDF 本身的数学表示,不涉及任何动态过程。定义:

$$b_i = \int_a^b B_i(y) \mathrm{d}y, \quad i = 1, 2, \cdots, n, \quad L(y) = \frac{B_n(y)}{b_n} \tag{6.2}$$

$$c_i(y) = B_i(y) - \frac{b_i}{b_n} B_n(y), \quad i = 1, 2, \cdots, n-1 \tag{6.3}$$

$$C(y) = [c_1(y), c_2(y), \cdots, c_{n-1}(y)] \tag{6.4}$$

$$V(t) = [v_1(t), v_2(t), \cdots, v_{n-1}(t)]^{\mathrm{T}} \tag{6.5}$$

静态过程输出 PDF 的 B 样条近似过程可表示成如下更为紧凑的形式:

$$\gamma(y, u(t)) = C(y)V(t) + L(y) \tag{6.6}$$

对于预先给定的 PDF $g(y)$,能够找到相应的权向量 $V_g(t)$,即

$$g(y) = C(y)V_g(t) + L(y) \tag{6.7}$$

控制目标是设计出相应的控制输入 $u(t)$,使得跟踪误差

$$\Delta_e(t) = g(y) - \gamma(y, u(t)) = C(y)w(t) \tag{6.8}$$

收敛到零,其中 $w(t) = V_g(t) - V(t)$。通过以上分析,PDF 跟踪控制问题被转化为有限维权向量的跟踪控制问题。与第 3 章不同,本章采用的是对 $\gamma(y, u(t))$ 而不是对 $\sqrt{\gamma(y, u(t))}$ 的逼近。

6.1.2　基于参数自适应算法的动态神经网络模型辨识

显而易见,权向量 $V(t)$ 与控制输入 $u(t)$ 之间的动态关系可以看成典型的黑箱系统,已知信息往往是能够量测的数据,缺乏控制器设计所必需的模型信息,这给

控制器的设计带来很大的难度。前面关注了非线性权动态模型, 但并没有涉及具体的建模过程。下面考虑具有未知待定参数的动态神经网络模型。

基于动态神经网络的黑箱辨识能力, 假设非线性动态完全可以由一个动态神经元网络加上模型误差项 $F(t)$ 来描述, 即存在加权阵 W_1^* 和 W_2^*, 使得权向量 $V(t)$ 与控制输入 $u(t)$ 之间的动态关系由式 (6.9) 描述:

$$\begin{cases} \dot{x}(t) = Ax(t) + BW_1^*\sigma(x) + BW_2^*\phi(x)u(t) - F(t) \\ V(t) = Ex(t) \end{cases} \tag{6.9}$$

式中, $x(t) \in \mathbb{R}^m$ 是可量测的中间状态变量; A, B 和 E 代表已知的参数矩阵; $F(t)$ 是建模误差; $\sigma(x)$ 是一个 m 维的向量; $\phi(x)$ 是 $m \times m$ 对角阵, 它们的元素由适当阶次的 Sigmoid 函数组成, 具体表示如下:

$$\phi_i(x_i) = \sigma_i(x_i) = \frac{a}{1 + \mathrm{e}^{-bx_i}} - c, \quad i = 1, 2, \cdots, m \tag{6.10}$$

式中, a 和 b 分别代表 Sigmoid 函数的上界及其斜率; c 是一个偏差常数。上述的动态神经网络模型可以看成是 Hopfield 模型和 Cohen-Grossberg 模型的一种扩展, 详细解释参见文献 [56]。

动态神经网络是一种回归的神经元网络, 其数学模型描述为如下的仿射形式[55,57]:

$$\begin{cases} \dot{\hat{x}}(t) = A\hat{x}(t) + BW_1\sigma(\hat{x}) + BW_2\phi(\hat{x})u(t) + u_f(t) \\ \hat{V}(t) = E\hat{x}(t) \end{cases} \tag{6.11}$$

式中, $\hat{x}(t) \in \mathbb{R}^m$ 代表模型状态; W_1, W_2 是可调的加权矩阵, 其中 W_2 是 $m \times m$ 的对角矩阵, 可以表示为 $W_2 = \mathrm{diag}\{w_{21}, w_{22}, \cdots, w_{2m}\}$; 由于 W_2^* 是 W_2 的最优值, W_2^* 也是对角阵; $u_f(t)$ 是设计的动态补偿项。

定义辨识误差 $e(t) = \hat{x}(t) - x(t)$ 和相应的变量如下:

$$\tilde{W}_1 = W_1 - W_1^*, \quad \tilde{W}_2 = W_2 - W_2^*, \quad \tilde{\sigma} = \sigma(\hat{x}) - \sigma(x), \quad \tilde{\phi} = \phi(\hat{x}) - \phi(x) \tag{6.12}$$

因为 $\sigma(x)$ 和 $\phi(x)$ 是形如等式 (6.10) 的 Sigmoid 函数, 满足如下 Lipschitz 条件:

$$\tilde{\sigma}^{\mathrm{T}}\tilde{\sigma} \leqslant e^{\mathrm{T}}(t)E_\sigma e(t) \tag{6.13}$$

$$(\tilde{\phi}u(t))^{\mathrm{T}}(\tilde{\phi}u(t)) \leqslant \bar{u}e^{\mathrm{T}}(t)E_\phi e(t) \tag{6.14}$$

式中, E_σ 和 E_ϕ 代表已知的正定矩阵。

为了保证动态神经网络的跟踪性能, 需要满足以下假设条件。

假设 6.1　对于建模误差 $F(t)$, 假设存在未知正常数 d, 满足条件 $\|F(t)\|_1 \leqslant d$。

假设 6.2 考虑最优加权阵 W_1^*, W_2^*, 假设它们有界并且满足条件 $W_1^* W_1^{*\mathrm{T}} \leqslant \bar{W}_1$, $W_2^* W_2^{*\mathrm{T}} \leqslant \bar{W}_2$, 其中 $\bar{W}_1$ 和 $\bar{W}_2$ 是已知正定矩阵。

假设 6.3 控制输入 $u(t)$ 满足不等式 $u^{\mathrm{T}}(t)u(t) \leqslant \bar{u}$, 其中 $\bar{u}$ 是设计的正常数。

假设 6.4 定义矩阵 $Q = E_\sigma + \bar{u}E_\phi + Q_0$, $R = B(\bar{W}_1 + \bar{W}_2)B^{\mathrm{T}}$, 存在稳定矩阵 A 和正定矩阵 Q_0, 使得以下的 Riccati 方程:

$$A^{\mathrm{T}}P + PA + PRP = -Q \tag{6.15}$$

有正定解矩阵 P。

基于神经网络模型 (6.9) 和模型 (6.11), 辨识误差 $e(t)$ 的动态模型可以表示如下:

$$\begin{aligned}\dot{e}(t) = {} & Ae(t) + B\tilde{W}_1\sigma(\hat{x}) + B\tilde{W}_2\phi(\hat{x})u(t) + u_f(t) \\ & + BW_1^*\tilde{\sigma} + BW_2^*\tilde{\phi}u(t) + F(t)\end{aligned} \tag{6.16}$$

下面的定理证明了在参数自适应调节律和动态补偿项的共同作用下, 动态神经网络模型具备良好的辨识能力。

定理 6.1 考虑辨识误差动态模型 (6.16), 将补偿控制项 $u_f(t)$ 设计为

$$u_f(t) = -\mathrm{sgn}\{Pe(t)\}\hat{d} \tag{6.17}$$

可调加权矩阵 W_1, W_2 和参数 $\hat{d}$ 的自适应调节律分别表示为

$$\begin{aligned}\dot{W}_1 &= -\gamma_1 BPe(t)\sigma^{\mathrm{T}}(\hat{x}(t)) \\ \dot{W}_2 &= -\gamma_2 \Theta[BPe(t)u^{\mathrm{T}}(t)\phi(\hat{x}(t))] \\ \dot{\hat{d}} &= \gamma_3\|Pe(t)\|_1\end{aligned} \tag{6.18}$$

式中, $\hat{d}$ 是未知常数 d 的估计值; $\gamma_i(i = 1,2,3)$ 是已知的正常数; $\Theta(\cdot)$ 代表一种矩阵变换, 表示将普通的矩阵转化为相应的对角阵; 矩阵 P 是 Riccati 方程 (6.15) 的正定解矩阵。在此基础上, 能够证明误差动态模型 (6.16) 是稳定的, 同时辨识误差收敛到零, 即满足等式 $\lim\limits_{t\to\infty} e(t) = 0$。

证明 基于误差模型 (6.16), 构造如下 Lyapunov 函数:

$$L(e(t),t) = e^{\mathrm{T}}(t)Pe(t) + \mathrm{tr}\{\tilde{W}_1^{\mathrm{T}}\gamma_1^{-1}\tilde{W}_1\} + \mathrm{tr}\{\tilde{W}_2^{\mathrm{T}}\gamma_2^{-1}\tilde{W}_2\} + \tilde{d}^{\mathrm{T}}\gamma_3^{-1}\tilde{d} \tag{6.19}$$

对式 (6.19) 求导, 结合式 (6.16), 经过一系列运算得到:

$$\begin{aligned}\dot{L}(e(t),t) = {} & e^{\mathrm{T}}(t)(PA + A^{\mathrm{T}}P)e(t) + 2e^{\mathrm{T}}(t)PB\tilde{W}_1\sigma(\hat{x}) + 2e^{\mathrm{T}}(t)PB\tilde{W}_2\phi(\hat{x})u(t) \\ & + 2e^{\mathrm{T}}(t)Pu_f(t) + 2e^{\mathrm{T}}(t)PF(t) + 2e^{\mathrm{T}}(t)PBW_1^*\tilde{\sigma} + 2e^{\mathrm{T}}(t)PBW_2^*\tilde{\phi}u(t)\end{aligned}$$

$$+2\text{tr}\{\dot{\tilde{W}}_1^{\text{T}}\gamma_1^{-1}\tilde{W}_1\} + 2\text{tr}\{\dot{\tilde{W}}_2^{\text{T}}\gamma_2^{-1}\tilde{W}_2\} + 2\dot{\tilde{d}}^{\text{T}}\gamma_3^{-1}\tilde{d} \tag{6.20}$$

注意到 $e^{\text{T}}(t)PBW_1^*\tilde{\sigma}$ 和 $e^{\text{T}}(t)PBW_2^*\tilde{\phi}u(t)$ 都是标量，能够得到以下不等式：

$$2e^{\text{T}}(t)PBW_1^*\tilde{\sigma} \leqslant e^{\text{T}}(t)PBW_1^*W_1^{*\text{T}}B^{\text{T}}Pe(t) + \tilde{\sigma}^{\text{T}}\tilde{\sigma}$$

$$2e^{\text{T}}(t)PBW_2^*\tilde{\phi}u(t) \leqslant e^{\text{T}}(t)PBW_2^*W_2^{*\text{T}}B^{\text{T}}Pe(t) + (\tilde{\phi}u(t))^{\text{T}}\tilde{\phi}u(t) \tag{6.21}$$

基于式 (6.20) 和式 (6.21)，运算可得

$$\begin{aligned}\dot{L}(e(t),t) \leqslant\ & e^{\text{T}}(t)[PA + A^{\text{T}}P + PB(\bar{W}_1 + \bar{W}_2)B^{\text{T}}P + (D_\sigma + \bar{u}D_\phi + Q_0)]e(t) \\ & +2\text{tr}\{\dot{\tilde{W}}_1^{\text{T}}\gamma_1^{-1}\tilde{W}_1\} + 2e^{\text{T}}(t)PB\tilde{W}_1\sigma(\hat{x}) + 2\text{tr}\{\dot{\tilde{W}}_2^{\text{T}}\gamma_2^{-1}\tilde{W}_2\} \\ & +2e^{\text{T}}(t)PB\tilde{W}_2\phi(\hat{x})u(t) - 2e^{\text{T}}(t)P\cdot\text{sgn}\{Pe(t)\}\hat{d} + 2d\|Pe(t)\|_1 \\ & +2\dot{\tilde{d}}^{\text{T}}\gamma_3^{-1}\tilde{d} - e^{\text{T}}(t)Q_0e(t) \end{aligned} \tag{6.22}$$

结合 $\dot{\tilde{W}}_1 = \dot{W}_1$, $\dot{\tilde{W}}_2 = \dot{W}_2$, $\dot{\tilde{d}} = \dot{\hat{d}}$ 和 Riccati 方程 (6.15)，不等式 (6.22) 可以转化为

$$\begin{aligned}\dot{L}(e(t),t) \leqslant\ & -e^{\text{T}}(t)Q_0e(t) + 2e^{\text{T}}(t)PB\tilde{W}_1\sigma(\hat{x}) + 2e^{\text{T}}(t)PB\tilde{W}_2\phi(\hat{x})u(t) \\ & +2\text{tr}\{\dot{W}_1^{\text{T}}\gamma_1^{-1}\tilde{W}_1\} + 2\text{tr}\{\dot{W}_2^{\text{T}}\gamma_2^{-1}\tilde{W}_2\} - 2\|Pe(t)\|_1\tilde{d} + 2\dot{\tilde{d}}^{\text{T}}\gamma_3^{-1}\tilde{d} \\ \leqslant\ & -e^{\text{T}}(t)Q_0e(t) < 0 \end{aligned} \tag{6.23}$$

由此能够推导出 $L(e(t),t) \in L_\infty$，即 $e(t) \in L_\infty$，所以系统 (6.16) 是稳定的。进一步，基于系统 (6.16)，结合假设 6.1 ~ 假设 6.3，有 $\dot{e}(t) \in L_\infty$。对式 (6.23) 两边积分，得到：

$$\int_0^\infty \|e(t)\|_Q^2 \mathrm{d}t \leqslant L(0) - L(\infty) < \infty \tag{6.24}$$

综上可以推导出 $e(t) \in L_2 \bigcap L_\infty$。通过已知的 Barbalat 引理，得到 $\lim\limits_{t\to\infty} e(t) = 0$，即 $\lim\limits_{t\to\infty} \hat{V}(t) = V(t)$ 成立。

6.1.3　动态神经网络模型自适应反馈跟踪控制

在现代控制理论中，动态参考模型是一个重要的研究对象，被广泛应用在自适应控制和跟踪控制中，具有较强的理论研究意义和实际应用背景。本小节考虑如下动态参考模型：

$$\begin{cases} \dot{x}_m = A_m x_m + B_m r \\ V_m(t) = E_m x_m(t) \end{cases} \tag{6.25}$$

式中，$x_m \in \mathbb{R}^m$ 是模型的状态向量；$r \in \mathbb{R}^m$ 是模型输入。为了保证 $\lim\limits_{t\to\infty} V_m(t) = V_g$，矩阵 (A_m, B_m, E_m) 需要满足等式 $V_g = E_m(I - A_m)^{-1}B_m r$。

基于跟踪误差 (6.8)、动态神经网络模型 (6.11) 和参考模型 (6.25)，PDF 的跟踪问题被转化为对误差向量 $e_v(t) = \hat{V}(t) - V_m(t)$ 的跟踪控制问题，误差向量 $e_v(t)$ 的动态方程表示为

$$e_v(t) = E\hat{x} - E_m x_m \tag{6.26}$$

定义：

$$\bar{E} = \left[\begin{array}{c} E \\ E_1 \end{array} \right], \quad \bar{E}_m = \left[\begin{array}{c} E_m \\ E_{m1} \end{array} \right]$$

式中，矩阵 $E_1 \in \mathbb{R}^{(m-n+1)\times m}$，$E_{m1} \in \mathbb{R}^{(m-n+1)\times m}$，且满足 $|\bar{E}| \neq 0$ 和 $|\bar{E}_m| \neq 0$，由此得到：

$$\bar{e}_v(t) = \bar{E}\hat{x} - \bar{E}_m x_m \tag{6.27}$$

基于模型 (6.11) 和模型 (6.25)，可以得到：

$$\dot{\bar{e}}_v(t) = \bar{E}A\hat{x} + \bar{E}BW_1\sigma(\hat{x}) + \bar{E}BW_2\phi(\hat{x})u(t)$$
$$+ \bar{E}u_f(t) - \bar{E}_m A_m x_m - \bar{E}_m B_m r \tag{6.28}$$

进一步，设计反馈控制输入 $u(t)$ 如下：

$$u(t) = -(\bar{E}BW_2\phi(\hat{x}))^{-1}(\bar{E}A\bar{E}^{-1}\bar{E}_m x_m + \bar{E}BW_1\sigma(\hat{x}) + \bar{E}u_f(t)$$
$$- \bar{E}_m A_m x_m - \bar{E}_m B_m r) \tag{6.29}$$

将控制输入 (6.29) 代入式 (6.28)，能够得到：

$$\dot{\bar{e}}_v(t) = \bar{E}A\bar{E}^{-1}\bar{e}_v(t) = \bar{A}\bar{e}_v(t) \tag{6.30}$$

假设 6.5　*存在正定矩阵 Q_1，使得如下 Lyapunov 方程*

$$\bar{A}^{\mathrm{T}}\bar{P} + \bar{P}\bar{A} = -Q_1 \tag{6.31}$$

有正定解矩阵 $\bar{P}$，其中 $\bar{A} = \bar{E}A\bar{E}^{-1}$。

为了保证控制输入的分母项 $\bar{E}BW_2\phi(\hat{x})$ 非零，加权对角阵 W_2 的每一个分向量都应满足 $w_{2i} \neq 0(i = 1, 2, \cdots, m)$。同时为了满足加权阵的有界性，参数矩阵 W_1 和 W_2 的自适应调节律用投影算法重新定义。具体的自适应投影算法表示如下：

$$\dot{W}_1 = \left\{ \begin{array}{l} -\gamma_1 BPe(t)\sigma^{\mathrm{T}}(\hat{x}), \quad \|W_1\| < M_1 \\ \qquad\qquad 或 \|W_1\| = M_1, \mathrm{tr}\{\sigma(\hat{x})e^{\mathrm{T}}(t)PBW_1\} \geqslant 0 \\ -\gamma_1 BPe(t)\sigma^{\mathrm{T}}(\hat{x}) + \gamma_1 \mathrm{tr}\{\sigma(\hat{x})e^{\mathrm{T}}(t)PBW_1\}\dfrac{W_1}{\|W_1\|^2}, \\ \qquad\qquad \|W_1\| = M_1, \mathrm{tr}\{\sigma(\hat{x})e^{\mathrm{T}}(t)PBW_1\} < 0 \end{array} \right. \tag{6.32}$$

当 $w_{2i} = \varepsilon$ 时，表示为

$$
\dot{w}_{2i} = \begin{cases}
-\gamma_2 b_i u_i \phi_i(\hat{x}) e^{\mathrm{T}}(t) P_i, & b_i u_i \phi_i(\hat{x}) e^{\mathrm{T}}(t) P_i < 0 \\
0, & b_i u_i \phi_i(\hat{x}) e^{\mathrm{T}}(t) P_i \geqslant 0
\end{cases} \tag{6.33}
$$

式中，u_i 是控制输入 $u(t)$ 第 i 个元素；P_i 代表矩阵 P 的第 i 列。否则：

$$
\dot{W}_2 = \begin{cases}
-\gamma_2 \Theta[BPe(t)u^{\mathrm{T}}(t)\phi(\hat{x}(t)))], & \|W_2\| < M_2 \\
\qquad\qquad\qquad\qquad\text{或 } \|W_2\| = M_2, \mathrm{tr}\{BPe(t)u^{\mathrm{T}}(t)\phi(\hat{x}(t))W_2\} \geqslant 0 \\
-\gamma_2 \Theta[BPe(t)u^{\mathrm{T}}(t)\phi(\hat{x}(t))] + \gamma_2 \mathrm{tr}\{BPe(t)u^{\mathrm{T}}(t)\phi(\hat{x}(t))W_2\}\dfrac{W_2}{\|W_2\|^2} \\
\qquad\qquad\qquad\qquad\|W_2\| = M_2, \mathrm{tr}\{BPe(t)u^{\mathrm{T}}(t)\phi(\hat{x}(t))W_2\} < 0
\end{cases} \tag{6.34}
$$

定理 6.2　考虑动态神经网络模型 (6.11)、参考模型 (6.25)，如果设计控制输入 (6.29)、补偿控制项 (6.17) 和自适应律 (6.32) ~ 控制律 (6.34)，则可以得到如下结论：

(1) $\|W_1\| \leqslant M_1$，$\|W_2\| \leqslant M_2$，$w_{2i} \geqslant \varepsilon$，其中 M_1，M_2 和 ε 是已知的正常数并且满足条件 $M_1^2 > \mathrm{tr}(\bar{W}_1)$，$M_2^2 > \mathrm{tr}(\bar{W}_2)$。

(2) 动态神经网络模型 (6.11) 和参考模型 (6.25) 都是稳定的，并且辨识误差和跟踪误差能够同时收敛到零，即 $\lim\limits_{t\to\infty} e(t) = \lim\limits_{t\to\infty} e_v(t) = 0$ 成立，进一步得到 $\lim\limits_{t\to\infty} V(t) = V_g$。

证明

(1) 构造 Lyapunov 函数如下：

$$
L_1(t) = \frac{1}{2}\mathrm{tr}\{W_2^{\mathrm{T}}\gamma_2^{-1}W_2\} \tag{6.35}
$$

基于自适应律 (6.34)，对 $L_1(t)$ 求导，能够得到：

$$
\dot{L}_1(t) = -\mathrm{tr}\left\{BPe(t)u^{\mathrm{T}}(t)\phi(\hat{x}(t))W_2\right\} + I \cdot \mathrm{tr}\left\{BPe(t)u^{\mathrm{T}}(t)\phi(\hat{x}(t))W_2\right\}\frac{\mathrm{tr}(W_2^{\mathrm{T}}W_2)}{\|W_2\|^2}
$$

式中，当式 (6.34) 的第一 (二) 个条件成立时，$I = 0(1)$。当式 (6.34) 的第一个条件成立时，可以得到 $\dot{L}_1 < 0$。相应地，当式 (6.34) 的第二个条件成立时，有 $\|W_2\| = M_2$，$\dot{L}_1 = 0$。综上可得 $\|W_2\| \leqslant M_2$。用相同的方法能够证明 $\|W_1\| \leqslant M_1$。基于式 (6.33)，如果 $w_{2i} = \varepsilon$，当 $\dot{w}_{2i} \geqslant 0$ 时，能够得到 $w_{2i} \geqslant \varepsilon$。

(2) 与定理 6.1 的证明类似，构造 Lyapunov 函数如下：

$$
\begin{aligned}
L_2(e(t), \bar{e}_v(t), t) = {} & e^{\mathrm{T}}(t)Pe(t) + \bar{e}_v^{\mathrm{T}}(t)\bar{P}\bar{e}_v(t) + \mathrm{tr}\{\tilde{W}_1^{\mathrm{T}}\gamma_1^{-1}\tilde{W}_1\} \\
& + \mathrm{tr}\{\tilde{W}_2^{\mathrm{T}}\gamma_2^{-1}\tilde{W}_2\} + \tilde{d}^{\mathrm{T}}\gamma_3^{-1}\tilde{d}
\end{aligned} \tag{6.36}
$$

式中，矩阵 P 是 Riccati 方程 (6.15) 的正定解矩阵；矩阵 $\bar{P}$ 是 Lyapunov 方程 (6.31) 的正定解矩阵。

基于式 (6.16) 和式 (6.28)，对式 (6.36) 求导，可以得到：

$$\dot{L}_2(t) \leqslant -e^{\mathrm{T}}(t)Q_0 e(t) - \bar{e}_v^{\mathrm{T}} Q_1 \bar{e}_v + I_1 \mathrm{tr}\{\sigma(\hat{x})e^{\mathrm{T}}(t)PBW_1\}\mathrm{tr}\left\{\frac{W_1^{\mathrm{T}}\tilde{W}_1}{\|W_1\|^2}\right\}$$

$$+ I_2 \mathrm{tr}\{BPe(t)u^{\mathrm{T}}(t)\phi(\hat{x}(t))W_2\}\mathrm{tr}\left\{\frac{W_2^{\mathrm{T}}\tilde{W}_2}{\|W_2\|^2}\right\} \tag{6.37}$$

式中，当式 (6.32) 的第一 (二) 个条件成立时，$I_1 = 0(1)$；当式 (6.34) 的第一 (二) 个条件成立时，$I_2 = 0(1)$。进一步，当式 (6.32) 和式 (6.34) 的第二个条件成立时，可以得到 $\|W_1^*\| \leqslant \sqrt{\mathrm{tr}(\overline{W}_1)} \leqslant M_1 = \|W_1\|$，$\|W_2^*\| \leqslant \sqrt{\mathrm{tr}(\overline{W}_2)} \leqslant M_2 = \|W_2\|$。

由于 $\mathrm{tr}\{W_1^{\mathrm{T}}\tilde{W}_1\} = \mathrm{tr}\{W_1^{\mathrm{T}}(W_1 - W_1^*)\} = \frac{1}{2}\mathrm{tr}\{W_1^{\mathrm{T}}W_1 - W_1^{*\mathrm{T}}W_1^* + \tilde{W}_1^{\mathrm{T}}\tilde{W}_1\} \geqslant 0$，$\mathrm{tr}\{W_2^{\mathrm{T}}\tilde{W}_2\} = \mathrm{tr}\{W_2^{\mathrm{T}}(W_2 - W_2^*)\} = \frac{1}{2}\mathrm{tr}\{W_2^{\mathrm{T}}W_2 - W_2^{*\mathrm{T}}W_2^* + \tilde{W}_1^{\mathrm{T}}\tilde{W}_2\} \geqslant 0$，式 (6.37) 可以转化为

$$\dot{L}_2(t) \leqslant -e^{\mathrm{T}}(t)Q_0 e(t) - \bar{e}_v^{\mathrm{T}}(t)Q_1 \bar{e}_v(t) \leqslant 0 \tag{6.38}$$

对式 (6.38) 两边积分得到：

$$\int_0^\infty (\|e(t)\|^2 + \|\bar{e}_v(t)\|^2)\mathrm{d}t \leqslant L(0) - L(\infty) < \infty \tag{6.39}$$

与定理 6.1 的证明类似，有 $e(t) \in L_2 \bigcap L_\infty$，$\bar{e}_v(t) \in L_2 \bigcap L_\infty$ 成立。应用 Barbalat 引理，能够得到：

$$\lim_{t\to\infty} e(t) = \lim_{t\to\infty} e_v(t) = \lim_{t\to\infty} \bar{e}_v(t) = 0, \quad \lim_{t\to\infty} V(t) = \lim_{t\to\infty} V_m(t) = V_g$$

6.1.4 仿真算例 1

假设分布函数可由式 (6.1) 进行样条逼近，其中 $V(t) = [v_1(t), v_2(t), v_3(t)]^{\mathrm{T}}$，$y \in [0, 1.5]$，且

$$B_i(y) = \begin{cases} |\sin(2\pi y)|, & y \in [0.5(i-1), 0.5i], i = 1, 2, 3 \\ 0, & y \in [0.5(j-1), 0.5j], i \neq j \end{cases}$$

$$C(y) = [B_1(y) - B_3(y), B_2(y) - B_3(y)], \quad L(y) = \frac{B_3(y)}{\displaystyle\int_0^{1.5} B_3(y)\mathrm{d}y}$$

根据已知的目标 PDF，找到相应的权向量为 $V_g = \left[\dfrac{\pi}{3}, \dfrac{\pi}{6}\right]^{\mathrm{T}}$。假设在控制输入和权向量之间的动态关系可以由以下的等式表示：

$$\dot{x}(t) = A_1 x(t) + B_1 f(x) + C_1 u(t) + d_1 \tag{6.40}$$

式中, 初始条件为 $x_0 = [2, 3, 0]^T$, 非线性 $f(x) = 2\sin x_1 - 6\cos x_2 + 2\sin x_3$, 参数矩阵表示为

$$A_1 = \begin{bmatrix} -3 & 0 & -1 \\ 2 & -4 & -1 \\ 2 & 0 & -3 \end{bmatrix}, \quad C_1 = \begin{bmatrix} 1 & 0 & 0 \\ 0 & 1 & 0 \\ 0 & 0 & 1 \end{bmatrix}, \quad B_1 = \begin{bmatrix} 1 \\ -1 \\ -1 \end{bmatrix}, \quad d_1 = \begin{bmatrix} 0.5 \\ 0.5 \\ -0.5 \end{bmatrix}$$

对于动态神经网络模型 (6.11) 和参考模型 (6.25), 取 Sigmoid 函数 $\sigma(x_i) = \phi(x_i) = \dfrac{2}{1 + \mathrm{e}^{-0.5x_i}} + 0.5$, 初始条件设为 $\hat{x}_0 = [2, 3, 0]^T$, $x_{m,0} = [-2, -2, -1]^T$, 参数矩阵表示为

$$A = \begin{bmatrix} -3 & 0 & -2 \\ 0 & -2 & -2 \\ 2 & 0 & -2 \end{bmatrix}, \quad E = \begin{bmatrix} \dfrac{2}{3} & 0 & 0 \\ 0 & \dfrac{1}{3} & 0 \end{bmatrix}, \quad A_m = \begin{bmatrix} -2 & 0 & 0 \\ 0 & -2 & 0 \\ 0 & 0 & -2 \end{bmatrix}$$

$$B_m = \begin{bmatrix} 1 \\ -0.5 \\ 1 \end{bmatrix}, \quad E_m = \begin{bmatrix} \dfrac{2\pi}{3} & 0 & 0 \\ 0 & -\dfrac{2\pi}{3} & 0 \end{bmatrix}$$

对于自适应律, 取 $\gamma_i = 3(i = 1, 2, 3)$, $\hat{d}(0) = 2$, $W_{1,0} = W_{2,0} = I$。当同时引入控制输入 (6.29) 和自适应律 (6.32) ~ 自适应律 (6.34), 非线性动态关系 (6.40) 的运动轨迹如图 6.2 所示; 动态神经网络模型 (6.11) 的状态轨迹如图 6.3 所示; 动态神经网络模型和参考模型的输出权向量的运动轨迹分别如图 6.4 和图 6.5 所示; 图 6.6 是控制输入的运动轨迹; 图 6.7 是输出 PDF 的三维图。从图 6.2 ~ 图 6.7 可以看出, 在控制输入和自适应律共同作用下, 辨识能力和跟踪性能能够同时得到很好的满足, 也显示出所提算法具有良好的可行性。

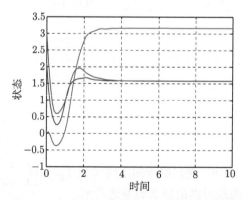

图 6.2 非线性动态关系 (6.40) 的运动轨迹

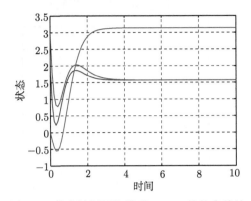

图 6.3   动态神经网络模型 (6.11) 的状态轨迹

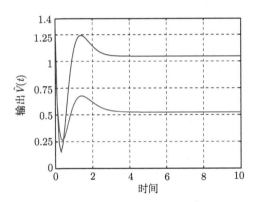

图 6.4   动态神经网络模型的输出权向量 $\hat{V}(t)$ 的运动轨迹

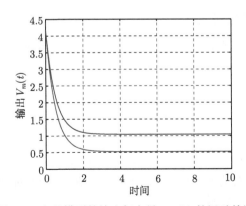

图 6.5   参考模型的输出权向量 $V_m(t)$ 的运动轨迹

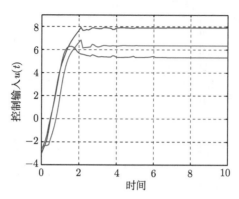

图 6.6　控制输入 $u(t)$ 的运动轨迹

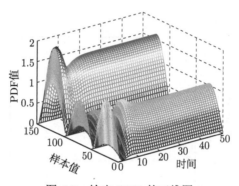

图 6.7　输出 PDF 的三维图

6.2　基于两步神经网络模型受限 PI 随机分布控制算法

6.2.1　方根样条神经网络逼近

对于复杂的动态随机系统，仍记 $\eta(t) \in [a,b]$ 为描述动态随机系统输出的一致有界随机过程变量，$u(t) \in \mathbb{R}^m$ 为系统的控制输入向量。$\eta(t)$ 的 PDF $\gamma(y, u(t))$ 可以用方根 B 样条函数来逼近，表示为

$$\sqrt{\gamma(y, u(t))} = \sum_{i=1}^{n} v_i(u(t)) B_i(y) \tag{6.41}$$

式中，$v_i(t) := v_i(u(t))(i = 1, 2, \cdots, n)$ 是与控制输入 $u(t)$ 相关的权值；$B_i(y)(i = 1, 2, \cdots, n) \geqslant 0$ 是预先设定的样条基函数，定义在区间 $[a, b]$ 上。与前面章节的讨论相似，式 (6.41) 可以表示为

$$\gamma(y, u(t)) = (C_0(y)V(t) + v_n(t)B_n(y))^2$$
$$C_0(y) = [B_1(y), B_2(y), \cdots, B_{n-1}(y)]$$

$$V(t) = [v_1(t), v_2(t), \cdots, v_{n-1}(t)]^\mathrm{T} \tag{6.42}$$

为了保证 PDF 在定义域区间的积分为 1，针对权向量约束条件的讨论与第 3 章相同，详见式 (3.4) ~ 式 (3.6)。同样地，对于给定的目标 PDF $g(y)$，能够找到相应的权向量 $V_g(t)$，即表示为

$$g(y) = (C_0(y)V_g + h(V_g)B_n(y))^2 \tag{6.43}$$

本节的控制目标是设计出相应的控制输入 $u(t)$，使得跟踪误差

$$\Delta_e = \sqrt{g(y)} - \sqrt{\gamma(y, u(t))} = C_0 V_e(t) + [h(V_g(t)) - h(V(t))]B_n(y) \tag{6.44}$$

收敛到零，其中 $V_e(t) = V_g(t) - V(t)$。因为 $h(V(t))$ 是一个连续函数，只要 $V_e(t) \to 0$ 得到保证，即可以推导出 $\Delta_e \to 0$。

6.2.2　基于参数自适应算法的时滞动态神经网络模型辨识

显而易见，权向量 $V(t)$ 与控制输入 $u(t)$ 之间是动态黑箱系统，仅仅存在大量的数据信息，缺乏控制器设计所必需的模型信息。一般来讲，动态关系可以表示为如下非线性系统：

$$\dot{V}(t) = f(V(t), u(t), t) \tag{6.45}$$

与 6.1 节的分析相似，必存在定常的加权阵 W_1^* 和 W_2^*，使得权变量 $V(t)$ 与控制输入 $u(t)$ 之间的非线性关系 (6.45) 能够辨识为如下形式：

$$\begin{cases} \dot{x}(t) = Ax(t) + A_1 x_\tau(t) + BW_1^*\sigma(x_\tau(t)) + BW_2^*\phi(x(t))u(t) - DF(t) \\ V(t) = Ex(t) \end{cases} \tag{6.46}$$

式中，$x(t) \in \mathbb{R}^m$ 是中间状态；$x_\tau(t) := x(t - \tau(t))$ 表示带有时滞项的向量；A, A_1, B, D, E 是已知的参数矩阵；$F(t)$ 表示建模误差；$\sigma(x)$ 是一个 n 维的向量；$\phi(x)$ 是 $n \times n$ 的对角矩阵。它们的元素由适当阶次的 Sigmoid 函数组成，具体表现形式如式 (6.10) 所示。因为 $\sigma(\cdot)$, $\phi(\cdot)$ 是 Sigmoid 函数，同样满足 Lipschitz 假设条件 (6.13) 和条件 (6.14)。

相应的动态神经网络模型设计如下：

$$\begin{cases} \dot{\hat{x}}(t) = A\hat{x}(t) + A_1\hat{x}_\tau(t) + BW_1\sigma(\hat{x}_\tau(t)) + BW_2\phi(\hat{x}(t))u(t) + u_f(t) \\ \hat{V}(t) = E\hat{x}(t) \end{cases} \tag{6.47}$$

式中，$\hat{x}(t) \in \mathbb{R}^m$ 是中间状态；W_1, W_2 是可调的加权矩阵，其中 W_2 是 $m \times m$ 的对角矩阵，可以表示为 $W_2 = \mathrm{diag}\{w_{21}, w_{22}, \cdots, w_{2m}\}$；$u_f(t)$ 是设计的动态补偿项。为了保证动态神经网络的跟踪性能，除了假设条件 6.1 ~ 条件 6.3 需要满足，时变时滞项 $\tau(t)$ 和矩阵 D 也满足以下假设。

假设 6.6　时变时滞 $\tau(t)$ 是连续的, 假设满足不等式 $0 < \dot{\tau}(t) < \beta < 1$, 其中 β 是一个已知正常数。

假设 6.7　对于矩阵 D, 假设存在已知矩阵 H, 使得等式 $D = BH$ 成立。

定义辨识误差 $e(t) = \hat{x}(t) - x(t)$ 及以下变量:

$$
\begin{aligned}
\tilde{W}_1 &= W_1 - W_1^*, \quad \tilde{\sigma} = \sigma(\hat{x}_\tau(t)) - \sigma(x_\tau(t)) \\
\tilde{W}_2 &= W_2 - W_2^*, \quad \tilde{\phi} = \phi(\hat{x}(t)) - \phi(x(t))
\end{aligned} \tag{6.48}
$$

基于式 (6.46) 和式 (6.47), 辨识误差 $e(t)$ 满足如下动态方程:

$$
\begin{aligned}
\dot{e}(t) = {}&Ae(t) + A_1 e_\tau(t) + B\tilde{W}_1 \sigma(\hat{x}_\tau(t)) + B\tilde{W}_2 \phi(\hat{x}(t))u(t) \\
&+ BW_1^* \tilde{\sigma} + BW_2^* \tilde{\phi}u(t) + DF(t) + u_f(t)
\end{aligned} \tag{6.49}
$$

下面的定理给出了在参数自适应调节律和动态补偿项的作用下, 且满足假设 6.1 ～ 假设 6.3 和假设 6.6 时, 时滞动态神经网络模型有着良好的系统辨识能力。

定理 6.3　考虑误差动态模型 (6.49), 设计补偿项为 $u_f = u_{f1} + u_{f2}$, 其中

$$
u_{f1}(t) = -D \cdot \mathrm{sgn}\{D^\mathrm{T} Pe(t)\}\hat{d}, \quad u_{f2}(t) = -\frac{1}{2}\hat{K}BB^\mathrm{T} Pe(t) \tag{6.50}
$$

可调参数 W_1, W_2 和 $\hat{K}$, $\hat{d}$ 分别满足如下自适应律:

$$
\begin{aligned}
&\dot{W}_1 = -\gamma_1 B^\mathrm{T} Pe(t)\sigma^\mathrm{T}(\hat{x}_\tau), \quad \dot{W}_2 = -\gamma_2 \Theta[B^\mathrm{T} Pe(t)u^\mathrm{T}\phi(\hat{x})] \\
&\dot{\hat{K}} = \frac{\gamma_3}{2}\|B^\mathrm{T} Pe(t)\|^2, \quad \dot{\hat{d}} = \gamma_4 \|D^\mathrm{T} Pe(t)\|_1
\end{aligned} \tag{6.51}
$$

式中, $\hat{K}$ 和 $\hat{d}$ 分别表示未知常数 K 和 d 的估计值; $\gamma_i (i = 1, 2, 3, 4)$ 是已知的正常数。如果存在矩阵 $P > 0$, $R > 0$, $U > 0$ 使得如下线性矩阵不等式

$$
\begin{bmatrix}
PA + A^\mathrm{T}P + U + \bar{u}E_\phi + R & PA_1 \\
A_1^\mathrm{T}P & -(1-\beta)U + E_\sigma
\end{bmatrix} < 0 \tag{6.52}
$$

成立, 那么误差动态模型 (6.49) 是稳定的并且具有良好的辨识性能, 即辨识误差满足等式 $\lim\limits_{t \to \infty} e(t) = 0$.

证明　考虑误差动态模型 (6.49), 构造 Lyapunov-Krasovskii 函数如下:

$$
\begin{aligned}
L(e(t), t) = {}&e^\mathrm{T}(t)Pe(t) + \int_{t-\tau(t)}^t e^\mathrm{T}(\alpha)Ue(\alpha)\mathrm{d}\alpha + \mathrm{tr}\{\tilde{W}_1^\mathrm{T}\gamma_1^{-1}\tilde{W}_1\} \\
&+ \mathrm{tr}\{\tilde{W}_2^\mathrm{T}\gamma_2^{-1}\tilde{W}_2\} + \tilde{K}^\mathrm{T}\gamma_3^{-1}\tilde{K} + \tilde{d}^\mathrm{T}\gamma_4^{-1}\tilde{d}
\end{aligned} \tag{6.53}
$$

对 $L(e(t), t)$ 求导, 结合动态模型 (6.49), 能够得到:

$$
\dot{L}(e(t), t) = e^\mathrm{T}(t)(PA + A^\mathrm{T}P + U)e(t) + 2e^\mathrm{T}(t)PA_1 e_\tau(t) - (1 - \dot{\tau}(t))e_\tau^\mathrm{T}(t)Ue_\tau(t)
$$

$$+2e^T(t)PDF(t) + 2e^T(t)PB\tilde{W}_1\sigma(\hat{x}_\tau) + 2e^T(t)PB\tilde{W}_2\phi(\hat{x})u(t)$$

$$+2e^T(t)PBW_1^*\tilde{\sigma} + 2e^T(t)PBW_2^*\tilde{\phi}u(t) + 2e^T(t)Pu_f(t) + 2\dot{\tilde{K}}^T\gamma_3^{-1}\tilde{K}$$

$$+2\dot{\tilde{d}}^T\gamma_4^{-1}\tilde{d} + 2\text{tr}\{\dot{\tilde{W}}_1^T\gamma_1^{-1}\tilde{W}_1\} + 2\text{tr}\{\dot{\tilde{W}}_2^T\gamma_2^{-1}\tilde{W}_2\}$$

因为 $e^T PBW_1^*\tilde{\sigma}$ 和 $e^T PBW_2^*\tilde{\phi}u(t)$ 都是标量，可以得到如不等式：

$$2e^T PBW_1^*\tilde{\sigma} \leqslant e^T PBW_1^*W_1^{*T}B^T Pe + \tilde{\sigma}^T\tilde{\sigma},$$

$$2e^T PBW_2^*\tilde{\phi}u(t) \leqslant e^T PBW_2^*W_2^{*T}B^T Pe + (\tilde{\phi}u(t))^T\tilde{\phi}u(t) \tag{6.54}$$

定义参数表达式 $\bar{W}_1^* = W_1^*W_1^{*T}$，$\bar{W}_2^* = W_2^*W_2^{*T}$，$K = \|\bar{W}_1^* + \bar{W}_2^*\|$，基于不等式 (6.54)，能够得到：

$$\begin{aligned}
\dot{L}(e(t),t) &\leqslant e^T(t)[PA + A^T P + U + \bar{u}E_\phi]e(t) + 2e^T(t)PA_1e_\tau(t) + e_\tau^T(t)E_\sigma e_\tau(t) \\
&\quad -(1-\beta)e_\tau^T(t)Ue_\tau(t) + 2e^T(t)PB\tilde{W}_1\sigma(\hat{x}_\tau) + 2e^T(t)PB\tilde{W}_2\phi(\hat{x})u(t) \\
&\quad +2e^T(t)Pu_{f1}(t) + 2e^T(t)Pu_{f2}(t) + e^T(t)PB(\bar{W}_1^* + \bar{W}_2^*)B^T Pe(t) \\
&\quad +2e^T(t)PDF(t) + 2\text{tr}\{\dot{\tilde{W}}_1^T\gamma_1^{-1}\tilde{W}_1\} + 2\text{tr}\{\dot{\tilde{W}}_2^T\gamma_2^{-1}\tilde{W}_2\} \\
&\quad +2\dot{\tilde{K}}^T\gamma_3^{-1}\tilde{K} + 2\dot{\tilde{d}}^T\gamma_4^{-1}\tilde{d} \\
&\leqslant e^T(t)[PA + A^T P + U + \bar{u}E_\phi + R]e(t) - e_\tau^T(t)[(1-\beta)U - E_\sigma]e_\tau(t) \\
&\quad +2e^T(t)PA_1e_\tau(t) + 2e^T(t)PB\tilde{W}_1\sigma(\hat{x}_\tau) + 2e^T(t)PB\tilde{W}_2\phi(\hat{x})u(t) \\
&\quad +2\text{tr}\{\dot{\tilde{W}}_1^T\gamma_1^{-1}\tilde{W}_1\} + 2\text{tr}\{\dot{\tilde{W}}_2^T\gamma_2^{-1}\tilde{W}_2\} + 2\dot{\tilde{d}}^T\gamma_4^{-1}\tilde{d} + 2\|D^T Pe(t)\|_1 d \\
&\quad -2e^T(t)PD \cdot \text{sgn}\{D^T Pe\}\hat{d} + 2\dot{\tilde{K}}^T\gamma_3^{-1}\tilde{K} - \hat{K}\|B^T Pe(t)\|^2 \\
&\quad +K\|B^T Pe(t)\|^2 - e^T(t)Re(t) \tag{6.55}
\end{aligned}$$

结合 $\dot{\tilde{W}}_1 = \dot{W}_1$，$\dot{\tilde{W}}_2 = \dot{W}_2$，$\dot{\tilde{K}} = \dot{\hat{K}}$ 和 $\dot{\tilde{d}} = \dot{\hat{d}}$，同时基于参数自适应律 (6.51) 以及线性矩阵不等式 (6.52)，不等式 (6.55) 可以转化为

$$\dot{L}(e(t),t) \leqslant \theta^T(t)\Phi\theta(t) - e^T(t)Re(t) \leqslant -e^T(t)Re(t) \leqslant 0 \tag{6.56}$$

式中，$\theta(t) = [e^T(t), e^T(t - \tau(t))]^T$。因此 $L(e(t),t) \in L_\infty$，即得到 $e(t) \in L_\infty$。基于误差动态模型 (6.49)，有 $\dot{e}(t) \in L_\infty$ 成立。进一步对式 (6.56) 求积分可以得到：

$$\int_0^\infty \|e(t)\|_R^2 dt \leqslant L(0) - L(\infty) < \infty \tag{6.57}$$

即 $e(t) \in L_2 \bigcap L_\infty$ 成立。与定理 6.1 的证明相似，通过已知的 Barbalat 引理，能够推导出 $\lim_{t\to\infty} e(t) = 0$，即 $\lim_{t\to\infty} \hat{V}(t) = V(t)$ 成立。

注 6.1　一直以来, 自适应补偿控制方法被广泛应用于滑模控制、机器人控制以及死区控制等控制理论中。本章考虑了辨识误差项 $F(t)$ 和未知参数上界 K, 设计了自适应补偿项 $u_f(t)$, 很好地保证了辨识误差的收敛性, 也进一步扩展了动态神经网络模型的辨识能力。

6.2.3　时滞动态神经网络模型受限 PI 多目标跟踪控制

为了完成对权向量的控制, 同时满足权向量的约束条件, 本小节设计带有 PI 结构的控制输入。首先, 基于时滞动态神经网络模型 (6.47), 引入新的状态变量:

$$\bar{x}(t) := \left[\hat{x}^{\mathrm{T}}(t), \int_0^t (V_g - \hat{V}(\alpha))^{\mathrm{T}} \mathrm{d}\alpha\right]^{\mathrm{T}} \tag{6.58}$$

相应地, 动态神经网络模型 (6.47) 可以转化为如下模型形式:

$$\dot{\bar{x}}(t) = \bar{A}\bar{x}(t) + \bar{A}_1\bar{x}_\tau(t) + \bar{B}W_1\sigma(\hat{x}_\tau(t)) + \bar{B}W_2\phi(\hat{x}(t))u(t) + \bar{B}\bar{u}_f(t) + \bar{I}V_g \tag{6.59}$$

式中, 参数矩阵表示为

$$\bar{A} = \left[\begin{array}{cc} A & 0 \\ -E & 0 \end{array}\right], \quad \bar{A}_1 = \left[\begin{array}{cc} A_1 & 0 \\ 0 & 0 \end{array}\right], \quad \bar{B} = \left[\begin{array}{c} B \\ 0 \end{array}\right], \quad \bar{I} = \left[\begin{array}{c} 0 \\ I \end{array}\right]$$

与 6.2.2 小节相似, 设计补偿反馈控制器为 $\bar{u}_f(t) = \bar{u}_{f1}(t) + \bar{u}_{f2}(t)$, 其中

$$\bar{u}_{f1}(t) = -H \cdot \mathrm{sgn}\{D^{\mathrm{T}}Pe(t)\}\hat{d}, \quad \bar{u}_{f2}(t) = -\frac{1}{2}\hat{K}B^{\mathrm{T}}Pe(t)$$

为了完成对权向量的跟踪控制, 设计控制输入如下:

$$u(t) = [W_2\phi(\hat{x}(t))]^{-1}\left[K_{\mathrm{P}}\hat{x}(t) + K_{\mathrm{I}}\int_0^t (V_g - \hat{V}(\alpha))^{\mathrm{T}}\mathrm{d}\alpha - W_1\sigma(\hat{x}_\tau(t)) - \bar{u}_f(t)\right] \tag{6.60}$$

式中, $K = [K_{\mathrm{P}}, K_{\mathrm{I}}]$ 是需要求解的 PI 控制增益。

将控制输入 $u(t)$ 代入式 (6.59), 则相应的闭环模型可以表示如下:

$$\dot{\bar{x}}(t) = (\bar{A} + \bar{B}K)\bar{x}(t) + \bar{A}_1\bar{x}_\tau(t) + \bar{I}V_g \tag{6.61}$$

定理 6.4　考虑非线性模型 (6.59) 和具有 PI 结构的控制输入 (6.60), 对于已知常数 μ, η 和矩阵 $\bar{T} \geqslant 0$, 如果存在矩阵 $Q = P_1^{-1} > 0$, $\bar{S} > 0$ 和 G 满足以下线性矩阵不等式:

$$\left[\begin{array}{ccc} \mathrm{sym}(Q\bar{A}^{\mathrm{T}}) + \mathrm{sym}(\bar{B}G) + \bar{S} + \eta^2 Q & \bar{A}_1 & \bar{I} \\ \bar{A}_1^{\mathrm{T}} & -(1-\beta)\bar{S} & 0 \\ \bar{I}^{\mathrm{T}} & 0 & -\mu^2 I \end{array}\right] < 0 \tag{6.62}$$

$$\begin{bmatrix} Q & Q\bar{T} \\ \bar{T}Q & \eta^2\mu^{-2}r^{-1} \end{bmatrix} \geqslant 0 \tag{6.63}$$

$$\begin{bmatrix} Q & Q\bar{T} \\ \bar{T}Q & I \end{bmatrix} \geqslant 0, \quad \begin{bmatrix} 1 & \bar{x}_m^{\mathrm{T}} \\ \bar{x}_m & Q \end{bmatrix} \geqslant 0 \tag{6.64}$$

那么闭环系统 (6.61) 稳定, 并且同时满足跟踪性能 $\lim\limits_{t\to\infty}\hat{V}(t)=V_g$ 和状态约束条件 $\hat{V}^{\mathrm{T}}(t)Q_0\hat{V}(t)\leqslant 1$, 式中, $K=GQ^{-1}$, $\bar{S}=QSQ$。

证明 定义 Lyapunov-Krasovskii 函数如下:

$$L(\bar{x}(t),t) = \bar{x}^{\mathrm{T}}(t)P_1\bar{x}(t) + \int_{t-\tau(t)}^{t}\bar{x}^{\mathrm{T}}(\alpha)S\bar{x}(\alpha)\mathrm{d}\alpha \tag{6.65}$$

对 $L(\bar{x}(t),t)$ 求导, 结合闭环系统 (6.61), 可以得到:

$$\begin{aligned}
\dot{L}(\bar{x}(t),t) = {}& \bar{x}^{\mathrm{T}}(t)(\bar{A}^{\mathrm{T}}P_1 + P_1\bar{A} + K^{\mathrm{T}}\bar{B}^{\mathrm{T}}P_1 + P_1\bar{B}K + S)\bar{x}(t) + 2\bar{x}^{\mathrm{T}}(t)P_1\bar{A}_1\bar{x}_\tau(t) \\
& - (1-\dot{\tau}(t))\bar{x}_\tau^{\mathrm{T}}(t)S\bar{x}_\tau(t) + 2\bar{x}^{\mathrm{T}}(t)P_1\bar{I}V_g \\
\leqslant {}& \bar{x}^{\mathrm{T}}(t)\left(\mathrm{sym}(\bar{A}^{\mathrm{T}}P_1) + K^{\mathrm{T}}\bar{B}^{\mathrm{T}}P_1 + P_1\bar{B}K + S + \eta^2 P_1 + \frac{1}{\mu^2}P_1\bar{I}\bar{I}^{\mathrm{T}}P_1\right)\bar{x}(t) \\
& + 2\bar{x}^{\mathrm{T}}(t)P_1\bar{A}_1\bar{x}_\tau(t) - (1-\beta)\bar{x}_\tau^{\mathrm{T}}(t)S\bar{x}_\tau(t) + \mu^2\|V_g\|^2
\end{aligned}$$

进一步推导出:

$$\dot{L}(\bar{x}(t),t) \leqslant \bar{\theta}^{\mathrm{T}}(t)\Phi_1\bar{\theta}(t) + \mu^2 r \tag{6.66}$$

式中, $\bar{\theta}(t) = [\bar{x}^{\mathrm{T}}(t), \bar{x}_\tau^{\mathrm{T}}(t)]^{\mathrm{T}}$, $\Phi_1 = \begin{bmatrix} \Upsilon & P_1\bar{A}_1 \\ \bar{A}_1^{\mathrm{T}}P_1 & -(1-\beta)S \end{bmatrix}$, 其中, $\Upsilon = \mathrm{sym}(\bar{A}^{\mathrm{T}}P_1) + \mathrm{sym}(K^{\mathrm{T}}\bar{B}^{\mathrm{T}}P_1) + S + \frac{1}{\mu^2}P_1\bar{I}\bar{I}^{\mathrm{T}}P_1 + \eta^2 P_1$。因为 V_g 是一个已知向量, 可以记 $r := \|V_g\|^2$。

在矩阵 Φ_1 两边分别乘以 $\mathrm{diag}\{P_1^{-1}, I\}$ 和 $\mathrm{diag}\{P_1^{-1}, I\}$, 基于 Schur 补引理, 同时定义 $Q = P_1^{-1}$, 可以发现 $\Phi_1 < 0$ 等价于如下不等式:

$$\begin{bmatrix} \Upsilon_1 & \bar{A}_1 & \bar{I} \\ \bar{A}_1^{\mathrm{T}} & -(1-\beta)QSQ & 0 \\ \bar{I}^{\mathrm{T}} & 0 & -\mu^2 I \end{bmatrix} < 0 \tag{6.67}$$

式中, $\Upsilon_1 = \mathrm{sym}(Q\bar{A}^{\mathrm{T}}) + \mathrm{sym}(\bar{B}KQ) + QSQ + \eta^2 Q$。令 $K = GP_1$, $\bar{S} = QSQ$, 可以看出不等式 (6.67) 等价于不等式 (6.62), 并得到:

$$\dot{L}(\bar{x}(t),t) \leqslant -\eta^2\bar{x}^{\mathrm{T}}(t)P_1\bar{x}(t) + \mu^2 r \tag{6.68}$$

显然，当 $\bar{x}^{\mathrm{T}}(t)P_1\bar{x}(t) > \eta^{-2}\mu^2 r$，$\dfrac{\mathrm{d}L(\bar{x}(t),t)}{\mathrm{d}t} < 0$ 成立，即对任意的非零状态 $\bar{x}(t)$，以下不等式成立：

$$\bar{x}^{\mathrm{T}}(t)P_1\bar{x}(t) \leqslant \max\{\bar{x}_m^{\mathrm{T}}P_1\bar{x}_m, \eta^{-2}\mu^2 r\}$$

$$\|\bar{x}_m\| = \sup_{-\tau(t)\leqslant t\leqslant 0}\|\bar{x}(t)\| \tag{6.69}$$

这也证明了闭环系统 (6.61) 是稳定的。

下面考虑在控制输入作用下的跟踪性能。假设 $\bar{x}_1(t)$ 和 $\bar{x}_2(t)$ 是闭环系统 (6.61) 中两个不同的状态轨迹。定义 $\sigma(t) = \bar{x}_1(t) - \bar{x}_2(t)$，结合闭环系统 (6.61)，对 $\sigma(t)$ 求导，能够得到：

$$\dot{\sigma}(t) = (\bar{A} + \bar{B}K)\sigma(t) + \bar{A}_1\sigma_\tau(t) \tag{6.70}$$

与式 (6.65) 相似，构造 Lyapunov-Krasovskii 函数为

$$L(\sigma(t),t) = \sigma^{\mathrm{T}}(t)P_1\sigma(t) + \int_{t-\tau(t)}^{t}\sigma^{\mathrm{T}}(\alpha)S\sigma(\alpha)\mathrm{d}\alpha \tag{6.71}$$

基于矩阵不等式 (6.62)，能够得到：

$$\begin{bmatrix} \mathrm{sym}(\bar{A}^{\mathrm{T}}P_1) + \mathrm{sym}(P_1\bar{B}K) + S + \eta^2 P_1 & P_1\bar{A}_1 \\ \bar{A}_1^{\mathrm{T}}P_1 & -(1-\beta)S \end{bmatrix} < 0$$

进一步推导出：

$$\dot{L}(\sigma(t),t) \leqslant -\eta^2\lambda_{\min}(P_1)\|\sigma(t)\|^2$$

式中，$\lambda_{\min}(P_1)$ 代表 P_1 的最小特征根，因此，$\sigma(t) = 0$ 是闭环系统 (6.70) 的渐近稳定平衡点，这也显示出系统 (6.61) 有唯一的平衡点 $\bar{x}^*$。进一步得到 $\lim\limits_{t\to\infty}\dfrac{\mathrm{d}}{\mathrm{d}t}\int_0^t(V_g - \hat{V}(\alpha))^{\mathrm{T}}\mathrm{d}\alpha = 0$，即 $\lim\limits_{t\to\infty}\hat{V}(t) = V_g$ 成立。

最后考虑权向量的受限问题。基于 PDF 在定义域内积分等于 1 的特征，动态权向量 $\hat{V}(t)$ 需要满足 $\hat{V}^{\mathrm{T}}(t)Q_0\hat{V}(t) \leqslant 1$，即可转化为条件 $\bar{x}^{\mathrm{T}}(t)T\bar{x}(t) \leqslant 1$，其中 $T := \mathrm{diag}\{C^{\mathrm{T}}Q_0C, 0\}$。显而易见，$T$ 是一个非负定矩阵，可以分解为 $T = \bar{T}^2$，其中矩阵 $\bar{T} \geqslant 0$。基于不等式 (6.69)，能够得到不等式 $\bar{x}^{\mathrm{T}}(t)P_1\bar{x}(t) \leqslant \bar{x}_m^{\mathrm{T}}P_1\bar{x}_m$ 成立，或者 $\bar{x}^{\mathrm{T}}(t)P_1\bar{x}(t) \leqslant \eta^{-2}\mu^2 r$ 成立。

一方面，基于矩阵不等式 (6.64)，可以推断出 $T \leqslant P_1$ 和 $\bar{x}_m^{\mathrm{T}}P_1\bar{x}_m \leqslant 1$，进一步能够得到：

$$\bar{x}^{\mathrm{T}}(t)T\bar{x}(t) \leqslant \bar{x}^{\mathrm{T}}(t)P_1\bar{x}(t) \leqslant \bar{x}_m^{\mathrm{T}}P_1\bar{x}_m \leqslant 1 \tag{6.72}$$

另一方面, 基于矩阵不等式 (6.63), 可以推断出 $T \leqslant \eta^2 \mu^{-2} r^{-1} P_1$ 成立, 进一步得到:

$$\bar{x}^{\mathrm{T}}(t)T\bar{x}(t) \leqslant \eta^2 (\mu^2 r)^{-1} \bar{x}^{\mathrm{T}}(t) P_1 \bar{x}(t) \leqslant 1 \tag{6.73}$$

综上所述, 约束条件 $\hat{V}^{\mathrm{T}}(t)Q_0 \hat{V}(t) \leqslant 1$ 能够满足。

注 6.2 通过定理的证明和自适应投影算法的应用, 可以看出参数矩阵 W_1, W_2, 状态向量 $x(t)$, $\hat{x}(t)$ 以及 Sigmoid 函数 $\sigma(\cdot)$, $\phi(\cdot)$ 都是有界的, 进一步由控制输入的表达形式 (6.60) 可以推断出控制输入也是有界的, 所以假设 6.3 的定义是合理的, 上界 $\bar{u}$ 能够找到。

6.2.4 仿真算例 2

假设输出 PDF 可由类似于式 (6.41) 的方根 B 样条神经网络逼近, 其中 $n=3$, $y \in [0, 1.5]$, 且

$$B_i(y) = \begin{cases} |\sin(2\pi y)|, & y \in [0.5(i-1), 0.5i], i = 1, 2, 3 \\ 0, & y \in [0.5(j-1), 0.5j], i \neq j \end{cases}$$

与第 3 章相同, 能够计算出 $\Lambda_1 = \mathrm{diag}\{0.25, 0.25\}$, $\Lambda_2 = [0, 0]$, $\Lambda_3 = 0.25$。根据目标 PDF, 找到相应的权向量 $V_g = [0.9, 1.2]^{\mathrm{T}}$。

假设控制输入和权向量之间的动态关系可由如下等式描述:

$$\dot{x}(t) = f(x(t), x_\tau(t)) + g(x(t))u(t) + d_1(t)$$

式中, 初始条件为 $x_0 = [0.1, 0.1, 0.2]^{\mathrm{T}}$, 其他参数设定为

$$f(x) = \begin{bmatrix} \sin(-3x_1 - 2x_2) - x_{1\tau} \\ \sin x_2 - x_{2\tau} \\ -2x_2 + x_3 - x_{3\tau} \end{bmatrix}, \quad d_1(t) = \begin{bmatrix} 0.2 \\ 0.2 \\ -0.2 \end{bmatrix}, \quad g(x) = \begin{bmatrix} 2.6 & 0 & 0 \\ 0 & 2.6 & 0 \\ 0 & 0 & 4 \end{bmatrix}$$

对于动态神经网络模型 (6.47), 初始条件设定为 $\hat{x}(t) = [0.1, 0, 0.4]^{\mathrm{T}}, t \in [-\tau(t), 0]$, 同时选择 Sigmoid 函数:

$$\sigma(x_i) = \phi(x_i) = \frac{2}{1 + \mathrm{e}^{-0.5x_i}} + 0.5, \quad i = 1, 2, 3$$

相应的参数矩阵表示如下:

$$A = \begin{bmatrix} -2 & 0 & -2 \\ 0 & -2 & 0 \\ 2 & 0 & -2 \end{bmatrix}, \quad B = \begin{bmatrix} 1 & 0 & 0 \\ 0 & 1 & 0 \\ 0 & 0 & 1 \end{bmatrix}, \quad C = \begin{bmatrix} -1 & 0 & 1 \\ 0 & 1 & 1 \end{bmatrix}$$

对于自适应律，取 $\gamma_i = 3(i = 1, 2, 3, 4)$, $\hat{d}(0) = 2$, $W_{1,0} = W_{2,0} = I$。定义常数 $\bar{u} = 8$, $\beta = 0.8$, $\mu = -2$, $\eta = 2$，求解线性矩阵不等式 (6.52) 和不等式 (6.62) ∼ 不等式 (6.64)，能够得到：

$$P = \begin{bmatrix} 0.4585 & 0 & 0 \\ 0 & 0.4585 & 0 \\ 0 & 0 & 0.4585 \end{bmatrix}$$

$$Q = \begin{bmatrix} 4.9929 & 3.2831 & -1.4026 & -2.6468 & 0.3221 \\ 3.2831 & 6.8594 & -2.5106 & -2.4513 & 1.8585 \\ -1.4026 & -2.5106 & 7.4443 & 3.3798 & 2.4565 \\ -2.6468 & -2.4513 & 3.3798 & 3.5060 & 0.9569 \\ 0.3221 & 1.8585 & 2.4565 & 0.9569 & 2.5924 \end{bmatrix}$$

$$K_{\mathrm{P}} = \begin{bmatrix} -6.7779 & 18.2598 & 10.8267 \\ -12.9210 & -3.9561 & -2.0216 \\ 5.1086 & -2.7023 & -5.3602 \end{bmatrix}, \quad K_{\mathrm{I}} = \begin{bmatrix} 3.0520 & -21.0130 \\ -16.0323 & 13.9521 \\ 9.9798 & 4.3526 \end{bmatrix}$$

当应用控制输入 (6.60) 和相应的参数自适应律时，动态神经网络状态 $\hat{x}(t)$ 对非线性模型状态 $x(t)$ 的辨识过程如图 6.8 ∼ 图 6.10 所示，从图中能够看出，动态神经网络模型的每一个分状态轨迹都能和非线性模型的状态很好地重合，显示出了良好的辨识能力。图 6.11 是动态权向量的运动轨迹，相比较跟踪目标 $V_g = [0.9, 1.2]^{\mathrm{T}}$，显示出了很好的跟踪性能。图 6.12 是输出 PDF 的三维图，可以看出稳定性和鲁棒性能够满足。从图 6.8 ∼ 图 6.12 可以看出，在 PI 型控制输入的作用下，辨识能力和跟踪性能能够同时得到满足，这显示出所提方案良好的可行性。

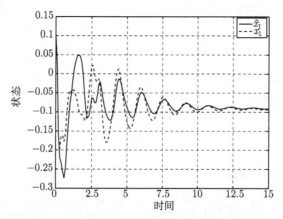

图 6.8 基于状态 $x_1(t)$ 的动态神经网络辨识

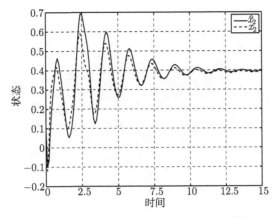

图 6.9 基于状态 $x_2(t)$ 的动态神经网络辨识

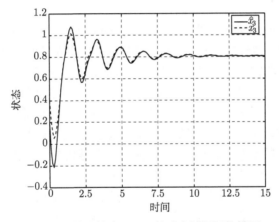

图 6.10 基于状态 $x_3(t)$ 的动态神经网络辨识

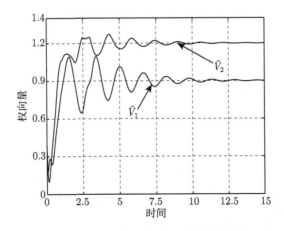

图 6.11 动态权向量 $\hat{V}(t)$ 的运动轨迹

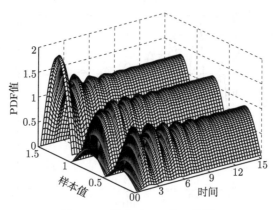

图 6.12   输出 PDF 的三维图

6.2.5   仿真算例 3

造纸过程是一个复杂的多变量系统，纸张的质量可由多达 60 个物理特性来描述，如纸张的强度、透气性、透水性等。控制系统的要求是使得这些物理特性符合用户要求，其中最关键的要求是纸张的二维质量分布应尽可能均匀。由于纤维、填料等原材料带有很强的随机因素，这实际上是一个典型的随机分布控制问题。

本小节考虑一种实际的造纸过程。如图 6.13 所示，在流浆箱中，纤维、填料和其他化学添加剂被混合在一起。当这些混合物被注射到可移动的金属台上，一些水被排入金属台下面的水泵中。可以看出排水过程是连续的，在水泵中的液体含有一些固态物质，包括一些絮结产物或者一些小的粒子。所以，为了提高 (控制) 原材料的利用率，在水泵中存在的固态物质需要被控制，即最小化。由于纤维、填料等原材料带有很强的随机因素，这是一个随机控制过程。由文献 [10]、[14]、[16]、[24] 可知，一个命名为 retention aid 的化学物质能够帮助控制上述的固态分布。通过向流浆箱注入 retention aid，絮结将发生，固态分布将逐步增加。从控制工程的角度分析，retention aid 能够被看成控制输入，而在水泵中絮结分布即代表着输出概率分布。至少一阶动态系统可以用来描述控制输入和输出之间的对应关系。通过对絮结分布大量的量测结果，上百次的数据得到上百个不同的概率密度。在特定的假设下，絮结分布能够用一个改进的 Γ 分布来描述。

根据观察，在量测分布函数时考虑了指数函数，所以在仿真中引入指数样条函数去逼近水泵中絮结的概率分布，具体的样条函数表示为

$$B_i(y) = \exp(-(y - y_i)^2 \sigma_i^{-2}), \quad i = 1, 2, \cdots, 5$$

式中，$y \in [0, 0.05]$，$y_i = 0.003 + 0.006(i - 1)$，$\sigma_i = 0.03 (i = 1, 2, \cdots, 5)$。目标权向量设定为 $V_g = [0.5, 0.6, 0.7, 0.8]^{\mathrm{T}}$。

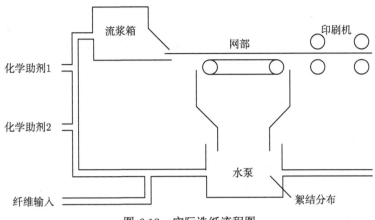

图 6.13 实际造纸流程图

控制输入 $u(t)$ 和权向量 $V(t)$ 之间的关系用动态神经网络模型 (6.46) 描述。与文献 [14] 相似，具体的参数矩阵和 Sigmoid 函数选择如下：

$$\sigma(x_i) = \phi(x_i) = \frac{2}{1 + e^{-0.5x_i}} + 0.5, \quad i = 1, 2, \cdots, 5$$

$$A = \text{diag}\{-0.083, -0.083, -0.083, -0.083, -0.083\}$$

$$A_1 = \text{diag}\{-0.02, -0.02, -0.02, -0.02, -0.02\}$$

$$B = \text{diag}\{0.78, 0.78, 0.78, 0.78, 0.78\}$$

$$E = \begin{bmatrix} -1 & 0 & 1 & 0 & 1 \\ 0 & 1 & -1 & 0 & 0 \\ 1 & 0 & 0 & 0 & 1 \\ 0 & -1 & 1 & 1 & 1 \end{bmatrix}$$

权动态模型、自适应控制律和其他的参数选取与仿真算例 1 相同。通过求解线性矩阵不等式 (6.62) ~ 不等式 (6.64)，能够计算出 K_P, K_I, P 和 Q(由于矩阵的维数比较大，具体数值被省略)。为了显示出时滞项对被控系统的影响，仿真中考虑三种不同的时滞时间，它们分别是 0.2s、0.3s 和 0.5s。对于不同的时滞时间，不同的权向量运动轨迹被显示在图 6.14 ~ 图 6.16 中。从图中能够看出，随着时滞时间不断增加，对系统的性能影响越发明显，收敛的速度变慢，效果也越发糟糕，这也反映了时滞时间对系统性能的影响，明确了讨论时滞动态神经网络的意义。最后，取时滞时间 $\tau(t) = 0.3$s，其输出 PDF 的三维图形显示在图 6.17 中。能够看出，在 PI 型控制输入的作用下，辨识能力和跟踪性能能够同时得到满足，显示出所提方案良好的可行性。

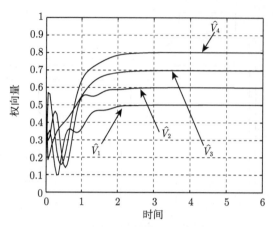

图 6.14 $\tau(t) = 0.2$s 时权向量的运动轨迹

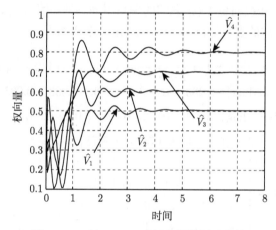

图 6.15 $\tau(t) = 0.3$s 时权向量的运动轨迹

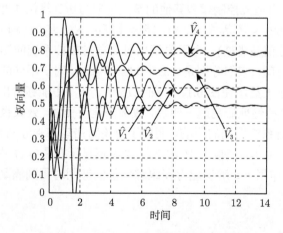

图 6.16 $\tau(t) = 0.5$s 时权向量的运动轨迹

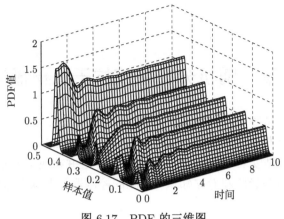

图 6.17 PDF 的三维图

6.3 本章小结

　　本章针对一类非线性、非高斯动态随机系统，建立了基于样条神经网络和动态神经网络的两步神经网络随机分布控制理论研究框架。在此基础上，分别提出了自适应反馈控制算法和受限的 PI 控制算法。通过应用 Lyapunov 函数分析方法和 Barbalat 引理，结合所设计的参数自适应控制算法和凸优化理论，能够证明辨识误差和跟踪误差同时收敛到零。不同的仿真算例显示出方法的可行性和有效性。

第 7 章 随机分布系统抗干扰模糊控制

模糊控制技术是智能控制领域的核心问题。自从 1965 年美国加利福尼亚大学的 Zadeh 教授创建模糊集理论和 1974 年英国的 Mamdani 成功地将模糊控制应用于锅炉和蒸汽机控制以来，模糊控制已得到广泛发展并在现实中得以成功应用。模糊控制器的出发点是经验和专家知识，相应的控制器是在综合这些经验和专家知识的基础上设计的。

近年来，在很多非线性动态系统的控制器设计问题中，人们利用模糊逻辑系统的通用逼近能力，在存在建模误差的基础上对相关参数进行自适应调节，最终提出不确定非线性系统的自适应模糊控制方案。通常将模糊逻辑系统分为两类 (也称 I 型和 II 型)，第一类模糊逻辑系统只有结论模糊集的峰值是可调参数，而第二类模糊逻辑系统的前提模糊集和结论模糊集的隶属度函数的形状参数和峰值都是可调参数，即其可调参数呈非线性。

另一种常见的模糊模型是由两位日本学者 Takagi 和 Sugeno 于 1985 年提出的 Takagi-Sugeno 模型 (简称 T-S 模糊模型)，该模型的提出为解决非线性系统控制问题提供了新途径，而且得到了严格的稳定性证明。T-S 模糊模型建模方法的本质在于：一个整体非线性的动力学模型可以看成是多个局部线性模型的模糊逼近。对于基于 T-S 模糊模型的模糊控制器的设计，其基本思想是：将整个状态空间分解为多个模糊子空间，并对局部的模糊子系统设计出相应的线性控制器，整个系统的控制规则为局部控制的加权组合。这样的模糊控制系统相当于将一个非线性系统用分块线性系统来逼近，由于模糊划分的光滑程度，因而该模糊系统能够连续逼近任意的非线性系统。通过引入一系列代表系统局部输入输出关系的模糊 If-Then 规则，许多复杂的非线性模型，包括广义系统、时滞系统、分散系统、网络系统和随机系统等，均可以利用 T-S 模糊模型进行建模和分析。

为了解决非高斯、非线性随机分布系统中存在的建模难题，本章提出了基于两步模糊模型建模的控制理论框架。第一步，针对输出 PDF，结合模糊逻辑系统的动态逼近性能，随机系统输出 PDF 可以表示为模糊基函数的线性组合，即通过控制线性组合中的权向量就可以实现对输出 PDF 形状的控制；第二步，运用 T-S 模糊模型辨识方法去建立权向量和控制输入之间的动态关系，解决随机分布控制中未知的非线性动态辨识问题。对于文中所考虑的 T-S 模糊模型，不仅包含动态时滞项，还包括多种类型的外部干扰，更符合作为非线性灰箱系统的辨识器。进一步，结合扰动观测器方法和 L_1 性能指标，设计 PI 结构的模糊抗干扰控制输入。基于全凸的 LMI 算法和 Lyapunov-Krasovskii 函数分析过程,计算相应的模糊控制器增益,使得 T-S 模糊权动态模型的稳定性能、状态限制、鲁棒性能、干扰抑制和抵消性能等多目标控制要求同时得到满足,进一步完成分布函数动态跟踪的任务。

7.1 模糊逻辑系统概率分布逼近

考虑一类复杂的离散动态随机系统 $\eta(k)$ $(k = 0, 1, 2, \cdots)$ 表示系统输出的一致有界随机变量。$u(k) \in \mathbb{R}^m$ 是随机系统的输入,用来控制系统输出随机变量 $\eta(k)$ 的分布形状。在每一个取样时刻 k,输出变量的分布函数定义为 $\gamma(y, u(k))$,其中变量 y 落在区间 $[a, b]$ 上。利用模糊逻辑系统的逼近能力,$\gamma(y, u(k))$ 能够表示如下:

$$\sqrt{\gamma(y, u(k))} = \sum_{l=1}^{M} \upsilon_l(u(k)) \xi_l(y) \tag{7.1}$$

式中,$\upsilon_l(u(k))$ $(l = 1, 2, \cdots, M)$ 是相应的动态权向量;$\xi_l(y)$ $(l = 1, 2, \cdots, M)$ 表示预先设定的模糊基函数,定义为如下形式:

$$\xi_l(y) = \frac{\prod\limits_{i=1}^{n} \mu_{F_i^l}(y_i)}{\sum\limits_{l=1}^{M} \prod\limits_{i=1}^{n} \mu_{F_i^l}(y_i)} \tag{7.2}$$

$$\mu_{F_i^l}(y_i) = \alpha_i^l \exp\left[-\frac{1}{2}\left(\frac{y_i - \bar{y}_i^l}{\sigma_i^l}\right)^2\right] \tag{7.3}$$

式中,$\mu_{F_i^l}(y_i)$ 是高斯型隶属度函数;F_i^l 表示模糊集;α_i^l、$\bar{y}_i^l$ 和 σ_i^l 是实值参数;M 是模糊规则的数目;n 表示模糊逻辑系统中输入变量的个数。

因为 $\gamma(y, u(k))$ 是具有积分约束的正非线性函数,需要满足 $\int_a^b \gamma(y, u(k)) \mathrm{d}y = 1$,即仅有 $M - 1$ 个权向量是相互独立的,所以式 (7.1) 被分解为

$$\gamma(y, u(k)) = (C_0(y)V(k) + \upsilon_M(k)\xi_M(y))^2 \tag{7.4}$$

式中,$C_0(y) = [\xi_1(y), \cdots, \xi_{M-1}(y)]$,$V(k) = [\upsilon_1(k), \cdots, \upsilon_{M-1}(k)]^{\mathrm{T}}$。

定义:

$$\Lambda_1 = \int_a^b C_0^{\mathrm{T}}(y)C_0(y)\mathrm{d}y, \quad \Lambda_2 = \int_a^b C_0(y)\xi_M(y)\mathrm{d}y, \quad \Lambda_3 = \int_a^b \xi_M^2(y)\mathrm{d}y \tag{7.5}$$

与第 3、4 两章的分析相同,为了保证 $\int_a^b \gamma(y, u(k)) \mathrm{d}y = 1$,需要满足以下不等式:

$$V^{\mathrm{T}}(k)\Pi_0 V(k) \leqslant 1, \quad \Pi_0 = \Lambda_1 - \Lambda_3^{-1}\Lambda_2^{\mathrm{T}}\Lambda_2 > 0 \tag{7.6}$$

基于权向量表达形式 (7.4)，$v_M(u(k))$ 能够表示成 $V(k)$ 的函数，具体形式如式 (4.5)
所示。

目标 PDF 描述如下：

$$g(y) = (C_0(y)V_g + h(V_g)\xi_M(y))^2 \tag{7.7}$$

式中，$V_g \in \mathbb{R}^{M-1}$ 是对应于 $C_0(y)$ 的目标权向量。跟踪控制的目标是在每一个取
样时间处设计控制输入，使得 $\gamma(y, u(k))$ 可以跟踪 $g(y)$，从而，输出 PDF 和目标
PDF 之间的误差表示为

$$e(y, k) = \sqrt{g(y)} - \sqrt{\gamma(y, u(k))} = C_0 V_e(k) + [h(V_g) - h(V(k))]\xi_M(y) \tag{7.8}$$

式中，$V_e(k) = V_g - V(k)$。由于 $h(V(k))$ 的连续性，只要 $V_e(k) \to 0$，就可以得到
$e(y, k) \to 0$。因此，所考虑的 PDF 控制问题即转化为以上权向量的跟踪问题，其目
标是设计合适的控制律，使得动态系统的跟踪性能得到满足，即保证当 $k \to +\infty$
时，$e(y, k) \to 0$，或当 $k \to +\infty$ 时，$V_e(k) \to 0$。

注 7.1　与之前结果中的多项式函数、径向基函数和样条函数等逼近模型相比
较，通过引入模糊逻辑系统，包括单点模糊化、乘积推理和去模糊化等典型的程序，
能够获得更为准确的概率分布近似值，这是因为模糊基函数是依靠若干条 If-Then
模糊规则所得到，可以充分吸取专家的经验。另外，隶属度函数形式多样，如高斯
型、三角形等，不同类型的模糊隶属度函数可以使用在不同的问题上，更适合于
逼近具有各种复杂形式的非高斯随机分布函数。以下是三角形隶属度函数的表达
形式：

$$\mu_{F_i^l}(y_i) = \begin{cases} 1 - \dfrac{|y_i - c_i^l|}{b_i^l}, & y_i \in [c_i^l - b_i^l, c_i^l + b_i^l] \\ 0, & \text{其他} \end{cases} \tag{7.9}$$

7.2　T-S 模糊权动态模型的确立

接下来需要建立控制输入 $u(k)$ 和动态权向量 $V(u(k))$ 之间对应的非线性关
系，本章引入 T-S 模糊模型。众所周知，T-S 模糊模型能够通过混合一系列局部线
性系统模型，描述复杂的非线性系统。本节将考虑使用如下 T-S 模糊模型来辨识
未知非线性权动态。具体地，系统的第 i 条规则表示如下。

模糊规则 i：如果 $\theta_1(k)$ 为 μ_{i1}，$\theta_2(k)$ 为 $\mu_{i2}, \cdots, \theta_q(k)$ 为 μ_{iq}，则

$$\begin{cases} x(k+1) = A_{0i}x(k) + \displaystyle\sum_{s=1}^{N} A_{0is}x(k-\tau_s) + B_{0i}u(k) \\ \qquad\qquad + D_{01i}d_1(k) + D_{02i}d_2(k) \\ V(k) = F_i x(k) \end{cases} \tag{7.10}$$

式中, $x(k) \in \mathbb{R}^n$ 是中间状态; A_{0i}, A_{0is}, B_{0i}, D_{01i}, D_{02i} 和 F_i 是带有适当维数的常数矩阵; $\theta_j(k)$ 与 μ_{ij} $(i = 1, 2, \cdots, p; j = 1, 2, \cdots, q)$ 分别表示前提变量和隶属函数表征的模糊集合; p 是 If-Then 规则的数目; q 为前提变量的维数; 时滞项 τ_s 满足 $\bar{\tau} = \max\limits_{1 \leqslant s \leqslant N}\{\tau_s\}$, 其中 $\bar{\tau}$ 是设计的正常数; $d_1(k)$ 和 $d_2(k)$ 均表示未知干扰项。假设 $d_2(k)$ 范数有界, $d_1(k)$ 则由如下外延系统产生:

$$\begin{cases} w(k+1) = Ww(k) + \sum_{s=1}^{N} W_s w(k - \tau_s) + H\delta(k) \\ d_1(k) = Ew(k) \end{cases} \tag{7.11}$$

式中, $w(k)$ 是干扰外延系统的中间状态; W, W_s, H 和 E 是已知的系数矩阵; $\delta(k)$ 是外延系统中存在的干扰, 假设其范数有界。

通过模糊混合方法, 可以得到以下的全局模糊模型:

$$\begin{cases} x(k+1) = \sum_{i=1}^{p} h_i(\theta(k))(A_{0i}x(k) + \sum_{s=1}^{N} A_{0is}x(k - \tau_s) + B_{0i}u(k) \\ \qquad\qquad + D_{01i}d_1(k) + D_{02i}d_2(k)) \\ V(k) = \sum_{i=1}^{p} h_i(\theta(k))F_i x(k) \end{cases} \tag{7.12}$$

式中,

$$\theta(k) = [\theta_1(k), \cdots, \theta_q(k)], \quad h_i(\theta(k)) = \frac{\sigma_i(\theta(k))}{\sum\limits_{i=1}^{p} \sigma_i(\theta(k))}, \quad \sigma_i(\theta(k)) = \prod_{j=1}^{q} \mu_{ij}(\theta_j(k))$$

对于任意的 $\theta(k)$, 有

$$\sigma_i(\theta(k)) \geqslant 0, \quad i = 1, 2, \cdots, p, \quad \sum_{i=1}^{p} \sigma_i(\theta(k)) > 0$$

因此, $h_i(\theta(k))$ 满足条件 $h_i(\theta(k)) \geqslant 0 (i = 1, 2, \cdots, p), \sum\limits_{i=1}^{p} h_i(\theta(k)) = 1$。

注 7.2 在实际控制系统中存在许多类型的干扰, 常见的有电流噪声、外部扰动、未建模动态、负载扰动、死区输入等。这些干扰可以用不同类型的数学公式表示, 如外延系统、谐波信号模型以及范数有界变量等。与之前基于 T-S 模糊模型鲁棒控制的结果相比较, 本章充分考虑了不同类型的干扰对系统的影响, 也使得所设计的 T-S 模糊模型更加紧密地贴合实际的控制系统。

基于 T-S 模糊模型 (7.12), 引入新的状态变量:

$$\bar{x}(k) = (x^{\mathrm{T}}(k), \zeta^{\mathrm{T}}(k))^{\mathrm{T}} \tag{7.13}$$

式中, $\zeta(k)$ 相似于连续系统中的积分项, 被定义为 $\zeta(k+1) = \zeta(k) + T_0(V(k) - V_g)$; 等式中 $T_0 = t_0 I$ 为采样间隔。

基于状态变量 (7.13) 和 T-S 模糊模型 (7.12), 推导出如下增广模糊模型:

$$\bar{x}(k+1) = \sum_{i=1}^{p} h_i(\theta) \left(A_i \bar{x}(k) + \sum_{s=1}^{N} A_{is} \bar{x}(k - \tau_s) + B_i u(k) \right.$$
$$\left. + D_{1i} d_1(k) + D_{2i} d_2(k) + T V_g \right) \tag{7.14}$$

式中,

$$A_i = \begin{bmatrix} A_{0i} & 0 \\ T_0 F_i & I \end{bmatrix}, \quad A_{is} = \begin{bmatrix} A_{0is} & 0 \\ 0 & 0 \end{bmatrix}, \quad B_i = \begin{bmatrix} B_{0i} \\ 0 \end{bmatrix}$$

$$D_{1i} = \begin{bmatrix} D_{01i} \\ 0 \end{bmatrix}, \quad D_{2i} = \begin{bmatrix} D_{02i} \\ 0 \end{bmatrix}, \quad T = \begin{bmatrix} 0 \\ -T_0 \end{bmatrix}$$

7.3　基于扰动观测器的模糊控制器设计

本节将讨论模糊控制器以及干扰观测器的设计问题。一方面, 为了估计模型干扰 $d_1(k)$, 构造如下非线性扰动观测器:

$$\begin{cases} \hat{w}(k) = r(k) - Lx(k) \\ \hat{d}_1(k) = E\hat{w}(k) \end{cases} \tag{7.15}$$

式中, $\hat{w}(k)$, $\hat{d}_1(k)$ 分别为 $w(k)$, $d_1(k)$ 的估计值; L 是待定的观测器增益。设计辅助变量 $r(k)$ 为

$$r(k+1) = \left(W + L \sum_{i=1}^{p} h_i(\theta) D_{01i} E \right) (r(k) - Lx(k)) + \sum_{s=1}^{N} W_s \left(r(k - \tau_s) - Lx(k - \tau_s) \right)$$
$$+ \sum_{i=1}^{p} h_i(\theta) L \left(A_{0i} x(k) + \sum_{s=1}^{N} A_{0is} x(k - \tau_s) + B_{0i} u(k) \right) \tag{7.16}$$

定义干扰误差变量 $e_w(k) = w(k) - \hat{w}(k)$, 结合式 (7.14)～式 (7.16) 得到:

$$e_w(k+1) = \left(W + L \sum_{i=1}^{p} h_i(\theta) D_{01i} E \right) e_w(k) + \sum_{s=1}^{N} W_s e_w(k - \tau_s)$$
$$+ L \sum_{i=1}^{p} h_i(\theta) D_{02i} d_2(k) + H\delta(k) \tag{7.17}$$

另一方面，为了解决权向量的跟踪控制问题，构造如下的基于扰动观测器的 PI 型模糊控制器。

模糊规则 j: 如果 $\theta_1(k)$ 为 μ_{j1}, $\cdots$, $\theta_q(k)$ 为 μ_{jq}, 则

$$u(k) = -\Gamma_j \hat{d}_1(k) + M_{1j}x(k) + M_{2j}\zeta(k) \tag{7.18}$$

式中，Γ_j 为已知实矩阵，满足匹配条件 $\sum\limits_{i,j=1}^{p} h_i(\theta)h_j(\theta)B_{0i}\Gamma_j = \sum\limits_{i=1}^{p} h_i(\theta)D_{01i}$; 矩阵 M_{1j} 和 M_{2j} 为待定控制器增益阵。

注 7.3 在很多变结构控制中可以发现上述匹配条件，在本节中，模糊基函数 $h_i(\theta)$ 可以预先设定，矩阵 B_{0i} 和 D_{01i} 也都是已知矩阵，对应的 Γ_j 能够通过一般的矩阵分析方法计算得到。

进一步，PI 型模糊控制输入表示如下:

$$\begin{aligned} u(k) &= \sum_{j=1}^{p} h_j(\theta)\left(-\Gamma_j\hat{d}_1(k) + M_{1j}x(k) + M_{2j}\zeta(k)\right) \\ &= \sum_{j=1}^{p} h_j(\theta)\left(-\Gamma_j\hat{d}_1(k) + M_j\bar{x}(k)\right) \end{aligned} \tag{7.19}$$

式中，$M_j = [M_{1j}, M_{2j}]$。

将模糊输入 (7.19) 代入模型 (7.14)，得到如下闭环 T-S 模糊模型:

$$\begin{aligned} \bar{x}(k+1) = \sum_{i,j=1}^{p} h_i(\theta)h_j(\theta)((A_i + B_iM_j)\bar{x}(k) + \sum_{s=1}^{N} A_{is}\bar{x}(k-\tau_s) \\ + D_{1i}Ee_w(k) + D_{2i}d_2(k) + TV_g) \end{aligned} \tag{7.20}$$

综上所述，结合扰动估计误差模型 (7.17) 和动态闭环 T-S 模糊系统 (7.20)，可得增广系统如下:

$$\rho(k+1) = \sum_{i,j=1}^{p} h_i(\theta)h_j(\theta)\left(\bar{A}_{ij}\rho(k) + \sum_{s=1}^{N}\bar{A}_{is}\rho(k-\tau_s) + \bar{D}_i\varepsilon(k) + \bar{T}V_g\right) \tag{7.21}$$

式中，$\rho(k) = [\bar{x}^{\mathrm{T}}(k), e_w^{\mathrm{T}}(k)]^{\mathrm{T}}$, $\varepsilon(k) = [d_2^{\mathrm{T}}(k), \delta^{\mathrm{T}}(k)]^{\mathrm{T}}$, $\bar{A}_{is} = \begin{bmatrix} A_{is} & 0 \\ 0 & W_s \end{bmatrix}$, $\bar{A}_{ij} = \begin{bmatrix} A_i + B_iM_j & D_{1i}E \\ 0 & W + LD_{01i}E \end{bmatrix}$, $\bar{T} = \begin{bmatrix} T \\ 0 \end{bmatrix}$, $\bar{D}_i = \begin{bmatrix} D_{2i} & 0 \\ LD_{02i} & H \end{bmatrix}$。

通过以上的分析，7.4 节的主要目的是寻找合适的控制增益 M_j 和观测增益 L, 使得增广系统 (7.21) 稳定，并保证跟踪误差可以收敛到零。

7.4　基于凸优化的多目标控制算法

本节主要通过定理 7.1 和定理 7.2，介绍增广系统 (7.21) 的稳定性能、动态跟踪性能、干扰抑制与抵消性能以及受状态约束的多目标控制方法。

定理 7.1　对于已知的参数 $\mu_i\,(i=1,2,3)$ 与 $\lambda_i\,(i=1,2)$，如果存在适当维数的矩阵 $Q_1 = P_1^{-1} > 0$，$P_2 > 0$，$G_{1s} > 0$，$G_{2s} > 0\,(s=1,2,\cdots,N)$，$R_{1j}\,(j=1,2,\cdots,p)$，$R_2$ 和 $N_i > 0\,(i=1,2)$，使得以下条件成立：

$$\Theta_{ii} < 0, \quad i = 1,2,\cdots,p; \quad \Theta_{ij} + \Theta_{ji} < 0, \quad i < j; \ i,j = 1,2,\cdots,p \qquad (7.22)$$

式中，

$$\Theta_{ij} = \begin{bmatrix} \Phi_{11} & 0 & 0 & \Phi_{14}^{(ij)} \\ * & \Phi_{22} & 0 & \Phi_{24}^{(i)} \\ * & * & \Phi_{33} & \Phi_{34}^{(i)} \\ * & * & * & \Phi_{44} \end{bmatrix}$$

$$\Phi_{11} = \begin{bmatrix} -Q_1 + \displaystyle\sum_{s=1}^{N} Q_1(G_{1s} + \lambda_1^2 N_1)Q_1 & 0 \\ 0 & -\hat{Q}_1 \hat{G}_{1s} \hat{Q}_1 \end{bmatrix}$$

$$\Phi_{22} = \begin{bmatrix} -P_2 + \lambda_2^2 N_2 + \displaystyle\sum_{s=1}^{N} G_{2s} & 0 \\ 0 & -\hat{G}_{2s} \end{bmatrix}$$

$$\Phi_{33} = \begin{bmatrix} -\mu_1^2 I & 0 & 0 \\ 0 & -\mu_2^2 I & 0 \\ 0 & 0 & -\mu_3^2 I \end{bmatrix}, \quad \Phi_{44} = \begin{bmatrix} -Q_1 & 0 \\ 0 & -P_2 \end{bmatrix}$$

$$\Phi_{14}^{(ij)} = \begin{bmatrix} Q_1 A_i^{\mathrm{T}} + R_{1j}^{\mathrm{T}} B_i^{\mathrm{T}} & 0 \\ \hat{Q}_1 \hat{A}_{is}^{\mathrm{T}} & 0 \end{bmatrix}, \quad \Phi_{34}^{(i)} = \begin{bmatrix} D_{2i}^{\mathrm{T}} & D_{02i}^{\mathrm{T}} R_2^{\mathrm{T}} \\ 0 & H^{\mathrm{T}} P_2 \\ T^{\mathrm{T}} & 0 \end{bmatrix}$$

$$\Phi_{24}^{(i)} = \begin{bmatrix} E^{\mathrm{T}} D_{1i}^{\mathrm{T}} & W^{\mathrm{T}} P_2 + E^{\mathrm{T}} D_{01i}^{\mathrm{T}} R_2^{\mathrm{T}} \\ 0 & \hat{W}_s^{\mathrm{T}} P_2 \end{bmatrix}$$

则在模糊控制作用下，闭环系统 (7.21) 是稳定的，跟踪误差满足 $\displaystyle\lim_{k\to\infty} V(k) = V_g$，增益可以分别通过 $M_j = R_{1j} P_1$ 和 $L = P_2^{-1} R_2$ 计算得到。

证明 考虑如下 Lyapunov 函数:

$$S(\bar{x}(k), e_w(k), k) = \bar{x}^{\mathrm{T}}(k)P_1\bar{x}(k) + e_w^{\mathrm{T}}(k)P_2 e_w(k) + \sum_{s=1}^{N}\sum_{l=1}^{\tau_s} \bar{x}^{\mathrm{T}}(k-l)G_{1s}\bar{x}(k-l)$$

$$+ \sum_{s=1}^{N}\sum_{l=1}^{\tau_s} e_w^{\mathrm{T}}(k-l)G_{2s}e_w(k-l) \tag{7.23}$$

则可进一步得到:

$$\Delta S(\bar{x}, e_w, k) = S(\bar{x}(k+1), e_w(k+1), k+1) - S(\bar{x}(k), e_w(k)), k)$$

$$= \bar{x}^{\mathrm{T}}(k+1)P_1\bar{x}(k+1) + e_w^{\mathrm{T}}(k+1)P_2 e_w(k+1)$$

$$+ \bar{x}^{\mathrm{T}}(k)\left(\sum_{s=1}^{N} G_{1s} - P_1\right)\bar{x}(k) - \sum_{s=1}^{N}\bar{x}^{\mathrm{T}}(k-\tau_s)G_{1s}\bar{x}(k-\tau_s)$$

$$+ e_w^{\mathrm{T}}(k)\left(\sum_{s=1}^{N} G_{2s} - P_2\right)e_w(k) - \sum_{s=1}^{N} e_w^{\mathrm{T}}(k-\tau_s)G_{2s}e_w(k-\tau_s)$$

$$= \sum_{i,j=1}^{p} h_i h_j \pi^{\mathrm{T}}(k)\Upsilon_{ij}\pi(k) + \mu_1^2\|d_2(k)\|^2 + \mu_2^2\|\delta(k)\|^2 + \mu_3^2\|V_g\|^2$$

$$= \sum_{i=1}^{p} h_i^2(\theta)\pi^{\mathrm{T}}(k)\Upsilon_{ii}\pi(k) + \sum_{i=1}^{p-1}\sum_{j=i+1}^{p} h_i(\theta)h_j(\theta)\pi^{\mathrm{T}}(k)(\Upsilon_{ij} + \Upsilon_{ji})\pi(k)$$

$$+ \mu_1^2\|d_2(k)\|^2 + \mu_2^2\|\delta(k)\|^2 + \mu_3^2\|V_g\|^2 \tag{7.24}$$

式中, $\hat{\bar{x}}(k-\tau_s) = [\bar{x}^{\mathrm{T}}(k-\tau_1), \cdots, \bar{x}^{\mathrm{T}}(k-\tau_N)]^{\mathrm{T}}$, $\hat{e}_w(k-\tau_s) = [e_w^{\mathrm{T}}(k-\tau_1), \cdots, e_w^{\mathrm{T}}(k-\tau_N)]^{\mathrm{T}}$, $\hat{A}_{is} = [A_{i1}, \cdots, A_{iN}]$, $\hat{W}_s = [W_1, \cdots, W_N]$, $\hat{G}_{1s} = \mathrm{diag}\{G_{11}, \cdots, G_{1N}\}$, $\hat{G}_{2s} = \mathrm{diag}\{G_{21}, \cdots, G_{2N}\}$, $\hat{Q}_1 = \mathrm{diag}\{Q_1, \cdots, Q_1\}$,

$$\pi(k) = \left[\bar{x}^{\mathrm{T}}(k), \hat{\bar{x}}^{\mathrm{T}}(k-\tau_s), e_w^{\mathrm{T}}(k), \hat{e}_w^{\mathrm{T}}(k-\tau_s), d_2^{\mathrm{T}}(k), \delta^{\mathrm{T}}(k), V_g^{\mathrm{T}}\right]^{\mathrm{T}}$$

$$\Upsilon_{ij} = \begin{bmatrix} \Xi_{11}^{(ij)} & \Xi_{12}^{(ij)} & \Xi_{13}^{(ij)} & 0 & \Xi_{15}^{(ij)} & 0 & \Xi_{17}^{(ij)} \\ * & \Xi_{22}^{(i)} & \Xi_{23}^{(i)} & 0 & \Xi_{25}^{(i)} & 0 & \Xi_{27}^{(i)} \\ * & * & \Xi_{33}^{(i)} & \Xi_{34}^{(i)} & \Xi_{35}^{(i)} & \Xi_{36}^{(i)} & \Xi_{37}^{(i)} \\ * & * & * & \Xi_{44} & \Xi_{45}^{(i)} & \Xi_{46}^{(i)} & 0 \\ * & * & * & * & \Xi_{55}^{(i)} & \Xi_{56}^{(i)} & \Xi_{57}^{(i)} \\ * & * & * & * & * & \Xi_{66} & 0 \\ * & * & * & * & * & * & \Xi_{77} \end{bmatrix} \tag{7.25}$$

$$\Xi_{11}^{(ij)} = (A_i + B_i M_j)^{\mathrm{T}} P_1 (A_i + B_i M_j) + \sum_{s=1}^{N} G_{1s} - P_1$$

$$\Xi_{33}^{(i)} = (W + LD_{01i}E)^{\mathrm{T}} P_2 (W + LD_{01i}E) + \sum_{s=1}^{N} G_{2s} - P_2 + E^{\mathrm{T}} D_{1i}^{\mathrm{T}} P_1 D_{1i} E$$

$$\Xi_{35}^{(i)} = (W + LD_{01i}E)^{\mathrm{T}} P_2 LD_{02i} + E^{\mathrm{T}} D_{1i}^{\mathrm{T}} P_1 D_{2i}$$

$$\Xi_{55}^{(i)} = D_{2i}^{\mathrm{T}} P_1 D_{2i} + D_{02i}^{\mathrm{T}} L^{\mathrm{T}} P_2 LD_{02i} - \mu_1^2 I$$

且

$$\Xi_{12}^{(ij)} = (A_i + B_i M_j)^{\mathrm{T}} P_1 \hat{A}_{is}, \qquad \Xi_{13}^{(ij)} = (A_i + B_i M_j)^{\mathrm{T}} P_1 D_{1i} E$$

$$\Xi_{15}^{(ij)} = (A_i + B_i M_j)^{\mathrm{T}} P_1 D_{2i}, \qquad \Xi_{17}^{(ij)} = (A_i + B_i M_j)^{\mathrm{T}} P_1 T$$

$$\Xi_{22}^{(i)} = \hat{A}_{is}^{\mathrm{T}} P_1 \hat{A}_{is} - \hat{G}_{1s}, \qquad \Xi_{23}^{(i)} = \hat{A}_{is}^{\mathrm{T}} P_1 D_{1i} E$$

$$\Xi_{25}^{(i)} = \hat{A}_{is}^{\mathrm{T}} P_1 D_{2i}, \qquad \Xi_{27}^{(i)} = \hat{A}_{is}^{\mathrm{T}} P_1 T$$

$$\Xi_{34}^{(i)} = (W + LD_{01i}E)^{\mathrm{T}} P_2 \hat{W}_s, \qquad \Xi_{36}^{(i)} = (W + LD_{01i}E)^{\mathrm{T}} P_2 H$$

$$\Xi_{37}^{(i)} = E^{\mathrm{T}} D_{1i}^{\mathrm{T}} P_1 T, \qquad \Xi_{44} = \hat{W}_s^{\mathrm{T}} P_2 \hat{W}_s - \hat{G}_{2s}$$

$$\Xi_{45}^{(i)} = \hat{W}_s^{\mathrm{T}} P_2 LD_{02i}, \qquad \Xi_{46}^{(i)} = \hat{W}_s^{\mathrm{T}} P_2 H$$

$$\Xi_{56}^{(i)} = D_{02i}^{\mathrm{T}} L^{\mathrm{T}} P_2 H, \qquad \Xi_{57}^{(i)} = D_{2i}^{\mathrm{T}} P_1 T$$

$$\Xi_{66} = H^{\mathrm{T}} P_2 H - \mu_2^2 I, \qquad \Xi_{77} = T^{\mathrm{T}} P_1 T - \mu_3^2 I$$

定义 $y_d = \|V_g\|^2$，对于任意的 $d_2(k)$ 和 $\delta(k)$，假设 $\|d_2(k)\|_\infty \leqslant 1$，$\|\delta(k)\|_\infty \leqslant 1$. 基于 Schur 补引理，在矩阵 Θ_{ij} 两边分别乘以矩阵 $\mathrm{diag}\{P_1, \hat{P}_1, I, I, I, I, I, P_1, I\}$，可以得到：

$$\begin{aligned}
&\Theta_{ij} < 0 \Leftrightarrow \Upsilon_{ij} < \mathrm{diag}\{-\lambda_1^2 N_1, \hat{0}, -\lambda_2^2 N_2, \hat{0}, 0, 0, 0\} \\
&\Theta_{ij} + \Theta_{ji} < 0 \Leftrightarrow \Upsilon_{ij} + \Upsilon_{ji} < \mathrm{diag}\{-2\lambda_1^2 N_1, \hat{0}, -2\lambda_2^2 N_2, \hat{0}, 0, 0, 0\}
\end{aligned} \tag{7.26}$$

基于式 (7.24)，得到：

$$\Delta S(\bar{x}, e_w, k) \leqslant -\lambda_1^2 \bar{x}^{\mathrm{T}}(k) N_1 \bar{x}(k) - \lambda_2^2 e_w^{\mathrm{T}}(k) N_2 e_w(k) + \mu_1^2 + \mu_2^2 + \mu_3^2 y_d \tag{7.27}$$

可以看出，如果不等式 $\bar{x}^{\mathrm{T}}(k) N_1 \bar{x}(k) + e_w^{\mathrm{T}}(k) N_2 e_w(k) > \bar{\lambda}^{-2}(\mu_1^2 + \mu_2^2 + \mu_3^2 y_d)$ 成立，则可以得到 $\Delta S(\bar{x}(k), e_w(k), k) < 0$，其中 $\bar{\lambda} = \min\{\lambda_1, \lambda_2\}$。因此，对于任意 $\bar{x}(k)$，$e_w(k)$，有

$$\rho^{\mathrm{T}}(k) N \rho(k) \leqslant \max\{\rho_m^{\mathrm{T}} N \rho_m, \bar{\lambda}^{-2}(\mu_1^2 + \mu_2^2 + \mu_3^2 y_d)\} \tag{7.28}$$

式中, $\rho(k) = [\bar{x}^{\mathrm{T}}(k), e_w^{\mathrm{T}}(k)]^{\mathrm{T}}$, $N = \mathrm{diag}\{N_1, N_2\}$。这也意味着增广系统 (7.21) 是稳定的。

下面证明控制输入作用的跟踪性能。假设 $[\phi_1^{\mathrm{T}}(k), \varphi_1^{\mathrm{T}}(k)]^{\mathrm{T}}$ 和 $[\phi_2^{\mathrm{T}}(k), \varphi_2^{\mathrm{T}}(k)]^{\mathrm{T}}$ 是闭环系统 (7.21) 两个不同的状态轨迹。定义:

$$[\bar{\phi}^{\mathrm{T}}(k), \bar{\varphi}^{\mathrm{T}}(k)]^{\mathrm{T}} = [\phi_1^{\mathrm{T}}(k) - \phi_2^{\mathrm{T}}(k), \varphi_1^{\mathrm{T}}(k) - \varphi_2^{\mathrm{T}}(k)]^{\mathrm{T}}$$

则 $[\bar{\phi}^{\mathrm{T}}(k), \bar{\varphi}^{\mathrm{T}}(k)]^{\mathrm{T}}$ 的动态轨迹表示如下:

$$\begin{bmatrix} \bar{\phi}(k+1) \\ \bar{\varphi}(k+1) \end{bmatrix} = \sum_{i,j=1}^{p} h_i(\theta) h_j(\theta) \left(\bar{A}_{ij} \begin{bmatrix} \bar{\phi}(k) \\ \bar{\varphi}(k) \end{bmatrix} + \sum_{s=1}^{N} \bar{A}_{is} \begin{bmatrix} \bar{\phi}(k-\tau_s) \\ \bar{\varphi}(k-\tau_s) \end{bmatrix} \right) \quad (7.29)$$

构造如下 Lyapunov 函数:

$$S(\bar{\phi}(k), \bar{\varphi}(k), k) = \bar{\phi}^{\mathrm{T}}(k) P_1 \bar{\phi}(k) + \bar{\varphi}^{\mathrm{T}}(k) P_2 \bar{\varphi}(k) + \sum_{s=1}^{N} \sum_{l=1}^{\tau_s} \bar{\phi}^{\mathrm{T}}(k-l) G_{1s} \bar{\phi}(k-l)$$
$$+ \sum_{s=1}^{N} \sum_{l=1}^{\tau_s} \bar{\varphi}^{\mathrm{T}}(k-l) G_{2s} \bar{\varphi}(k-l) \quad (7.30)$$

基于不等式 (7.22) 和 Schur 补引理, 能够得到:

$$\begin{bmatrix} \Xi_{11}^{(ij)} + \lambda_1^2 N_1 & \Xi_{12}^{(ij)} & \Xi_{13}^{(ij)} & 0 \\ * & \Xi_{22}^{(i)} & \Xi_{23}^{(i)} & 0 \\ * & * & \Xi_{33}^{(i)} + \lambda_2^2 N_2 & \Xi_{34}^{(i)} \\ * & * & * & \Xi_{44} \end{bmatrix} < 0 \quad (7.31)$$

进一步推导出:

$$\Delta S(\bar{\phi}(k), \bar{\varphi}(k), k) \leqslant -\lambda_1^2 \bar{\phi}^{\mathrm{T}}(k) N_1 \bar{\phi}(k) - \lambda_2^2 \bar{\varphi}^{\mathrm{T}}(k) N_2 \bar{\varphi}(k) < 0 \quad (7.32)$$

可以验证出系统 (7.29) 是渐近稳定的, 状态向量满足 $[\bar{\phi}^{\mathrm{T}}, \bar{\varphi}^{\mathrm{T}}]^{\mathrm{T}} \to [0, 0]^{\mathrm{T}}$。这也意味闭环增广系统 (7.21) 存在唯一的渐近稳定平衡点, 即

$$\lim_{k \to \infty} (V(k) - V_g) = \lim_{k \to \infty} T_0^{-1} [\zeta(k+1) - \zeta(k)] = T_0^{-1} (\zeta^* - \zeta^*) = 0$$

注 7.4 根据不等式 (7.27), 可以得到 $\Delta S \leqslant -\lambda_2^2 e_w^{\mathrm{T}}(k) N_2 e_w(k) + \mu_1^2 + \mu_2^2 + \mu_3^2 y_d$。相似于定理 7.1 的分析, 当采样时间 k 足够大时, 扰动观测误差 $e_w(k)$ 满足条件

$\|e_w(k)\|^2 \leqslant \lambda_{\min}(N_2)\lambda_2^2(\mu_1^2 + \mu_2^2 + \mu_3^2 y_d)$，其中 $\lambda_{\min}(\cdot)$ 表示矩阵的最小特征值。这也验证了扰动误差是半全局稳定的。此外，可以通过选择较大参数 λ_2 或较小参数 $\mu_i(i = 1, 2, 3)$，即可保证扰动误差的轨迹落在一个足够小的区域内。

注 7.5 为了便于分析扰动抑制性能，假设扰动项 $\delta(k)$ 和 $d(k)$ 满足 $\|\delta(k)\|_\infty \leqslant 1$ 以及 $\|d_2(k)\|_\infty \leqslant 1$。实际上，选择其他的范数上界也可以，不会影响定理 7.1 中的系统分析。

注 7.6 定理 7.1 给出了含有多种干扰的 T-S 模糊闭环系统有效的控制算法。结合 PI 型模糊控制输入 (7.19)，以及扰动观测器 (7.15)、观测器 (7.16)，不仅可以保证增广系统 (7.21) 的稳定性、跟踪误差收敛到零，而且在选择适当的参数后，可以保证干扰的估计误差保留在一个足够小的区域内，进一步反映出观测器具有良好的干扰估计性能。定理 7.1 的结果也改进了先前 T-S 模糊模型中仅通过使用单一的性能指标来分析系统鲁棒性的结果。

接下来，将结合 L_1 性能指标来分析系统的干扰抑制性能。此外，将继续讨论由 PDF 所产生的状态约束问题。

L_1 参考输出定义为：$z(k) = \sum\limits_{i=1}^{p} h_i(\theta)(X_{i1}\bar{x}(k) + X_{i2}e_w(k) + Y_{i1}d_2(k) + Y_{i2}\delta(k))$。

选择 $\vartheta(k) = \left[\bar{x}^{\mathrm{T}}(k), e_w^{\mathrm{T}}(k), d_2^{\mathrm{T}}(k), \delta^{\mathrm{T}}(k)\right]^{\mathrm{T}}$，$H_i = [X_{i1}, X_{i2}, Y_{i1}, Y_{i2}]$ 以及 $H_j = [X_{j1}, X_{j2}, Y_{j1}, Y_{j2}]$，可以得到：

$$\begin{aligned}
\|z(k)\|^2 &= \sum_{i,j=1}^{p} h_i(\theta)h_j(\theta)\vartheta^{\mathrm{T}}(k)H_i^{\mathrm{T}}H_j\vartheta(k) \\
&\leqslant \frac{1}{4}\sum_{i,j=1}^{p} h_i(\theta)h_j(\theta)\vartheta^{\mathrm{T}}(k)(H_i + H_j)^{\mathrm{T}}(H_i + H_j)\vartheta(k)
\end{aligned} \tag{7.33}$$

另外，PDF 的性质决定了权动态必须满足条件 $V^{\mathrm{T}}(k)\Pi_0 V(k) \leqslant 1$。基于增广系统 (7.14)，该约束条件可转化为 $\bar{x}^{\mathrm{T}}(k)\Pi\bar{x}(k) \leqslant 1$，其中 $\Pi = \mathrm{diag}\left\{\left(\sum\limits_{i=1}^{p} h_i(\theta)F_i\right)^{\mathrm{T}}\right.$ $\Pi_0\left(\sum\limits_{i=1}^{p} h_i(\theta)F_i\right), 0\right\} \geqslant 0$。基于非负定矩阵的分解性质，$\Pi$ 可分解为 $\Pi = G^2$，其中 $G \geqslant 0$。下面的结论给出了保证系统稳定，跟踪误差收敛，并满足约束条件和干扰抑制性能的一个充分条件。

定理 7.2 对于已知的参数 $\mu_i(i = 1, 2, 3)$，$\alpha_i(i = 1, 2)$ 和 $\lambda_i(i = 1, 2)$，如果存在矩阵 $Q_1 = P_1^{-1} > 0$，$P_2 > 0$，$G_{1s} > 0$，$G_{2s} > 0(s = 1, 2, \cdots, N)$，$R_{1j}(j = 1, 2, \cdots, p)$，$R_2$，$N_i > 0(i = 1, 2)$ 和正常数 $\gamma > 0$，使得矩阵不等式 (7.22) 和以下多个条件同时成立：

$$
\begin{bmatrix}
\bar{\lambda}^2 N_1 & 0 & 0 & 0 & \frac{1}{2}(X_{i1}+X_{j1})^{\mathrm{T}} \\
* & \bar{\lambda}^2 N_2 & 0 & 0 & \frac{1}{2}(X_{i2}+X_{j2})^{\mathrm{T}} \\
* & * & \left(\frac{1}{2}\gamma-\mu_1^2\right)I & 0 & \frac{1}{2}(Y_{i1}+Y_{j1})^{\mathrm{T}} \\
* & * & * & \left(\frac{1}{2}\gamma-\mu_2^2-\mu_3^2 y_d\right)I & \frac{1}{2}(Y_{i2}+Y_{j2})^{\mathrm{T}} \\
* & * & * & * & \gamma I
\end{bmatrix} > 0 \quad (7.34)
$$

$$
\begin{bmatrix}
N_1 & 0 & G \\
0 & N_2 & 0 \\
G & 0 & \bar{\lambda}^2(\mu_1^2+\mu_2^2+\mu_3^2 y_d)^{-1}I
\end{bmatrix} \geqslant 0 \quad (7.35)
$$

$$
\begin{bmatrix}
\alpha_1 I & N_1 \\
N_1 & N_1
\end{bmatrix} > 0, \quad
\begin{bmatrix}
\alpha_2 I & N_2 \\
N_2 & N_2
\end{bmatrix} > 0
$$

$$
\begin{bmatrix}
N_1 & 0 & 0 & 0 & \frac{1}{2}(X_{i1}+X_{j1})^{\mathrm{T}} \\
* & N_2 & 0 & 0 & \frac{1}{2}(X_{i2}+X_{j2})^{\mathrm{T}} \\
* & * & \left(\frac{1}{2}\gamma-\alpha_1 x_m^{\mathrm{T}} x_m\right)I & 0 & \frac{1}{2}(Y_{i1}+Y_{j1})^{\mathrm{T}} \\
* & * & * & \left(\frac{1}{2}\gamma-\alpha_2 e_{wm}^{\mathrm{T}} e_{wm}\right)I & \frac{1}{2}(Y_{i2}+Y_{j2})^{\mathrm{T}} \\
* & * & * & * & \gamma I
\end{bmatrix} > 0 \quad (7.36)
$$

$$
\begin{bmatrix}
N_1 & 0 & G \\
0 & N_2 & 0 \\
G & 0 & I
\end{bmatrix} \geqslant 0, \quad
\begin{bmatrix}
1 & x_m^{\mathrm{T}} N_1 & e_{wm}^{\mathrm{T}} N_2 \\
N_1 x_m & N_1 & 0 \\
N_2 e_{wm} & 0 & N_2
\end{bmatrix} \geqslant 0 \quad (7.37)
$$

则系统 (7.21) 稳定, 跟踪误差收敛到零, 同时满足性能 $\displaystyle\sup_{\|d_2(k)\|_\infty\leqslant 1,\|\delta(k)\|_\infty\leqslant 1}\|z(k)\|_\infty < \gamma$ 和状态约束条件 $V^{\mathrm{T}}(k)\Pi_0 V(k)\leqslant 1$。

证明 基于矩阵不等式 (7.22), 与定理 7.1 的证明相似, 可以证明闭环系统 (7.21) 是稳定的且跟踪误差收敛到零。显然, 不等式 (7.28) 仍然满足, 这意味着

$$
\rho^{\mathrm{T}}(k)N\rho(k) \leqslant \bar{\lambda}^{-2}(\mu_1^2+\mu_2^2+\mu_3^2 y_d)
$$

或者

$$\rho^{\mathrm{T}}(k)N\rho(k) \leqslant \rho_m^{\mathrm{T}}N\rho_m$$

成立。接下来将分两种情况讨论 L_1 性能和状态约束。

(1) $\rho^{\mathrm{T}}(k)N\rho(k) \leqslant \bar{\lambda}^{-2}(\mu_1^2 + \mu_2^2 + \mu_3^2 y_d)$。

基于不等式 (7.34)，可以得到：

$$\Psi_1 - \frac{1}{4\gamma}(H_i + H_j)^{\mathrm{T}}(H_i + H_j) > 0$$

式中，$\Psi_1 = \mathrm{diag}\left\{\bar{\lambda}^2 N_1, \bar{\lambda}^2 N_2, \left(\frac{1}{2}\gamma - \mu_1^2\right)I, \left(\frac{1}{2}\gamma - \mu_2^2 - \mu_3^2 y_d\right)I\right\}$。根据假设 $\|d_2(k)\|_\infty \leqslant 1$ 和 $\|\delta(k)\|_\infty \leqslant 1$，有

$$\frac{1}{\gamma}\|z(k)\|^2 < (\mu_1^2 + \mu_2^2 + \mu_3^2 y_d) + (0.5\gamma - \mu_1^2)\|d_2(k)\|^2$$
$$+ (0.5\gamma - \mu_2^2 - \mu_3^2 y_d)\|\delta(k)\|^2 < \gamma \tag{7.38}$$

基于不等式 (7.35)，可以得到 $\mathrm{diag}\{\Pi, 0\} \leqslant \bar{\lambda}^2(\mu_1^2 + \mu_2^2 + \mu_3^2 y_d)^{-1}N$。进一步可得

$$\bar{x}^{\mathrm{T}}(k)\Pi\bar{x}(k) = \rho^{\mathrm{T}}(k)\mathrm{diag}\{\Pi, 0\}\rho(k)$$
$$\leqslant \bar{\lambda}^2(\mu_1^2 + \mu_2^2 + \mu_3^2 y_d)^{-1}\rho^{\mathrm{T}}(k)N\rho(k) \leqslant 1 \tag{7.39}$$

(2) $\rho^{\mathrm{T}}(k)N\rho(k) \leqslant \rho_m^{\mathrm{T}}N\rho_m$。

基于不等式 (7.36)，可以得到：

$$\Psi_2 - \frac{1}{4\gamma}(H_i + H_j)^{\mathrm{T}}(H_i + H_j) > 0, \quad N_1 < \alpha_1 I, \quad N_2 < \alpha_2 I$$

式中，$\Psi_2 = \mathrm{diag}\left\{N_1, N_2, \left(\frac{1}{2}\gamma - \alpha_1 x_m^{\mathrm{T}} x_m\right)I, \left(\frac{1}{2}\gamma - \alpha_2 e_{wm}^{\mathrm{T}} e_{wm}\right)I\right\}$。进一步得到：

$$\frac{1}{\gamma}\|z(k)\|^2 < \alpha_1 x_m^{\mathrm{T}} x_m + \alpha_2 e_{wm}^{\mathrm{T}} e_{wm} + \left(\frac{1}{2}\gamma - \alpha_1 z_m^{\mathrm{T}} z_m\right)\|d_2(k)\|^2$$
$$+ \left(\frac{1}{2}\gamma - \alpha_2 e_{wm}^{\mathrm{T}} e_{wm}\right)\|\delta(k)\|^2 < \gamma \tag{7.40}$$

另外，结合不等式 (7.37)，不等式 $\mathrm{diag}\{\Pi, 0\} \leqslant N$ 和 $\rho_m^{\mathrm{T}}N\rho_m \leqslant 1$ 成立。因此，可以得到：

$$\bar{x}^{\mathrm{T}}(k)\Pi\bar{x}(k) = \rho^{\mathrm{T}}(k)\mathrm{diag}\{\Pi, 0\}\rho(k) \leqslant \rho^{\mathrm{T}}(k)N\rho(k) \leqslant \rho_m^{\mathrm{T}}N\rho_m \leqslant 1 \tag{7.41}$$

综合不等式 (7.38)～ 不等式 (7.41)，闭环系统的 L_1 范数小于 γ，约束条件 $V^{\mathrm{T}}(k)\Pi_0 V(k) \leqslant 1$ 也同时可以满足，即完成了定理的证明。

7.5 仿真算例

本节继续考虑典型的造纸过程。基于第 6 章的分析，絮结的概率分布在一定的假设下，可近似表示为 Γ 分布，其 PDF 表示如下：

$$f(z, \theta, k) = z^{k-1} \frac{\exp(-z/\theta)}{\Gamma(k)\theta^k} \tag{7.42}$$

式中，z 表示相应随机变量；θ 和 k 分别是 Γ 分布的两个参数。可以看出当 $k = 1$，$\theta = 2$ 时，该分布可以看成是类似的 S 型函数；当 $k = 5$，$\theta = 1$ 时，分布会呈现出高斯函数的形状。另外，指数函数也包含在函数分布中。综上所述，可以使用一组指数型模糊逻辑系统去近似逼近絮结的概率分布。基于上述分析，考虑如下指数型隶属函数 $\mu_{F^l}(y)(y \in [0, 11])$：

$$\mu_{F^l}(y) = \exp\left(-\frac{1}{2}(y - \bar{y}^l)^2\right), \quad l = 1, 2, 3, 4; \bar{y}^l = 1, 4, 7, 10 \tag{7.43}$$

进一步模糊基函数 $\xi_l(y)$ 可以描述为

$$\xi_l(y) = \exp\left(-\frac{1}{2}(y - \bar{y}^l)^2\right) \bigg/ \sum_{i=1}^{4} \exp\left(-\frac{1}{2}(y - \bar{y}^i)^2\right) \tag{7.44}$$

图 7.1 给出了模糊基函数 (7.44) 的形状。可以看出，$\xi_2(y)$ 和 $\xi_3(y)$ 近似表示为高斯函数，而 $\xi_1(y)$ 和 $\xi_4(y)$ 的轨迹类似于 S 型函数，即所选择的模糊基函数 (7.44) 综合了高斯函数和 S 型函数的优点，相比较先前结果中的样条函数以及径向基函数，更适合近似地描述造纸系统中的絮结 Γ 分布。基于基函数的表达形式，可以计算出：

$$\Lambda_1 = \begin{bmatrix} 2.167 & 0.3326 & 0 \\ 0.3326 & 2.3351 & 0.3322 \\ 0 & 0.3322 & 2.3351 \end{bmatrix}, \quad \Lambda_2 = \begin{bmatrix} 0 \\ 0 \\ 0.3327 \end{bmatrix}, \quad \Lambda_3 = 3.1666$$

接下来，考虑如下含有时滞项和外部扰动的 T-S 模糊权模型：
规则 i：如果 v_3 为 ϑ_i，则

$$\begin{cases} x(k+1) = A_{0i}x(k) + \displaystyle\sum_{s=1}^{N} A_{0is}x(k - \tau_s) + B_{0i}u(k) \\ \qquad\quad + D_{01i}d_1(k) + D_{02i}d_2(k) \\ V(k) = F_i x(k) \end{cases} \tag{7.45}$$

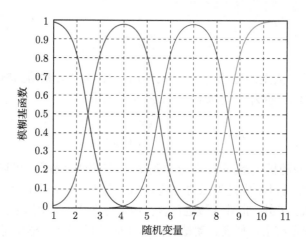

图 7.1   模糊基函数

式中, $V(k) = [v_1, v_2, v_3]^{\mathrm{T}}$, $i = 1, 2$。具体的模型参数选择如下:

$$A_{01} = \begin{bmatrix} 0.83 & 0 & 0 \\ 0 & 0.83 & 0 \\ 0 & 0 & 0.83 \end{bmatrix}, \quad A_{011} = \begin{bmatrix} 0.5 & 0 & 0 \\ 0 & -0.5 & 0 \\ 0 & 0 & 0.5 \end{bmatrix}$$

$$B_{01} = \begin{bmatrix} 0.6 & 0 & 0 \\ 0 & -0.6 & 0 \\ 0 & 0 & -0.6 \end{bmatrix}, \quad D_{011} = \begin{bmatrix} -0.3 & 0 & 0 \\ 0 & 0.3 & 0 \\ 0 & 0 & 0.3 \end{bmatrix}$$

$$D_{021} = \begin{bmatrix} -0.3 & 0 & 0.2 \\ 0 & -0.5 & 0 \\ 0.2 & 0 & -0.3 \end{bmatrix}, \quad F_1 = \begin{bmatrix} 0.8 & 0 & 0.7 \\ 0 & 0.8 & 0 \\ 0.3 & 0 & 0.5 \end{bmatrix}$$

$$A_{02} = \begin{bmatrix} -0.65 & 0 & 0 \\ 0 & -0.65 & 0 \\ 0 & 0 & -0.65 \end{bmatrix}, \quad A_{021} = \begin{bmatrix} -0.5 & 0 & 0.5 \\ 0 & 0.5 & 0 \\ 0 & 0 & -0.5 \end{bmatrix}$$

$$B_{02} = \begin{bmatrix} -0.5 & 0 & 0 \\ 0 & 0.5 & 0 \\ 0 & 0 & 0.5 \end{bmatrix}, \quad D_{012} = \begin{bmatrix} 0.25 & 0 & 0 \\ 0 & -0.25 & 0 \\ 0 & 0 & -0.25 \end{bmatrix}$$

$$D_{022} = \begin{bmatrix} -0.3 & 0.2 & 0 \\ 0 & -0.5 & -0.3 \\ 0.2 & 0 & -0.2 \end{bmatrix}, \quad F_2 = \begin{bmatrix} 0.6 & 0 & 0 \\ 0 & 0.8 & 0 \\ 0 & 0 & 0.5 \end{bmatrix}$$

选取如下高斯函数为隶属函数：

$$\vartheta_i = \exp\left(\frac{-(v_3 \pm 1)^2}{\sigma^2}\right) \Big/ \left(\frac{-(v_3 + 1)^2}{\sigma^2} + \frac{-(v_3 - 1)^2}{\sigma^2}\right), \quad i = 1, 2$$

式中，$\sigma = 0.8$。

在本次仿真中，模型 (7.45) 中考虑了两种不同类型的干扰，需要同时对干扰抑制和抵消性能进行讨论。假设干扰 $d_2(k)$ 为未知有界的白噪声，周期性谐波干扰 $d_1(k)$ 由外延系统 (7.11) 描述，其中：

$$W = \begin{bmatrix} 0.8776 & 0.4794 \\ -0.4794 & 0.8776 \end{bmatrix}, \quad W_1 = \begin{bmatrix} -0.3 & 0.05 \\ 0 & -0.3 \end{bmatrix}, \quad E = \begin{bmatrix} 8 & 0 \\ 0 & 0 \end{bmatrix}$$

选择参数 $\mu_1 = \mu_2 = \mu_3 = \sqrt{2}$，$\lambda_1 = \lambda_2 = 1$，求解不等式 (7.22) 和不等式 (7.34)~ 不等式 (7.37)，计算出相应的控制增益 $M_j(j = 1, 2)$ 和观测器增益 L：

$$M_1 = \begin{bmatrix} -2.3664 & 0.0046 & -0.6105 & -1.2256 & 0.0066 & 0.5037 \\ -0.0116 & 2.3589 & -0.0086 & -0.0154 & 1.2163 & 0.0000 \\ 0.0947 & -0.0050 & 1.8795 & 0.1205 & -0.0061 & 0.8295 \end{bmatrix}$$

$$M_2 = \begin{bmatrix} -0.1964 & 0.0084 & -0.1715 & 0.7524 & 0.0089 & -0.3113 \\ -0.0030 & 0.0654 & 0.0119 & -0.0028 & -1.5411 & 0.0061 \\ -0.0767 & 0.0106 & 0.7828 & -0.1306 & 0.0125 & -1.0092 \end{bmatrix}$$

$$L = \begin{bmatrix} -0.0409 & 0.0607 & -0.0418 \\ 0.0224 & -0.0332 & 0.0229 \end{bmatrix}$$

选择系统状态和外部扰动的初始值为 $x(0) = [0.1, 0.3, 0.6]$ 和 $w(0) = [0.1, 0]$，目标分布由式 (7.7) 来描述，其中 $V_g = [0.15, 0.3, 0.5]$。结合所设计的扰动观测器式 (7.15) 和式 (7.16)，模糊控制器的运动轨迹如图 7.2 所示。与先前结果中较为稳定的控制响应相比较，本节的控制输入能反映出被观测的干扰项。图 7.3 显示了谐波干扰的运动轨迹和它的观测值。图 7.4 是谐波干扰的估计误差，显示出扰动观测器具有良好的干扰观测能力。在忽略干扰观测器和考虑干扰观测器的情况下，动态权向量的响应分别如图 7.5 和图 7.6 所示。这两幅图能够充分反映被控输入中扰动观测器设计的重要性。图 7.7 描述了不同时间点输出 PDF 的形状。其中，点线表示初始 PDF 的形状；虚线是第 13s 的 PDF 形状；而实线表示目标 PDF 形状，也可以看成是多峰值 Γ 分布的组合。图 7.8 是 PDF 的三维图。从图 7.7 和图 7.8 可以看出，采用本章的抗干扰控制方法能够达到令人满意的多目标控制效果。

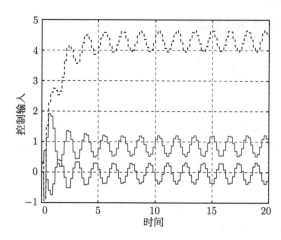

图 7.2　PI 型模糊控制器的运动轨迹

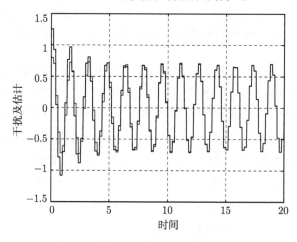

图 7.3　谐波干扰的运动轨迹和观测值

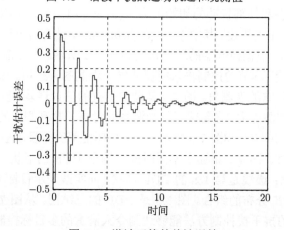

图 7.4　谐波干扰的估计误差

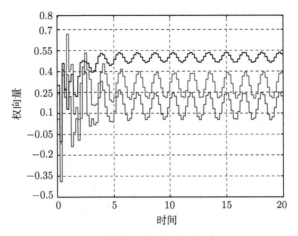

图 7.5 动态权向量的响应 (忽略观测器)

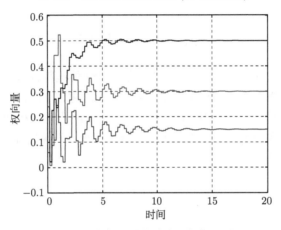

图 7.6 动态权向量的响应 (考虑观测器)

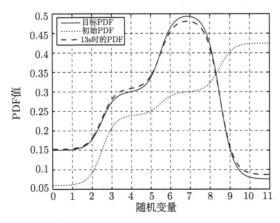

图 7.7 不同时间点输出的 PDF 形状

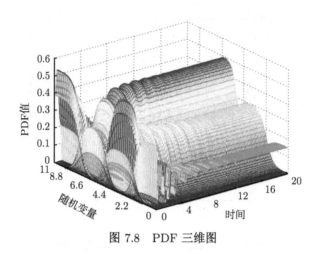

图 7.8　PDF 三维图

7.6　本 章 小 结

本章针对一类非高斯随机分布系统，提出了一种模糊建模和抗干扰控制的设计方法。首先基于指数型模糊逻辑系统和带有多源干扰的 T-S 模糊权模型，构建了两步模糊建模的随机分布控制框架。在此基础上，设计具有扰动观测器的模糊 PI 型控制输入，确保包括稳定性、跟踪性能、状态约束、干扰估计和干扰抑制的多目标控制要求得到满足。

第8章 基于动态神经网络的统计信息集合跟踪控制

受随机分布控制以及传统的高斯系统控制方法的启发，我们针对复杂非高斯、非线性随机分布系统，提出了新的控制框架，称为统计信息跟踪控制。控制对象是随机分布函数的统计信息集合(包括期望、方差、信息熵、高阶矩、偏度等)，目标是使得随机分布函数的统计信息去跟踪给定分布的相应统计信息，进一步完成输出 PDF 形状控制的目标。统计信息跟踪控制拓展了传统随机控制任务中仅仅针对期望和方差控制的限制，考虑了更多的统计信息，并克服了随机分布控制理论中输出 PDF 难以量测的缺点。统计信息可以由大量的样本数据计算得到，因此统计信息跟踪控制是一种典型的基于数据信息而非模型信息的反馈控制框架。与前几章的随机分布控制方法相比较，统计信息控制方法有如下三个主要特征：

(1) 可以自然把无穷维的 PDF 跟踪问题转化为有限维的跟踪问题，且可以处理难以得到某些输出 PDF 的情况，因而统计信息跟踪控制能够满足更为一般的非高斯系统的控制要求；

(2) 统计信息跟踪控制基于 B 样条神经网络的逼近原理，控制目标能够转化成有限维的权动态模型，从而能借助传统方法更好地分析可控性与稳定性；

(3) 在统计信息跟踪控制框架下，由 PDF 所产生的限制条件可以忽略，简化了控制器设计的复杂性。

本章针对带有未知死区的非高斯随机分布系统，充分考虑由期望、方差、信息熵和高阶矩组成的统计信息集合。将动态神经网络模型作为模型辨识器来辨识死区输入和统计信息集合之间的动态关系。在此基础上，设计合适的模型参数和自适应调节算法，引入自适应补偿机制，证明动态神经网络模型能够很好地完成非线性的辨识任务。进一步基于 Nussbaum 函数的性质，设计相应的自适应反馈控制算法。通过 Lyapunov 函数分析方法和 Barbalat 引理，辨识误差和跟踪误差能够同时收敛到零。

8.1 统计信息跟踪控制问题描述

考虑如下具有死区输入的复杂非高斯随机过程，记 $\eta(t) \in [a, b]$ 为非高斯输出变量，$w(t) := w(u(t))$ 是带有未知死区的控制输入，用于控制输出随机变量的概率分布形状。在任意时刻，$\eta(t)$ 的 PDF 可以表示为 $\gamma(y, w(t))$，其中 y 是位于取样范围内的变量。为了设计出具体的控制算法，将性能指标表示为 $\int_a^b \delta(\gamma, w(t)) \mathrm{d}y$，其中：

$$\delta(\gamma, w(t)) = Q_0 \gamma(y, w(t)) \ln(\gamma(y, w(t))) + Q_1 y \gamma(y, w(t))$$
$$+ \sum_{i=2}^{n-1} Q_i (y - E(\eta))^i \gamma(y, w(t)) \tag{8.1}$$

式中，$Q_i(i = 0, 1, \cdots, n-1)$ 是已设定的参数，$E(\eta)$ 是数学期望。在式 (8.1) 左右两边同时积分，则等号右边的第一项是信息熵；第二项 $\int_a^b y\gamma(y, w(t))\mathrm{d}y$ 代表期望值；$\int_a^b (y - E(\eta))^i \gamma(y, w(t))\mathrm{d}y$ 是随机变量的高阶中心矩。基于等式 (8.1)，该指标可以表示为如下形式：

$$\int_a^b \delta(\gamma, w(t)) \mathrm{d}y = \bar{Q} V(w(t)) = [Q_0, \cdots, Q_{n-1}]$$
$$\times \begin{bmatrix} \int_a^b \gamma(y, w(t)) \ln(\gamma(y, w(t))) \mathrm{d}y \\ \int_a^b y\gamma(y, w(t)) \mathrm{d}y \\ \vdots \\ \int_a^b (y - E(\eta))^{n-1} \gamma(y, w(t)) \mathrm{d}y \end{bmatrix} \tag{8.2}$$

式中，$\bar{Q}$ 是参数向量；$V(w(t))$ 是统计信息集合，包括随机输出的信息熵、期望、方差以及高阶中心矩等。对于一般的高斯变量，方差和期望能够很好地描述它的随机特征。然而，对于复杂的由非高斯变量所构成的分布函数，需要更多的统计信息 (不仅是方差和期望) 来描述它的随机特征。例如，矩 (从一阶到高阶) 能够决定 PDF 的形状；熵能够很好地反映出分布函数的平均信息等。对于具体的随机控制问题，考虑随机变量的若干统计信息，也能够得到比较具体的随机分布特征。因此，将 PDF 的跟踪控制问题转化为对于若干统计信息的控制问题是合理的，我们称之为统计信息控制问题。

围绕统计信息集合，可以提出多种跟踪控制方法。接下来，本章将针对带有未知死区的非高斯随机分布系统，讨论基于输出 PDF 的统计跟踪控制 (STC) 框架。本章的控制目标是使统计信息集合的跟踪误差 $V(w(u(t))) - V_g$ 收敛到零。

8.2   未知死区模型和动态神经网络辨识

统计信息集合 $V(w(t))$ 与控制输入之间的动态关系可以看成典型的灰箱系统，

仅仅能够量测到大量的数据信息，缺乏控制器设计所必需的模型信息，这给控制器的设计带来很大的难度。基于动态神经网络的动态辨识能力，不失一般性，假设非线性动态完全可以由一个动态神经元网络加上模型误差项 $F(t)$ 来描述，即存在加权阵 W_1^* 和 W_2^*，使得统计信息集合与控制输入之间的动态关系可以由式 (8.3) 描述：

$$\dot{x}(t) = Ax(t) + A_1 x_\tau(t) + BW_1^* \sigma(x_\tau(t)) + BW_2^* \phi(x(t))w(t) - DF(t) \qquad (8.3)$$

式中，$x(t) := V(w(t))$ 表示可以量测的统计信息集合；$x_\tau(t) := x(t - \tau(t))$ 是相应的时滞状态；A, A_1, B 和 D 是已知的参数矩阵；$F(t)$ 代表建模误差；$\sigma(\cdot)$ 是一个 m 维的向量；$\phi(\cdot)$ 是 $n \times n$ 对角阵，它们的元素由适当阶次的 Sigmoid 函数组成。假设最优参数 W_1^* 与 W_2^* 有界且满足 $W_1^* W_1^{*\mathrm{T}} \leqslant \bar{W}_1$, $W_2^* W_2^{*\mathrm{T}} \leqslant \bar{W}_2$，其中 $\bar{W}_1$ 和 $\bar{W}_2$ 是已设定的正定矩阵。

动态神经网络是一种回归的神经元网络，基于模型 (8.3)，其数学描述表示为以下的具体形式：

$$\dot{\hat{x}}(t) = A\hat{x}(t) + A_1 \hat{x}_\tau(t) + BW_1 \sigma(\hat{x}_\tau(t)) + BW_2 \phi(\hat{x}(t))w(t) + u_f(t) \qquad (8.4)$$

式中，$\hat{x}(t) \in \mathbb{R}^n$ 是动态神经网络的状态向量，也被视为统计信息集合 $V(w(t))$ 的估计值；W_1 和 W_2 是动态神经网络的权重矩阵，且 W_2 是对角矩阵，定义为 $W_2 = \mathrm{diag}\{w_{11}, \cdots, w_{nn}\}$；$u_f(t)$ 是设计的动态补偿项。

另外，为了获得良好的建模效果和控制结果，与文献 [66]~ [68] 类似，定义控制输入 $u_i(t)$ 和死区输出 $w_i(t)(i = 1, 2, \cdots, n)$ 的关系如下：

$$w_i(t) = \begin{cases} m_{ir}(u_i(t) - b_{ir}), & u_i(t) \geqslant b_{ir} \\ 0, & b_{il} < u_i(t) < b_{ir} \\ m_{il}(u_i(t) - b_{il}), & u_i(t) \leqslant b_{il} \end{cases} \qquad (8.5)$$

式中，参数 m_{ir} 和 m_{il} 表示死区的倾斜度；b_{ir} 和 b_{il} 是相应的未知参数。

显然，死区模型 (8.5) 也可以改写为如下形式：

$$w_i(t) = m_i u_i(t) + d_i(t) \qquad (8.6)$$

式中，

$$d_i(t) = \begin{cases} -m_i b_{ir}, & u_i(t) \geqslant b_{ir} \\ -m_i u_i(t), & b_{il} < u_i(t) < b_{ir} \\ -m_i b_{il}, & u_i(t) \leqslant b_{il} \end{cases}$$

式中，参数 b_{ir}, b_{il}, $m_{ir}(= m_{il} = m_i)$ 是未知有界的常数，但是它们的符号是已知的，即满足 $b_{ir} > 0$, $b_{il} < 0$ 和 $m_i > 0$。进一步，死区矢量 $w(u(t))$ 可以表示如下：

$$w(t) = Mu(t) + d(t) \qquad (8.7)$$

式中, $M = \mathrm{diag}\{m_1, \cdots, m_n\}$, $d(t) = [d_1(t), \cdots, d_n(t)]^{\mathrm{T}}$。

定义 $\tilde{W}_1 = W_1 - W_1^*$, $\tilde{W}_2 = W_1 - W_2^*$, $\tilde{\sigma} = \sigma(\hat{x}_\tau(t)) - \sigma(x_\tau(t))$, $\tilde{\phi} = \phi(\hat{x}(t)) - \phi(x(t))$ 和辨识误差 $e(t) = \hat{x}(t) - x(t)$, 则基于式 (8.4)~ 式 (8.7), $e(t)$ 的动态轨迹表示如下:

$$\dot{e}(t) = Ae(t) + A_1 e_\tau(t) + B\tilde{W}_1 \sigma(\hat{x}_\tau) - B\tilde{W}_2 \phi(\hat{x})u(t) + B\tilde{W}_2 \phi(\hat{x})(M+I)u(t)$$
$$+ B\tilde{W}_2 \phi(\hat{x})d(t) + BW_1^* \tilde{\sigma} + BW_2^* \tilde{\phi}w(t) + DF(t) + u_f(t) \tag{8.8}$$

为了便于系统设计, 本章给出以下假设条件。

假设 8.1　未知向量函数 $d(t)$ 假定满足 $\|d(t)\|_1 \leqslant \delta_1$, 其中 δ_1 是一个未知的正常数且 $\delta_1 = \sum\limits_{i=1}^{n} m_i \max\{b_{ir}, -b_{il}\}$。

假设 8.2　增益矩阵 M 满足 $\|M+I\| \leqslant \delta_2$, 其中 δ_2 是未知的正常数且符合 $\delta_2 = \sqrt{\sum\limits_{i=1}^{n} (m_i+1)^2}$。

假设 8.3　建模误差 $F(t)$ 满足 $\|F(t)\|_1 \leqslant \delta_3$, 其中 δ_3 是一个未知的正常数。

假设 8.4　时延 $\tau(t)$ 是连续的, 且满足 $\dot{\tau}(t) \leqslant \beta < 1$, 其中 $0 < \beta < 1$ 是一个已知的正常数。

假设 8.5　控制输入 $u(t)$ 和死区输入 $w(t)$ 均有界, 且满足条件: $u^{\mathrm{T}}(t)u(t) \leqslant \bar{u}$, $w^{\mathrm{T}}(t)w(t) \leqslant \bar{w}$, 其中 $\bar{u}$ 和 $\bar{w}$ 是已知的正常数。

假设 8.6　存在矩阵 H_1, 使得矩阵 B 和 D 满足匹配条件 $D = BH_1$。

以下定理表明: 如果满足假设 8.1~ 假设 8.6, 那么在参数自适应调节律和动态补偿项共同作用下, 动态神经网络模型有着良好的非线性系统辨识能力。

定理 8.1　考虑辨识误差系统 (8.8), 设计误差补偿项如下:

$$u_f(t) = -B \cdot \mathrm{sgn}\{B^{\mathrm{T}}Pe(t)\} \cdot \Pi(W_2, \hat{x}(t)) \cdot \hat{\delta}$$
$$\Pi(W_2, \hat{x}(t)) = \left(\left(\|W_2\| + \sqrt{\mathrm{tr}\{\bar{W}_2\}}\right)\|\phi(\hat{x})\| \cdot (1 + \sqrt{\bar{u}}) + \|H_1\| \right) \tag{8.9}$$

$\delta^* = \max\{\delta_1, \delta_2, \delta_3\}$ 是未知的正的常数, $\hat{\delta}$ 是其估计值。设计参数 W_1, W_2 和 $\hat{\delta}$ 的自适应控制律如下:

$$\dot{W}_1 = -\gamma_1 B^{\mathrm{T}}Pe(t)\sigma^{\mathrm{T}}(\hat{x}_\tau(t))$$
$$\dot{W}_2 = \gamma_2 \Theta[B^{\mathrm{T}}Pe(t)u^{\mathrm{T}}(t)\phi(\hat{x}(t))] \tag{8.10}$$
$$\dot{\hat{\delta}} = \gamma_3 \|B^{\mathrm{T}}Pe(t)\|_1 \cdot \Pi(W_2, \hat{x}(t))$$

式中, $\gamma_i (i = 1, 2, 3)$ 是正常数; $\Theta[\cdot]$ 代表了一种矩阵变换, 可以将普通矩阵转化为对角矩阵。

如果存在矩阵 $P > 0$, $Q > 0$ 和 $U > 0$, 使以下线性矩阵不等式可解:

$$\begin{bmatrix} \Xi & PA_1 & PB \\ A_1^{\mathrm{T}}P & -(1-\beta)U + E_\sigma & 0 \\ B^{\mathrm{T}}P & 0 & -(\bar{W}_1 + \bar{W}_2)^{-1} \end{bmatrix} < 0 \tag{8.11}$$

式中, $\Xi = \mathrm{sym}(A^{\mathrm{T}}P) + U + \bar{w}E_\phi + Q$, 则误差系统 (8.8) 是稳定的, 且辨识误差收敛到零, 即 $\lim\limits_{t \to \infty} e(t) = 0$。

证明 选择如下的 Lyapunov-Krasovskii 函数:

$$S_1(t) = e^{\mathrm{T}}(t)Pe(t) + \int_{t-\tau(t)}^{t} e^{\mathrm{T}}(\alpha)Ue(\alpha)\mathrm{d}\alpha + \mathrm{tr}\{\tilde{W}_1^{\mathrm{T}}\gamma_1^{-1}\tilde{W}_1\}$$
$$+ \mathrm{tr}\{\tilde{W}_2^{\mathrm{T}}\gamma_2^{-1}\tilde{W}_2\} + \tilde{\delta}^{\mathrm{T}}\gamma_3^{-1}\tilde{\delta} \tag{8.12}$$

对式 (8.12) 求导, 结合式 (8.8), 经过一系列的运算可以得到:

$$\dot{S}_1 \leqslant e^{\mathrm{T}}(t)(PA + A^{\mathrm{T}}P + U)e(t) + 2e^{\mathrm{T}}(t)PA_1e_\tau(t) - (1-\beta)e_\tau^{\mathrm{T}}(t)Ue_\tau(t)$$
$$+ 2e^{\mathrm{T}}(t)PDF(t) + 2e^{\mathrm{T}}(t)Pu_f + 2e^{\mathrm{T}}(t)PB\tilde{W}_1\sigma(\hat{x}_\tau)$$
$$+ 2e^{\mathrm{T}}(t)PB\tilde{W}_2\phi(\hat{x})(M+I)u(t) - 2e^{\mathrm{T}}(t)PB\tilde{W}_2\phi(\hat{x})u(t)$$
$$+ 2e^{\mathrm{T}}(t)PB\tilde{W}_2\phi(\hat{x})d(t) + 2e^{\mathrm{T}}(t)PBW_1^*\tilde{\sigma} + 2e^{\mathrm{T}}(t)PBW_2^*\tilde{\phi}w(t)$$
$$+ 2\dot{\tilde{\delta}}^{\mathrm{T}}\gamma_3^{-1}\tilde{\delta} + 2\mathrm{tr}\{\dot{\tilde{W}}_1^{\mathrm{T}}\gamma_1^{-1}\tilde{W}_1\} + 2\mathrm{tr}\{\dot{\tilde{W}}_2^{\mathrm{T}}\gamma_2^{-1}\tilde{W}_2\}$$

因为 $e^{\mathrm{T}}PBW_1^*\tilde{\sigma}$ 和 $e^{\mathrm{T}}PBW_2^*\tilde{\phi}u(t)$ 都是标量, 可以得到:

$$\begin{aligned} 2e^{\mathrm{T}}PBW_1^*\tilde{\sigma} &\leqslant e^{\mathrm{T}}PB\bar{W}_1B^{\mathrm{T}}Pe + \tilde{\sigma}^{\mathrm{T}}\tilde{\sigma} \\ 2e^{\mathrm{T}}PBW_2^*\tilde{\phi}w(t) &\leqslant e^{\mathrm{T}}PB\bar{W}_2B^{\mathrm{T}}Pe + (\tilde{\phi}w)^{\mathrm{T}}\tilde{\phi}w \end{aligned} \tag{8.13}$$

由于 $\sigma(\cdot)$ 和 $\phi(\cdot)$ 是 Sigmoid 函数, 满足以下的 Lipschitz 性质:

$$\tilde{\sigma}^{\mathrm{T}}\tilde{\sigma} \leqslant e_\tau^{\mathrm{T}}(t)E_\sigma e_\tau(t), \quad (\tilde{\phi}w(t))^{\mathrm{T}}(\tilde{\phi}w(t)) \leqslant \bar{w}e^{\mathrm{T}}(t)E_\phi e(t) \tag{8.14}$$

式中, E_σ, E_ϕ 是已知的正定矩阵。进一步有

$$e^{\mathrm{T}}(t)PDF(t) + e^{\mathrm{T}}(t)PB\tilde{W}_2\phi(\hat{x})(M+I)u(t) + e^{\mathrm{T}}(t)PB\tilde{W}_2\phi(\hat{x})d(t)$$
$$\leqslant \|B^{\mathrm{T}}Pe(t)\|_1\Big((\|W_2\| + \sqrt{\mathrm{tr}\{\bar{W}_2\}})\|\phi(\hat{x})\|(1+\sqrt{\bar{u}}) + \|H_1\|\Big)\delta^* \tag{8.15}$$

基于式 (8.9), 式 (8.11) 和式 (8.13)~ 式 (8.15), 推导出:

$$\dot{S}_1 \leqslant e^{\mathrm{T}}(t)(\mathrm{sym}(PA) + U + \bar{w}E_\phi + PB(\bar{W}_1 + \bar{W}_2)B^{\mathrm{T}}P)e(t)$$
$$+ 2e^{\mathrm{T}}(t)PA_1e_\tau(t) - e_\tau^{\mathrm{T}}(t)((1-\beta)U - E_\sigma)e_\tau(t) \tag{8.16}$$

结合线性矩阵不等式 (8.11) 和 Schur 补引理, 有

$$\dot{S}_1(t) \leqslant -e^{\mathrm{T}}(t)Qe(t) < 0 \tag{8.17}$$

与文献 [38]、[57]、[58] 类似, 结合 Barbalat 引理, 可以得到 $\lim\limits_{t\to\infty} e(t) = 0$。

8.3　带有 Nussbaum 函数的跟踪控制算法

引理 8.1[69, 70]　已知 $V(\cdot)$ 和 $\zeta_i(\cdot)(i = 1, 2, \cdots, n)$ 是 $[0, t_f]$ 上的光滑函数, 且对于 $\forall t \in [0, t_f]$, $V(t) \geqslant 0$。假设 $N(\zeta_i) = \exp(\zeta_i^2)\cos(\zeta_i^2)$ 是设计的 Nussbaum 函数。如果以下不等式成立:

$$V(t) \leqslant c_0 + \sum_{i=1}^{n} \int_0^t (g_i \dot{N}(\zeta_i) + 1)\dot{\zeta}_i \mathrm{d}\tau \tag{8.18}$$

式中, c_0 是合适的常数; g_i 是非零常数; $\dot{N}(\zeta_i)$ 是 $N(\zeta_i)$ 的导函数。可以得到 $V(t)$, $\zeta_i(t)$ 与 $\sum\limits_{i=1}^{n} \int_0^t (g_i \dot{N}(\zeta_i) + 1)\dot{\zeta}_i \mathrm{d}\tau$ 在 $[0, t_f]$ 上均是有界的。

基于动态神经网络模型 (8.4), 跟踪误差 $\Delta(t) = \hat{x}(t) - V_g$ 可以转化为如下形式:

$$\begin{aligned}
\dot{\Delta}(t) = {} & A\Delta(t) + A_1\Delta_\tau(t) + BW_1\sigma(\hat{x}_\tau) + BW_2\phi(\hat{x})Mu(t) \\
& + BW_2\phi(\hat{x})d(t) + B\bar{u}_f(t) + (A + A_1)V_g
\end{aligned} \tag{8.19}$$

考虑如下控制律:

$$\begin{aligned}
u(t) = {} & (W_2\phi(\hat{x}))^{-1}N(\zeta) \cdot (-K\Delta(t) + W_1\sigma(\hat{x}_\tau) + \bar{u}_f(t) \\
& + H_2V_g + \mathrm{sgn}\{B^{\mathrm{T}}P_1\Delta(t)\} \cdot \|W_2\phi(\hat{x})\| \cdot \hat{\delta}_1)
\end{aligned} \tag{8.20}$$

$$\begin{aligned}
\dot{\zeta}_i = {} & 2(\Delta^{\mathrm{T}}(t)P_1B)_i \cdot (-K\Delta(t) + W_1\sigma(\hat{x}_\tau) + \bar{u}_f(t) \\
& + H_2V_g + \mathrm{sgn}\{B^{\mathrm{T}}P_1\Delta(t)\} \cdot \|W_2\phi(\hat{x})\| \cdot \hat{\delta}_1)_i
\end{aligned} \tag{8.21}$$

式中, $N(\zeta) = \mathrm{diag}\{\dot{N}(\zeta_1), \cdots, \dot{N}(\zeta_n)\}$; K 是控制器增益; H_2 是已知矩阵且满足条件等式 $A + A_1 = BH_2$。

设计参数 δ_1 的自适应律如下:

$$\dot{\hat{\delta}}_1 = \gamma_4 \|B^{\mathrm{T}}P_1\Delta(t)\|_1 \cdot \|W_2\phi(\hat{x})\| \cdot \hat{\delta}_1 \tag{8.22}$$

下面的定理证明了在自适应律 (8.22) 以及基于 Nussbaum 函数的控制律 (8.20) 和控制律 (8.21) 的共同作用下, 动态神经网络模型 (8.4) 有着良好的动态跟踪性能。

定理 8.2 考虑跟踪误差动态 (8.19)，结合控制律 (8.20)、控制律 (8.21) 和自适应律 (8.22)，如果存在矩阵 L，Q_1 和 $U_1 > 0$，使以下线性矩阵不等式可解：

$$\begin{bmatrix} \operatorname{sym}(AL + BG) + \bar{U}_1 & A_1 & L \\ A_1^{\mathrm{T}} & -(1-\beta)U_1 & 0 \\ L^{\mathrm{T}} & 0 & -Q_1^{-1} \end{bmatrix} < 0 \tag{8.23}$$

则系统 (8.19) 是稳定的，动态跟踪误差满足 $\lim\limits_{t\to\infty} \Delta(t) = 0$。控制增益 $K = GP_1$；矩阵 $\bar{U}_1 = LU_1L$，其中 $L = P_1^{-1}$。

证明 考虑如下的 Lyapunov-Krasovskii 函数：

$$S_2 = \Delta^{\mathrm{T}}(t)P_1\Delta(t) + \int_{t-\tau(t)}^{t} \Delta^{\mathrm{T}}(\alpha)U_1\Delta(\alpha)\mathrm{d}\alpha + \tilde{\delta}_1^{\mathrm{T}}\gamma_4^{-1}\tilde{\delta}_1 \tag{8.24}$$

对式 (8.24) 求导得到：

$$\begin{aligned} \dot{S}_2 \leqslant{}& \Delta^{\mathrm{T}}(t)(\operatorname{sym}(P_1A) + U_1)\Delta(t) + 2\Delta^{\mathrm{T}}(t)P_1A_1\Delta_\tau(t) - (1-\beta)\Delta_\tau^{\mathrm{T}}(t)U_1\Delta_\tau(t) \\ & + 2\Delta^{\mathrm{T}}(t)P_1BW_1\sigma(\hat{x}_\tau) + \sum_{i=1}^{n} m_iN(\zeta_i)\dot{\zeta}_i + \sum_{i=1}^{n}\dot{\zeta}_i - \sum_{i=1}^{n}\dot{\zeta}_i + 2\Delta^{\mathrm{T}}(t)P_1Bu_f(t) \\ & + 2\Delta^{\mathrm{T}}(t)P_1BW_2\phi(\hat{x})d + 2\Delta^{\mathrm{T}}(t)P_1BHV_g + 2\dot{\tilde{\delta}}_1^{\mathrm{T}}\gamma_4^{-1}\tilde{\delta}_1 \\ \leqslant{}& \Delta^{\mathrm{T}}(t)(\operatorname{sym}(P_1A + P_1BK) + U_1)\Delta(t) + \Delta^{\mathrm{T}}(t)P_1A_1\Delta_\tau(t) \\ & - (1-\beta)\Delta_\tau^{\mathrm{T}}(t)U_1\Delta_\tau(t) - \|B^{\mathrm{T}}P_1\Delta(t)\| \cdot \|W_2\phi(\hat{x})\| \cdot \tilde{\delta}_1 + 2\dot{\tilde{\delta}}_1^{\mathrm{T}}\gamma_4^{-1}\tilde{\delta}_1 \\ & + \sum_{i=1}^{n} m_iN(\zeta_i)\dot{\zeta}_i + \sum_{i=1}^{n}\dot{\zeta}_i \end{aligned} \tag{8.25}$$

结合控制律 (8.20)、控制律 (8.21) 和自适应律 (8.22)，有

$$\begin{aligned} \dot{S}_2 \leqslant{}& \Delta^{\mathrm{T}}(t)(\operatorname{sym}(P_1A + P_1BK) + U_1)\Delta(t) + 2\Delta^{\mathrm{T}}(t)P_1A_1\Delta_\tau(t) \\ & - (1-\beta)\Delta_\tau^{\mathrm{T}}(t)U_1\Delta_\tau(t) - 2\|B^{\mathrm{T}}P_1\Delta(t)\|_1 \cdot \|W_2\phi(\hat{x})\| \cdot \tilde{\delta}_1 \\ & + 2\dot{\tilde{\delta}}_1^{\mathrm{T}}\gamma_4^{-1}\tilde{\delta}_1 + \sum_{i=1}^{n} m_i\dot{N}(\zeta_i)\zeta_i + \sum_{i=1}^{n}\dot{\zeta}_i \end{aligned} \tag{8.26}$$

基于线性矩阵不等式 (8.23) 和 Schur 补引理，可以得到：

$$\dot{S}_2(t) \leqslant -\Delta^{\mathrm{T}}(t)Q_1\Delta(t) + \sum_{i=1}^{n} m_i\dot{N}(\zeta_i)\dot{\zeta}_i + \sum_{i=1}^{n}\dot{\zeta}_i \tag{8.27}$$

将式 (8.27) 两边取积分有

$$S_2(t) + \int_{0}^{t} \Delta^{\mathrm{T}}(\rho)Q_1\Delta(\rho)\mathrm{d}\rho \leqslant S_2(0) + \sum_{i=1}^{n}\int_{0}^{t} (m_i\dot{N}(\zeta_i) + 1)\dot{\zeta}_i\mathrm{d}\tau \tag{8.28}$$

进一步得到:

$$S_2(t) \leqslant S_2(0) + \sum_{i=1}^{n} \int_0^t (m_i \dot{N}(\zeta_i) + 1)\dot{\zeta}_i \mathrm{d}\tau \tag{8.29}$$

根据引理 8.1, $S_2(t)$, $\zeta_i(t)$ 和 $\sum_{i=1}^{n} \int_0^t (m_i \dot{N}(\zeta_i) + 1)\dot{\zeta}_i \mathrm{d}\tau$ $(i = 1, 2, \cdots, n)$ 在 $[0, t_f)$ 是有界的, 也可以证明系统 (8.19) 是稳定的。与文献 [67]、[70] 中的证明方法类似, 这一结论同样适用于 $t_f = +\infty$ 的情形。进一步根据不等式 $\Delta^{\mathrm{T}}(t)P_1\Delta(t) \leqslant S_2(t)$ 得到 $\Delta(t) \in L_\infty$; 根据式 (8.19) 和式 (8.28), 得到 $\dot{\Delta}(t) \in L_\infty$。利用 Barbalat 引理, 即可推导出跟踪误差收敛到零, 即 $\lim\limits_{t \to +\infty} \Delta(t) = 0$。

8.4　仿真算例

造纸过程是典型的随机分布系统, 即输入为化学试剂, 输出为絮结分布 [10]。通过大量的试验数据, 絮结分布可以近似描述为 Γ 分布的形式。因此, 目标 PDF 表示为如下形式:

$$\gamma_g(y) = \begin{cases} \dfrac{\lambda^r}{\Gamma(r)} y^{r-1} \mathrm{e}^{-\lambda y}, & y > 0 \\ 0, & y \leqslant 0 \end{cases} \tag{8.30}$$

式中, 参数 $r = 2$, $\lambda = 1$。通过数学计算, 得到理想的期望、熵和二阶矩分别等于 2, -1.5772 和 2, 所以目标统计信息集合能够写成 $V_g = [2, -1.5772, 2]^{\mathrm{T}}$。

对于动态神经网络模型 (8.4) 和自适应控制律 (8.11)、自适应律 (8.22), 选择 $\gamma_i = 1(i = 1, 2, 3, 4)$, 并选择:

$$\hat{x}(0) = \begin{bmatrix} 0.2 \\ -0.4 \\ 0.5 \end{bmatrix}, \quad W_{10} = \begin{bmatrix} 1 & 0 & 0 \\ 0 & 1 & 0 \\ 0 & 0 & 1 \end{bmatrix}, \quad W_{20} = \begin{bmatrix} 2 & 0 & 0 \\ 0 & 2 & 0 \\ 0 & 0 & 2 \end{bmatrix}$$

$$A = \begin{bmatrix} -2 & 1 & -2 \\ 1 & -2 & 1 \\ 0 & 0 & -2 \end{bmatrix}, \quad A_1 = \begin{bmatrix} 1 & 1 & 0 \\ 0 & 1 & 0 \\ 0 & 0 & 1 \end{bmatrix}, \quad B = \begin{bmatrix} 1 & 0 & 0 \\ 0 & 1 & 0 \\ 0 & 0 & 1 \end{bmatrix}$$

$$\sigma(x_i) = \phi(x_i) = \frac{2}{1 + \mathrm{e}^{-0.5x_i}} + 0.5, \quad i = 1, 2, 3$$

非线性动态模型设计为

$$\dot{x}(t) = f(x) + g(x)u(t) + d_1(t)$$

式中，$d_1(t)$ 是白噪声；$f(x) = [-2\sin x_1, -x_2, \cos x_2, x_2, -3\cos x_3]^{\mathrm{T}}$；$g(x) = \mathrm{diag}\{2, 2, 3\}$。

通过选择合适的 Nussbaum 增益矩阵，求解线性矩阵不等式 (8.11)，不等式 (8.23)，得到控制增益：

$$K = \begin{bmatrix} -1.58 & -1.4 & -5.35 \\ -0.86 & -1.45 & -1.24 \\ 7.23 & 0.15 & -1.47 \end{bmatrix}$$

图 8.1~图 8.3 分别是期望、信息熵以及二阶矩的辨识和动态跟踪结果，从图中可以看出，采用本章的统计跟踪控制方法可以达到满意的辨识效果，实现良好的跟踪性能。图 8.4 是不同时间的分布形状图，可以看出在 4s 的时间内即能达得良好的跟踪效果。

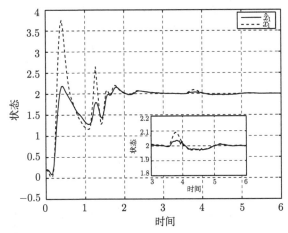

图 8.1 期望的辨识和跟踪效果

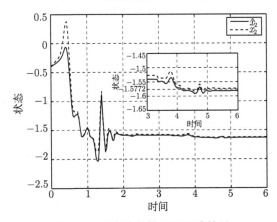

图 8.2 信息熵的辨识和跟踪效果

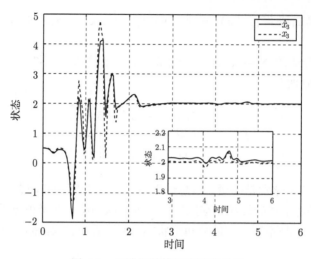

图 8.3　二阶矩的辨识和跟踪效果

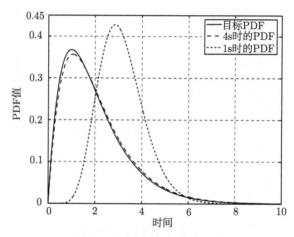

图 8.4　不同时间的分布形状

8.5　本 章 小 结

　　本章针对非高斯随机分布系统提出了一种统计信息集合跟踪控制方法。在统计信息控制框架下，引入动态神经网络模型去辨识非线性统计信息集合与未知死区输入之间的动态关系，结合 Nussbaum 函数和自适应参数算法设计反馈控制输入，证明动态神经网络模型有着良好的系统辨识能力和统计跟踪性能。

第9章 非高斯智能学习模型的故障检测与诊断

随机分布控制问题是一个伴随着工业应用产生的科学问题。除了以上章节所讨论的控制问题，对其进行故障分析也是关注的焦点，有着非常重要的价值。

随着科技发展，现代控制系统的规模和复杂程度不断增加。然而在运行过程中，传感器、执行机构以及一些元部件由于磨损、老化等都不可避免地会发生故障。这些故障若不能及时检测并排除，就有可能造成整个系统的失效、瘫痪，甚至导致巨大的灾难性后果。因此，如何提高系统的可靠性，防止和杜绝影响系统正常运行的故障的发生和发展就成为一个重要问题。提高系统可靠性的方法有多种，其中一个重要途径就是采用故障检测与诊断技术 [14,49,71-78]。非高斯随机系统的故障检测与诊断一直以来是一个研究难题。

本章将针对反馈为输出 PDF 的非高斯随机分布系统，基于 B 样条模型，介绍相应的故障检测与诊断方法。首先，对于含时滞和建模误差的随机分布系统，建立基于 PDF 信息的残差，在此基础上给出基于 LMI 条件的故障检测方法。同时，采用自适应学习参数法，建立故障估计算法。最后，通过仿真算例证明本章所提出的时滞依赖故障检测与诊断方法的有效性。

9.1 系 统 描 述

考虑一类非高斯随机过程，记 $\eta(t) \in [a, b]$ 是一致有界的随机过程并假定其为随机系统在时刻 t 的输出，$u(t)$ 为输入向量，$F(t)$ 为故障。在任意时刻，$\eta(t)$ 的分布可以用它的条件 PDF $\gamma(z, u(t), F(t))$ 来描述，其定义如下：

$$P\{a \leqslant \eta(t) < \beta, u(t)\} = \int_a^\beta \gamma(z, u(t), F(t)) \mathrm{d}z$$

$P\{a \leqslant \eta(t) < \beta, u(t)\}$ 表示系统在 $u(t)$ 的作用下输出 $\eta(t)$ 落在区间 $[a, \beta)$ 的概率。假设区间 $[a, b]$ 已知，输出 PDF $\gamma(z, u(t), F(t))$ 连续且有界，由文献 [31] 中提出的 B 样条函数逼近原理可知，可以用如下的有理方根 B 样条模型来逼近输出 PDF $\gamma(z, u(t), F(t))$：

$$\sqrt{\gamma(z, u(t), F(t))} = \sum_{i=1}^n v_i(u, F) b_i(z) + \omega_0(z, u, F) \tag{9.1}$$

式中，$b_i(z)(i = 1, 2, \cdots, n)$ 是预先给定的定义在区间 $[a, b]$ 上的基函数；$v_i(u, F)(i =$

$1, 2, \cdots, n)$ 是和输入 $u(t)$ 和故障 $F(t)$ 有关的逼近权值；$\omega_0(z, u, F)$ 是建模误差并且对所有的 $\{z,\ u,\ F\}$ 满足 $|\omega_0(z, u, F)| \leqslant \delta_0$，$\delta_0$ 是正常数。

设定

$$B(z) = [b_1(z), b_2(z), \cdots, b_{n-1}(z)]^{\mathrm{T}}$$

$$V(t) := V(u, F) = [v_1, v_2, \cdots, v_{n-1}]^{\mathrm{T}}$$

$$\Lambda_1 = \int_a^b B(z) B^{\mathrm{T}}(z) \mathrm{d}z$$

$$\Lambda_2 = \int_a^b B^{\mathrm{T}}(z) b_n(z) \mathrm{d}z$$

$$\Lambda_3 = \int_a^b b_n^2(z) \mathrm{d}z \neq 0$$

$$\Lambda_0 = \Lambda_1 \Lambda_3 - \Lambda_2^{\mathrm{T}} \Lambda_2$$

于是，式 (9.1) 可以改写为

$$\sqrt{\gamma(z, u(t), F(t))} = B^{\mathrm{T}}(z) V(t) + h(V(t)) b_n(z) + \omega(z, u, F) \tag{9.2}$$

式中，

$$h(V(t)) = \frac{\sqrt{\Lambda_3 - V^{\mathrm{T}}(t) \Lambda_0 V(t)} - \Lambda_2 V(t)}{\Lambda_3} \tag{9.3}$$

$|\omega(z, u, F)| \leqslant \delta$，$\delta$ 是给定的正数。关于 $\omega(z, u, F)$ 的具体定义可参考文献 [31]。对于 $h(V(t))$，假定满足如下条件：对于任意的 $V_1(t)$ 和 $V_2(t)$，有不等式

$$\|h(V_1(t)) - h(V_2(t))\| \leqslant \|U_1(V_1(t) - V_2(t))\| \tag{9.4}$$

成立，其中 U_1 是已知矩阵。

基于动态神经网络逼近，B 样条模型中权值 $V(t)$ 与输入 $u(t)$ 及故障 $F(t)$ 之间满足如下的系统描述：

$$\begin{cases} \dot{x}(t) = Ax(t) + A_d x(t-d) + Gg(x(t)) + Hu(t) + JF(t) \\ V(t) = Ex(t) \end{cases} \tag{9.5}$$

式中，$x(t) \in \mathbb{R}^m$ 是系统状态；A，A_d，G，H，J 和 E 代表具有合适维数的系统矩阵。初始条件满足 $x(t) = \phi(t)(-d \leqslant t \leqslant 0)$，$d$ 表示常时滞。给定矩阵 U_2，对于任意 $x_1(t)$ 和 $x_2(t)$，非线性函数 $g(x(t))$ 满足

$$\|g(x_1(t)) - g(x_2(t))\| \leqslant \|U_2(x_1(t) - x_2(t))\| \tag{9.6}$$

注 9.1 不等式条件 (9.4) 和条件 (9.6) 是故障检测与诊断设计的典型假设条件[79]。一方面, 这样的条件可以保证系统有解; 另一方面, 它将有益于简化随后的故障检测器与估计器设计。

注 9.2 不同于前面几章的讨论, 本章考虑了方根 B 样条网络模型的逼近误差与模型不确定性。因此, 本章所提出的故障检测与诊断方法具有一定的鲁棒性。

9.2 时滞相关故障检测

故障检测主要利用残差信号进行检测。为了生成残差, 构造如下的观测器:

$$
\begin{cases}
\dot{\hat{x}}(t) = A\hat{x}(t) + A_d\hat{x}(t-d) + Gg(\hat{x}(t)) + Hu(t) + L\xi_1(t) \\
\xi_1(t) = \int_a^b \sigma(z)\left(\sqrt{\gamma(z,u(t),F(t))} - \sqrt{\hat{\gamma}(z,u(t))}\right)\mathrm{d}z \\
\sqrt{\hat{\gamma}(z,u(t))} = B^{\mathrm{T}}(z)E\hat{x}(t) + h(E\hat{x}(t))b_n(z)
\end{cases}
\tag{9.7}
$$

式中, $\hat{x}(t)$ 表示观测器的状态; $L \in \mathbb{R}^{m \times p}$ 是待定的观测器增益矩阵; $\sigma(z) \in \mathbb{R}^{p \times 1}$ 表示预先给定的定义于区间 $[a,b]$ 上的权向量。不同于文献 [80]、 [81] 的观测器设计, 这里的残差 $\xi_1(t)$ 是利用可测输出 PDF 与估计输出 PDF 之差的积分来表示的。

设 $e_1(t) = x(t) - \hat{x}(t)$, $\tilde{g}(t) := g(x(t)) - g(\hat{x}(t))$, $\tilde{h}(t) := h(Ex(t)) - h(E\hat{x}(t))$, 于是, 误差系统可以描述为

$$
\dot{e}_1(t) = (A - L\Gamma_1)e_1(t) + A_d e_1(t-d) + G\tilde{g}(t) - L\Gamma_2\tilde{h}(t) + JF(t) - L\Delta(t) \tag{9.8}
$$

式中,

$$
\Gamma_1 = \int_a^b \sigma(z)B^{\mathrm{T}}(z)E\mathrm{d}z, \ \Gamma_2 = \int_a^b \sigma(z)b_n(z)\mathrm{d}z, \ \Delta(t) = \int_a^b \sigma(z)\omega(z,u,F(t))\mathrm{d}z
\tag{9.9}
$$

同时, 容易得到

$$
\xi_1(t) = \Gamma_1 e_1(t) + \Gamma_2\tilde{h}(t) + \Delta(t) \tag{9.10}
$$

由 $|\omega(z,u,F)| \leqslant \delta$, 可以计算得

$$
\|\Delta(t)\| = \left\|\int_a^b \sigma(z)\omega(z,u,F(t))\mathrm{d}z\right\| \leqslant \hat{\delta}, \ \hat{\delta} = \delta\int_a^b \|\sigma(z)\|\mathrm{d}z \tag{9.11}
$$

下面的定理给出包含时滞信息及建模误差信息的时滞相关故障观测器的设计方法。

定理 9.1　　给定标量 $\lambda_i > 0(i = 1, 2)$ 和 $d > 0$, 如果存在矩阵 $P_1 > 0$, $P_2 > 0$, $Q > 0$, $T > 0$, R 和标量 $\eta > 0$ 使得如下不等式成立:

$$
\bar{\Pi} = \begin{bmatrix}
\Pi_1 + 2\eta I & P_1 A_d & P_2 & \Pi_2 \\
* & -Q + \eta I & -P_2 & 0 \\
* & * & -\dfrac{1}{d}T + \eta I & 0 \\
* & * & * & -I
\end{bmatrix} < 0
\tag{9.12}
$$

式中,

$$
\Pi_1 = (P_1 A - R\Gamma_1) + (P_1 A - R\Gamma_1)^{\mathrm{T}} + Q + dT + \frac{1}{\lambda_1^2} E^{\mathrm{T}} U_1^{\mathrm{T}} U_1 E + \frac{1}{\lambda_2^2} U_2^{\mathrm{T}} U_2
$$

$$
\Pi_2 = [\lambda_1 R\Gamma_2, \lambda_2 P_1 G]
$$

则在不存在故障 $F(t)$ 时, 误差系统 (9.8) 稳定且对任意 $t \in [-d, +\infty)$ 满足

$$
\|e_1(t)\| \leqslant \alpha = \max\left\{ \sup_{-d \leqslant t \leqslant 0} \|e_1(t)\|, \eta^{-1}\hat{\delta}\|R\| \right\}
\tag{9.13}
$$

$$
\|\xi_1(t)\| \leqslant \beta = \alpha(\|\Gamma_1\| + \|\Gamma_2\|\|U_1\|\|E\|) + \hat{\delta}
\tag{9.14}
$$

此时, 满足要求的观测器增益为 $L = P_1^{-1} R$, 这里的 $\hat{\delta}$ 定义于式 (9.11)。

证明　　定义

$$
\bar{\Pi}_0 = \begin{bmatrix}
\Pi_1 + \Pi_2^{\mathrm{T}} \Pi_2 & P_1 A_d & P_2 \\
* & -Q & -P_2 \\
* & * & -\dfrac{1}{d}T
\end{bmatrix}
$$

注意到 $\bar{\Pi} < 0 \Leftrightarrow \bar{\Pi}_0 + \mathrm{diag}\{2\eta I, \eta I, \eta I\} < 0$, 并构造如下的 Lyapunov 泛函:

$$
\Phi(t) = e_1^{\mathrm{T}}(t) P_1 e_1(t) + \frac{1}{\lambda_1^2} \int_0^t [\|U_1 E e_1(s)\|^2 - \|\tilde{h}(s)\|^2]\mathrm{d}s
$$

$$
+ \left(\int_{t-d}^t e_1(s)\mathrm{d}s \right)^{\mathrm{T}} P_2 \int_{t-d}^t e_1(s)\mathrm{d}s + \int_{t-d}^t (d - t + s) e_1^{\mathrm{T}}(s) T e_1(s)\mathrm{d}s
$$

$$
+ \int_{t-d}^t e_1^{\mathrm{T}}(s) Q e_1(s)\mathrm{d}s + \frac{1}{\lambda_2^2} \int_0^t [\|U_2 e_1(s)\|^2 - \|\tilde{g}(s)\|^2]\mathrm{d}s
\tag{9.15}
$$

显然 $\Phi(t) > 0$。在不存在故障 $F(t)$ 时, 求导得

$$\dot{\Phi}(t) \leqslant \begin{bmatrix} e_1(t) \\ e_1(t-d) \\ \int_{t-d}^{t} e_1(s)\mathrm{d}s \end{bmatrix}^{\mathrm{T}} \bar{\Pi}_0 \begin{bmatrix} e_1(t) \\ e_1(t-d) \\ \int_{t-d}^{t} e_1(s)\mathrm{d}s \end{bmatrix} - 2e_1^{\mathrm{T}}(t)R\Delta(t)$$

$$\leqslant -2\eta \|e_1(t)\| \|e_1(t-d)\| - 2\eta \|e_1(t)\| \left\| \int_{t-d}^{t} e_1(s)\mathrm{d}s \right\| + 2\|e_1(t)\| \|R\| \hat{\delta}$$

式中，$R = P_1 L$。当 $\|e_1(t)\| \geqslant \|e_1(t-d)\| + \left\| \int_{t-d}^{t} e_1(s)\mathrm{d}s \right\|$ 时，如果 $\|e_1(t-d)\| +$ $\left\| \int_{t-d}^{t} e_1(s)\mathrm{d}s \right\| \geqslant \eta^{-1}\hat{\delta}\|R\|$，则有 $\dot{\Phi}(t) < 0$；当 $\|e_1(t)\| \leqslant \|e_1(t-d)\| + \left\| \int_{t-d}^{t} e_1(s)\mathrm{d}s \right\|$ 时，如果 $\|e_1(t)\| \geqslant \eta^{-1}\hat{\delta}\|R\|$，则有 $\|e_1(t-d)\| + \left\| \int_{t-d}^{t} e_1(s)\mathrm{d}s \right\| \geqslant \eta^{-1}\hat{\delta}\|R\|$，于是有 $\dot{\Phi}(t) < 0$。因此，如果 $\|e_1(t)\| \geqslant \eta^{-1}\hat{\delta}\|R\|$ 成立，则 $\dot{\Phi}(t) < 0$ 成立，故误差系统 (9.8) 是稳定的，同时得到式 (9.13) 成立。

为了检测故障 $F(t)$，选择 $\|\xi_1(t)\|$ 作为评估函数。根据式 (9.10) 则有

$$\|\xi_1(t)\| \leqslant \|\Gamma_1\| \|e_1(t)\| + \|\Gamma_2\| \|\tilde{h}\| + \|\Delta(t)\|$$

$$\leqslant \|e_1(t)\| (\|\Gamma_1\| + \|\Gamma_2\| \|U_1\| \|E\|) + \|\Delta(t)\|$$

$$\leqslant \alpha(\|\Gamma_1\| + \|\Gamma_2\| \|U_1\| \|E\|) + \hat{\delta} = \beta$$

于是，式 (9.14) 成立。定理 9.1 得证。

采用阈值逻辑法，选取 $\|\xi_1(t)\|$ 和 β 分别为评估函数与阈值。基于此，根据如下的关系判断是否有故障：

$$\|\xi_1(t)\| > \beta \Rightarrow 有故障$$

$$\|\xi_1(t)\| \leqslant \beta \Rightarrow 无故障$$

注 9.3 定理 9.1 考虑了时滞现象和建模误差对观测器设计的影响，提供的是时滞相关的故障观测器设计方法。文献 [31] 中的定理 1 给出的是不含时滞故障检测算法。当定理 9.1 不含时滞时，即是文献 [31] 中的结果，因此定理 9.1 是文献 [31] 方法的一个推广。

9.3　故障诊断

为了估计故障的大小, 设计如下的故障估计器:

$$
\begin{cases}
\dot{\bar{x}}(t) = A\bar{x}(t) + A_d\bar{x}(t-d) + Gg(\bar{x}(t)) + Hu(t) + L\xi_2(t) + J\hat{F}(t) \\
\dot{\hat{F}}(t) = -\varUpsilon_1\hat{F} + \varUpsilon_2\xi_2(t) \\
\xi_2(t) = \int_a^b \sigma(z)\left(\sqrt{\gamma(z,u(t),F(t))} - \sqrt{\hat{\gamma}(z,u(t))}\right)\mathrm{d}z \\
\sqrt{\hat{\gamma}(z,u(t))} = B^{\mathrm{T}}(z)E\bar{x}(t) + h(E\bar{x}(t))b_n(z)
\end{cases}
\tag{9.16}
$$

式中, $\hat{F}(t)$ 表示故障 $F(t)$ 的估计值; $\varUpsilon_i(i=1,2)$ 是需要设计的增益量。令 $e_2(t) = x(t) - \bar{x}(t)$, $\bar{g}(t) := g(x(t)) - g(\bar{x}(t))$, $\bar{h}(t) := h(Ex(t)) - h(E\bar{x}(t))$, 估计误差系统为

$$
\begin{cases}
\dot{e}_2(t) = (A-L\varGamma_1)e_2(t) + A_d e(t-d) + G\bar{g}(t) - L\varGamma_2\bar{h}(t) + J\tilde{F}(t) - L\Delta(t) \\
\dot{\tilde{F}}(t) = -\varUpsilon_1\tilde{F}(t) + \varUpsilon_1 F - \varUpsilon_2\xi_2(t)
\end{cases}
\tag{9.17}
$$

式中,

$$
\xi_2(t) = \varGamma_1 e_2(t) + \varGamma_2\bar{h}(t) + \Delta(t)
\tag{9.18}
$$

$\varGamma_1$, $\varGamma_2$ 和 $\Delta(t)$ 定义于式 (9.9)。类似于文献 [31], 假设 $\dot{F} = 0$, $\|F\| \leqslant \dfrac{M}{2}$, $\|\hat{F}\| \leqslant \dfrac{M}{2}$, 于是可知 $\|\tilde{F}\| \leqslant M$。

下面的定理提供一种故障 $F(t)$ 的估计算法。

定理 9.2　给定标量 $\lambda_i > 0$ $(i=1,2)$, $\theta > 0$, $d > 0$, 如果存在矩阵 $P_1 > 0$, $P_2 > 0$, $T > 0$, $Q > 0$, $\varUpsilon_1 > 0$, $\varUpsilon_2$, R 和标量 $\mu > 0$, $\kappa > 0$ 使得如下的不等式成立:

$$
\begin{bmatrix}
\Omega_1 + \mu I & \Omega_{21}^{\mathrm{T}} & \Omega_{31}^{\mathrm{T}} \\
\Omega_{21} & -\varUpsilon_1 - \varUpsilon_1^{\mathrm{T}} + \kappa I & 0 \\
\Omega_{31} & 0 & -I
\end{bmatrix} < 0
\tag{9.19}
$$

式中,

$$
\Omega_1 = \begin{bmatrix}
\Pi_1 & P_1 A_d & P_2 & -R\varGamma_2 & PG \\
* & -Q & -P_2 & 0 & 0 \\
* & * & -\dfrac{1}{d}T & 0 & 0 \\
* & * & * & -\lambda_1^{-2}I & 0 \\
* & * & * & * & -\lambda_2^{-2}I
\end{bmatrix}
\tag{9.20}
$$

这里的 Π_1 已在定理 9.1 中定义, 且

$$\Omega_{21} = [J^{\mathrm{T}}P_1, -\Upsilon_2\Gamma_1, 0, 0, -\Upsilon_2\Gamma_2, 0], \quad \Omega_{31} = [\theta R^{\mathrm{T}}, 0, 0, 0, 0]$$

于是在故障估计器 (9.16) 作用下, 误差系统 (9.17) 稳定且对于任意 $t \in [-d, +\infty)$ 满足

$$\|e_2(t)\|^2 \leqslant \max\left\{\sup_{-d\leqslant t\leqslant 0}\|e_2(t)\|, \mu^{-1}(\theta^{-2}\hat{\delta}^2 + 2M\|\Upsilon_2\|\hat{\delta} + \|\Upsilon_1\|M^2)\right\}$$

$$\|\tilde{F}\|^2 \leqslant \gamma = \kappa^{-1}(\theta^{-2}\hat{\delta}^2 + 2M\|\Upsilon_2\|\hat{\delta} + \|\Upsilon_1\|M^2)$$

这里的 $\hat{\delta}$ 定义于式 (9.11)。此时的故障估计器增益阵为 $L = P_1^{-1}R$。

证明 构造如下 Lyapunov 函数:

$$\Psi(t) = \Phi(t) + \tilde{F}^{\mathrm{T}}\tilde{F}$$

这里的 $\Phi(t)$ 形式同式 (9.15)。$\Psi(t)$ 沿着系统 (9.17) 求导数:

$$\dot{\Phi}(t) \leqslant \eta_1^{\mathrm{T}}\Omega_1\eta_1 - 2e_2^{\mathrm{T}}(t)P_1L\Delta(t) + 2e_2^{\mathrm{T}}(t)P_1J\tilde{F}$$
$$\leqslant \eta_1^{\mathrm{T}}\bar{\Omega}_1\eta_1 + \theta^{-2}\Delta^{\mathrm{T}}(t)\Delta(t) + 2e_2^{\mathrm{T}}(t)P_1J\tilde{F}$$

式中, $\eta_1 = [e_2^{\mathrm{T}}(t), e_2^{\mathrm{T}}(t-d), \left(\int_{t-d}^{t}e_2(s)\mathrm{d}s\right)^{\mathrm{T}}, \bar{h}^{\mathrm{T}}, \bar{g}^{\mathrm{T}}]^{\mathrm{T}}$; Ω_1 已定义于式 (9.20) 且 $\bar{\Omega}_1 = \Omega_1 + \theta^2 RR^{\mathrm{T}}\mathrm{diag}\{I, 0, 0, 0, 0\}$, 相应地可以得到:

$$\dot{\Psi}(t) \leqslant \eta_1^{\mathrm{T}}\bar{\Omega}_1\eta_1 + \theta^{-2}\Delta^{\mathrm{T}}(t)\Delta(t) + 2e_2^{\mathrm{T}}(t)P_1J\tilde{F} + 2\tilde{F}^{\mathrm{T}}\dot{\tilde{F}}$$
$$\leqslant \eta_1^{\mathrm{T}}\bar{\Omega}_1\eta_1 + \theta^{-2}\Delta^{\mathrm{T}}(t)\Delta(t) + 2e_2^{\mathrm{T}}(t)P_1J\tilde{F} - 2\tilde{F}^{\mathrm{T}}\Upsilon_1\tilde{F}$$
$$+ 2\tilde{F}^{\mathrm{T}}\Upsilon_1F - 2\tilde{F}^{\mathrm{T}}\Upsilon_2\Delta(t) - 2\tilde{F}^{\mathrm{T}}\Upsilon_2(\Gamma_1e_2(t) + \Gamma_2\bar{h}(t))$$
$$= \eta_2^{\mathrm{T}}\Omega_2\eta_2 + \theta^{-2}\Delta^{\mathrm{T}}(t)\Delta(t) + 2\tilde{F}^{\mathrm{T}}\Upsilon_1F - 2\tilde{F}^{\mathrm{T}}\Upsilon_2\Delta(t)$$

式中,

$$\Omega_2 = \begin{bmatrix} \bar{\Omega}_1 & \Omega_{21}^{\mathrm{T}} \\ \Omega_{21} & -\Upsilon_1 - \Upsilon_1^{\mathrm{T}} \end{bmatrix}, \quad \eta_2 = [\eta_1^{\mathrm{T}}, \tilde{F}^{\mathrm{T}}]^{\mathrm{T}}$$

由于 $\|\Delta(t)\| \leqslant \hat{\delta}$, $\|F\| \leqslant \dfrac{M}{2}$, $\|\tilde{F}\| \leqslant M$, 因此有

$$\dot{\Psi}(t) \leqslant \eta_2^{\mathrm{T}}\Omega_2\eta_2 + \theta^{-2}\hat{\delta}^2 + 2M\|\Upsilon_2\|\hat{\delta} + \|\Upsilon_1\|M^2$$

利用 Schur 补引理[82] 可知, 式 (9.19) $\Leftrightarrow \Omega_2 < \mathrm{diag}\{-\mu I, -\kappa I\}$, 这意味着

$$\dot{\Psi}(t) < -\mu\|e_2(t)\|^2 - \kappa\|\tilde{F}\|^2 + \theta^{-2}\hat{\delta}^2 + 2M\|\Upsilon_2\|\hat{\delta} + \|\Upsilon_1\|M^2$$

若 $\mu\|e_2(t)\|^2 \geqslant \theta^{-2}\hat{\delta}^2 + 2M\|\Upsilon_2\|\hat{\delta} + \|\Upsilon_1\|M^2$ 或 $\kappa\|\tilde{F}\|^2 \geqslant \theta^{-2}\hat{\delta}^2 + 2M\|\Upsilon_2\|\hat{\delta} + \|\Upsilon_1\|M^2$ 成立, 则 $\dot{\Psi}(t) < 0$ 成立。于是, 定理 9.2 得证。

9.4　仿 真 算 例

假设输出 PDF 可以用 $\sqrt{\gamma(z, u(t), F(t))} = \sum_{i=1}^{3} v_i(u(t), F(t)) b_i(z)$ 来逼近，这里 z 定义于区间 $[0, 1.5]$，并且

$$b_i(z) = \begin{cases} |\sin(2\pi z)|, & z \in [0.5(i-1),\ 0.5i] \\ 0, & \text{其他} \end{cases}$$

式中，$i = 1,\ 2,\ 3$。权动态系统 (9.5) 具有如下参数：

$$A = \begin{bmatrix} -1.5 & 0 \\ 0 & -2 \end{bmatrix}, \quad A_d = \begin{bmatrix} -0.1 & 0 \\ 0 & -0.5 \end{bmatrix}, \quad G = \begin{bmatrix} 0 & 1 \\ 0 & 1 \end{bmatrix}$$

$$H = \begin{bmatrix} 1 & 0 \\ 0 & -2 \end{bmatrix}, \quad E = \begin{bmatrix} 3 & 0 \\ 0 & 4 \end{bmatrix}, \quad J = \begin{bmatrix} 0.9 \\ 0.9 \end{bmatrix}$$

非线性函数的界分别为 $U_1 = \mathrm{diag}\{0.1,\ 0.1\}$, $U_2 = \mathrm{diag}\{0, 0.5\}$，容易计算 $\Lambda_1 = \mathrm{diag}\{0.25, 0.25\}$, $\Lambda_2 = [0, 0]$ 和 $\Lambda_3 = 0.25$。当 $\sigma(z) = 1$ 可以得到 $\Gamma_1 = [0.9549, 1.2732]$, $\Gamma_2 = 0.3183$。初始状态设置为

$$x(t) = [0.01 + \exp(t-5), -0.01 + \exp(t-5)]^{\mathrm{T}}, \quad t \in [-2,\ 0]$$

本节讨论两类故障。

第一类，时变故障：

$$F(t) = \begin{cases} 0.3 + 0.01\sin(0.1975t), & t \geqslant 10 \\ 0, & t < 10 \end{cases}$$

第二类，时变区间故障：

$$F(t) = \begin{cases} 0.3 + 0.01\sin(0.1975t), & 10 \leqslant t \leqslant 20 \\ 0, & \text{其他} \end{cases}$$

令 $\lambda_1 = 1$, $\lambda_2 = 1$ 和 $\theta = 10$，通过 MATLAB Toolbox 求解定理 9.1 得到 $\eta = 0.1188$ 和

$$P_1 = \begin{bmatrix} 1.1221 & -0.5654 \\ -0.5654 & 0.9572 \end{bmatrix}, \quad P_2 = \begin{bmatrix} 0.2756 & 0.0409 \\ 0.0409 & 0.2476 \end{bmatrix}, \quad R = \begin{bmatrix} 1.1848 \\ 1.0165 \end{bmatrix}$$

$$Q = \begin{bmatrix} 1.1206 & 0.0130 \\ 0.0130 & 1.2722 \end{bmatrix}, \quad T = \begin{bmatrix} 1.3245 & 0.1216 \\ 0.1216 & 1.4619 \end{bmatrix}, \quad L = \begin{bmatrix} 2.2654 \\ 2.4002 \end{bmatrix}$$

求解定理 9.2 得到 $\mu = 0.0137$, $\kappa = 0.0028$ 和

$$P_1 = \begin{bmatrix} 9.5935 & -9.0336 \\ -9.0336 & 9.7911 \end{bmatrix}, \quad P_2 = \begin{bmatrix} 1.2700 & -1.3589 \\ -1.3589 & 1.5286 \end{bmatrix}$$

$$Q = \begin{bmatrix} 6.6686 & -7.7098 \\ -7.7098 & 10.0699 \end{bmatrix}, \quad T = \begin{bmatrix} 3.6383 & -4.0339 \\ -4.0339 & 4.7617 \end{bmatrix}$$

$$R = \begin{bmatrix} 0.0074 \\ 0.0154 \end{bmatrix}, \quad L = \begin{bmatrix} 0.0171 \\ 0.0174 \end{bmatrix}$$

以及 $\Upsilon_1 = 0.0163$, $\Upsilon_2 = 0.5323$。

通过定理 9.1 计算得到 $\beta = 0.0283$，图 9.1 描述的是当时变故障发生时残差和阈值的响应，可以看出本章所提的故障检测方法能够及时检测出故障。图 9.2 和

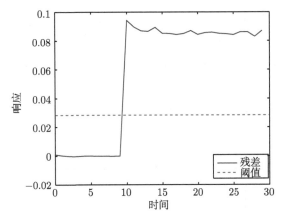

图 9.1 时变故障发生时残差与阈值的响应

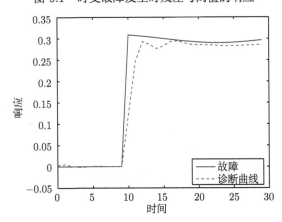

图 9.2 时变故障与故障估计值的响应

图 9.3 描述的是时变故障、时变区间故障和它们估计值的响应曲线,通过两图可以看出通过本章的故障诊断方法,可以较准确地估计出故障类型。图 9.4 和图 9.5 描述的是故障发生后,在估计故障的过程中残差信号的响应。值得指出的是,从上述图中也可以看出,时滞对残差、故障估计都有影响。

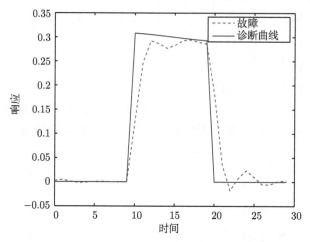

图 9.3　时变区间故障与故障估计值的响应

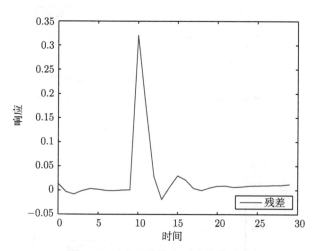

图 9.4　时变故障发生后残差的响应

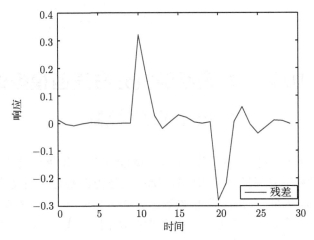

图 9.5 时变区间故障发生后残差的响应

9.5 本章小结

本章主要针对输出 PDF 可测的随机分布系统，通过构建 B 样条模型和权动态模型，提出了一种非高斯随机分布系统的故障检测与诊断方法。对于含时滞和建模误差的动态系统，建立基于 PDF 信息的残差，设计了包含时滞信息的故障检测观测器和故障估计器，通过仿真进一步证实本章提出的方法不仅能检测出多种类型故障，还能实现对它们的准确估计。

第10章 非高斯随机分布泛函模型的
累积 PDF 控制

本书的前面部分主要介绍了基于静态和动态神经网络逼近的非高斯随机分布系统智能学习建模方法及其相应的控制问题。上述方法都是在假设输出 PDF 已知的情形下进行的。因此，我们可以根据输出数据研究输出 PDF 的控制方法。非高斯随机系统的另一个根本问题是：如果已知输入输出的动态关系，当输入非高斯变量时，如何确定控制输入使得系统输出 (一般来说仍然是非高斯变量) 的 PDF 或者统计特征具有我们所希望的指标。为此，从本章开始，我们将提出并研究分布泛函算子模型。本书的第二部分 (第 10~13 章) 介绍基于分布泛函模型描述的随机分布系统控制与估计方法。

本章考虑一类带有输入时滞和非高斯噪声的 NARMAX 模型。对于这类非线性模型，假设干扰是一个非高斯随机输入，我们研究的问题是如何设计控制输入使得系统输出 (一般来说也是非高斯随机变量) 具有我们所期待的 PDF。为了提高 PDF 的跟踪性能，本章采用多步前向非线性累积性能指标函数。为此，我们首先构造多维辅助映射，并通过该多维辅助映射建立输入 PDF 和多步前向输出 PDF 之间的泛函算子模型，进一步通过优化性能指标函数设计具体的预测控制算法。此外，本章还设计了镇定控制器，通过递归地调节权系数的方法保证闭环系统的稳定性。

10.1 问 题 描 述

10.1.1 系统模型

考虑如下的随机系统模型：

$$y_{k+d+1} = f(y_{k+d}, y_{k+d-1}, \cdots, y_{k+d-n}; u_k, u_{k-1}, \cdots, u_{k-m}; w_{k+d+1}) \tag{10.1}$$

式中，u_k 是控制序列；y_k 是输出序列；w_k 是随机信号；$f(\cdot)$ 是表征系统非线性动态的非线性函数；此外，常数 d、n 和 m 分别是系统时滞和阶数。系统 (10.1) 不是一个标准的 NARMAX 模型，该模型与标准 NARMAX 模型的区别在于系统有时滞且噪声是非高斯的。

在每一个采样时刻 k，随机输出变量 y_k 都可以用定义在区间 $[\alpha, \beta]$ 上的 PDF

$\gamma_{y_k}(\tau)$ 表示，这里的 α 和 β 可以分别取值为 $-\infty$ 和 $+\infty$。对于这样的系统，控制器设计的目标是找到合适的 u_k，使得输出 PDF 能够跟踪目标 PDF。为此，做出以下假设。

假设 10.1 $w_k(k = 0, 1, 2, \cdots)$ 是有界且独立同分布的随机变量序列，其 PDF 为 $\gamma_w(\tau)$，设 $\tau \in [a, b]$。

假设 10.2 $y_{k+d+1} = f(y_{k+d}, y_{k+d-1}, \cdots, y_{k+d-n}; u_k, u_{k-1}, \cdots, u_{k-m}; w_{k+d+1})$ 对于每一个分量都是光滑的 Borel 函数。在每一个采样时刻，对 y_k 定义域内的每一个 τ 都存在根 $x_l(l = 1, 2, \cdots, L)$ 使得

$$\tau = f(y_{k+d}, y_{k+d-1}, \cdots, y_{k+d-n}; u_k, u_{k-1}, \cdots, u_{k-m}; x_l)$$

且对于任意 $x_l \in [a, b]$，$\dfrac{\partial f(\cdot)}{\partial x_l} \neq 0$ 都成立。

为了简化表达方式，本章采用下面的记号：

$$\Pi_{k,d} = [y_k, y_{k-1}, \cdots, y_{k-n}; u_{k-1}, \cdots, u_{k-m-d}] \tag{10.2}$$
$$\eta_{k,d} = [w_{k+d+1}, w_{k+d}, \cdots, w_{k+1}]$$

定义 $\phi(\tau)$ 为给定的系统期望输出 PDF。我们的主要目标是要寻找合适的 $u_k(u_k$ 应该是关于 $\Pi_{k,d}$ 的函数) 使得 y_{k+d+1} 的 PDF $\gamma_{y_{k+d+1}}(\tau)$ 能够跟踪 $\phi(\tau)$。为此，应该使用恰当的性能指标函数，这个性能指标函数应能表示输入和多步前向输出之间的关系。

10.1.2 累积的性能指标函数

事实上，y_{k+d+1} 的 PDF 是一个条件 PDF，因此 $\gamma_{y_{k+d+1}}(\tau)$ 可以进一步表示成 $\gamma_{y_{k+d+1}}(\tau | \Pi_{k,d}, u_k)$。由于时滞 d 的存在，此处的关键问题是利用 $d+1$ 步后向信息 u_k 和 $\Pi_{k,d}$(而不是 $\Pi_{k+d,d}$) 使得 $\gamma_{y_{k+d+1}}(\tau)$ 和 $\phi(\tau)$ 之间的距离最小。也就是说，我们的主要工作之一是设计控制器 u_k，使得

$$\gamma_{y_{k+d+1}}(\tau | \Pi_{k,d}, u_k) \to \phi(\tau), \quad k \to +\infty$$

另外，由于瞬时成本函数在非最小相位系统中可能导致难以预料的结果[20, 34, 83]。为了避免该缺陷，本章的控制目标为

$$\gamma_{y_{k+j+1}}(\tau | \Pi_{k,j}, u_k) \to \phi(\tau), \quad k \to +\infty, \quad j = d, d+1, \cdots, P \tag{10.3}$$

式中，$P \geqslant d$ 是预测时域。为了提高输出 PDF 的跟踪性能，我们采用如下的累积预测性能指标函数：

$$J_k(\Pi_k, u_k) = \sum_{j=d}^{P} \int_{\alpha}^{\beta} Q_j [\gamma_{y_{k+j+1}}(\tau | \Pi_{k,j}, u_k) - \phi(\tau)]^2 \mathrm{d}\tau + R u_k^2 \tag{10.4}$$

式中, $\Pi_k = [\Pi_{k,d}, \cdots, \Pi_{k,P}]$, $Q_j > 0$ 和 $R > 0$ 是权系数。到了这一步, 问题就可以转化为基于性能指标函数 (10.4) 的系统 (10.1) 的最优控制问题。

注 10.1　当 $P = d$ 时, 我们所采用的累积性能指标函数就转化成文献 [20] 中所采用的瞬时性能指标函数。我们知道, 预测控制中的多步成本函数可以用于解决带有未知或变化死区的非最小相位系统的镇定问题。因此本章采用了性能指标函数 (10.4)。相应获得的控制方法也可以看成是"贪婪"控制 (见文献 [84]) 的推广。

注 10.2　性能指标函数 (10.4) 也可以推广到更一般的 L_p 测度、Kullback-Leibler 测度或熵[85]。实际上, 如果将性能指标函数 (10.4) 中的 $[\gamma_{y_{k+j+1}}(\tau|\Pi_{k,j}, u_k) - \phi(\tau)]^2$ 换成 $-\gamma_{y_{k+j+1}}(\tau|\Pi_{k,j}, u_k) \ln \gamma_{y_{k+j+1}}(\tau|\Pi_{k,j}, u_k)$ 就是最小熵控制。

10.1.3　输出 PDF 和输入 PDF 之间的关系

对于系统 (10.1), 设计控制器之前必须先建立 $\gamma_{y_{k+j+1}}(\cdot)$ 和 $\gamma_w(\cdot)$ 以及 u_k 之间的关系。在本章中, 根据模型 (10.1) 可以证明

$$
\begin{aligned}
y_{k+j+1} &= f(f(y_{k+j-1}, y_{k+j-2}, \cdots, y_{k+j-n-1}; u_{k-1}, u_{k-2}, \cdots, u_{k-m-1}; w_{k+j}), \\
&\quad y_{k+j-1}, \cdots, y_{k+j-n}; u_k, u_{k-1}, \cdots, u_{k-m}; w_{k+j+1}); \\
&= f^{(1)}(y_{k+j-1}, y_{k+j-2}, \cdots, y_{k+j-n-1}; u_k, u_{k-1}, \cdots, u_{k-m-1}; w_{k+j}, w_{k+j+1}) \\
&= \cdots \\
&= F_j(y_k, y_{k-1}, \cdots, y_{k-n}; u_k, u_{k-1}, \cdots, u_{k-m-j}; w_{k+1}, \cdots, w_{k+j}, w_{k+j+1}) \\
&= F_j(\Pi_{k,j}, u_k, \eta_{k,j})
\end{aligned}
\tag{10.5}
$$

式 (10.5) 可以看成是 $j+1$ 步前向预测控制, 其中 $\Pi_{k,j}$ 和 $\eta_{k,j}$ 已经在式 (10.2) 中定义。

对于任意 j, 式 (10.5) 表明 $\gamma_{y_{k+j+1}}(\tau)$ 可以表示成有关 $\Pi_{k,j}, u_k$ 和 $\eta_{k,j}$ 的函数, 该函数用 $F_j(\cdot)(j = d, d+1, \cdots, P)$ 表示。下面的任务是要建立 $\gamma_{y_{k+j+1}}(\tau)$ 和 $u_k, \gamma_{\eta_{k,j}}(\tau)$ 以及 $\gamma_w(\tau)$ 之间的数学关系式。

由于模型 (10.5) 中包含了多维随机向量, 涉及联合 PDF 的计算, 因此我们定义 $j+1$ 维辅助随机向量如下:

$$
\overline{y}_{k+j+1} = [y_{k+j+1}^{(1)}, y_{k+j+1}^{(2)}, \cdots, y_{k+j+1}^{(j+1)}]^{\mathrm{T}} = \overline{F}_j(\Pi_{k,j}, u_k, \eta_{k,j})
\tag{10.6}
$$

式中, $y_{k+j+1}^{(1)} = F_j(\Pi_{k,j}, u_k, \eta_{k,j})$, $y_{k+j+1}^{(2)} = w_{k+j}, \cdots, y_{k+j+1}^{(j+1)} = w_{k+1}$。

引理 10.1　如果非线性随机系统 (10.5) 满足假设 10.1 和假设 10.2, 那么根据式 (10.6) 中定义的辅助函数, 如下等式在任意采样时刻 k 都成立:

$$
\begin{aligned}
\gamma_{y_{k+j+1}}(\tau|\Pi_{k,j}, u_k) &= \int_a^b \cdots \int_a^b \sum_{l=1}^L \gamma_w(x_{j,l}) \gamma_w(\tau_1) \cdots \gamma_w(\tau_j) \left| \frac{\partial F_j(\Pi_{k,j}, u_k, \overline{x}_{j,l})}{\partial x_{j,l}} \right|^{-1} \\
&\quad \mathrm{d}\tau_1 \cdots \mathrm{d}\tau_j
\end{aligned}
\tag{10.7}
$$

式中，$\overline{x}_{j,l}$ 是关于 τ 的函数，它将在式 (10.8) 中定义。

证明 首先，对于任意 $\eta_{k,j} \in [\alpha, \beta]^d$，$\overline{F}_j(\Pi_{k,j}, u_k, \eta_{k,j})$ 的雅可比行列式满足

$$\det\left[\frac{\partial \overline{F}_j(\Pi_{k,j}, u_k, \eta_{k,j})}{\partial \eta_{k,j}}\right] = \frac{\partial F_j(\Pi_{k,j}, u_k, \eta_{k,j})}{\partial w_{k+j+1}}$$

对于已知的 $\Pi_{k,j}$ 和 u_k，$F_j(\Pi_{k,j}, u_k, \eta_{k,j})$ 表示从 $\eta_{k,j}$ 到 y_{k+j+1} 的 $\mathbb{R}^{j+1} \longrightarrow \mathbb{R}^1$ 映射，而 $\overline{F}_j(\Pi_{k,j}, u_k, \eta_{k,j})$ 表示 $\eta_{k,j}$ 到 $\overline{y}_{k+j+1}$ 的一个 $\mathbb{R}^{j+1} \longrightarrow \mathbb{R}^{j+1}$ 的映射。根据假设 10.2，我们可以首先建立 $\gamma_{\eta_{k,j}}(\tau)$ 和 $\gamma_{\overline{y}_{k+j+1}}$ 之间的联系，从而进一步建立 $\gamma_{y_{k+j+1}}(\tau)$ 和 $\gamma_w(\tau)$ 之间的泛函算子模型。假设 10.2 表明：如果已知式 (10.5) 的 $j+1$ 步前向输出 τ，那么相应的根就可以表示成 $x_{j,l}$，且对于给定的 $(\tau_1, \tau_2, \cdots, \tau_j)$，下式成立：

$$\tau = F_j(\Pi_{k,j}, u_k, \overline{x}_{j,l}), \quad \overline{x}_{j,l} = (x_{j,l}, \tau_1, \tau_2, \cdots, \tau_j), \quad l = 1, 2, \cdots, L \qquad (10.8)$$

根据式 (10.6)，对于 $\overline{\tau} = (\tau, \tau_1, \tau_2, \cdots, \tau_j)$，可以证明 $\overline{\tau} = \overline{F}_j(\Pi_{k,j}, u_k, \overline{x}_{j,l})$，这说明 $\overline{x}_{j,l}$ 是 τ 的根。

因此，对于式 (10.6) 所定义的多维函数，应用 PDF 转换定律可以得到：

$$\begin{aligned}\gamma_{\overline{y}_{k+j+1}}(\overline{\tau}) &= \sum_{l=1}^{L} \gamma_{\eta_{k,j}}(\overline{x}_{j,l}) \left|\det\left[\frac{\partial \overline{F}_j(\Pi_{k,j}, u_k, \overline{x}_{j,l})}{\partial \overline{x}_{j,l}}\right]\right|^{-1} \\ &= \sum_{l=1}^{L} \gamma_{\eta_{k,j}}(\overline{x}_{j,l}) \left|\frac{\partial F_j(\Pi_{k,j}, u_k, \overline{x}_{j,l})}{\partial x_{j,l}}\right|^{-1} \\ &= \sum_{l=1}^{L} \gamma_\omega(x_{j,l}) \gamma_\omega(\tau_1) \cdots \gamma_\omega(\tau_j) \left|\frac{\partial F_j(\Pi_{k,j}, u_k, \overline{x}_{j,l})}{\partial x_{j,l}}\right|^{-1}\end{aligned}$$

又因为 $\gamma_{y_{k+j+1}}(\tau | \Pi_{k,j}, u_k) = \int_a^b \cdots \int_a^b \gamma_{\overline{y}_{k+j+1}}(\overline{\tau}) \mathrm{d}\tau_1 \cdots \mathrm{d}\tau_j$，从而该引理证明完成。

10.2 输出 PDF 控制

10.2.1 控制器设计

由引理 10.1 可知，$\gamma_{y_{k+j+1}}(\tau)$ 是关于 $\gamma_\omega(\tau)$ 和未知输入 u_k 的函数。将式 (10.7) 代入式 (10.4)，并对性能指标函数进行优化，从而得到 u_k 是一个由 y_k 和 Π_k 决定的函数，其中 $\Pi_k = [\Pi_{k,d}, \cdots, \Pi_{k,P}]$。为了简化控制器设计，我们需要对式 (10.4) 中的性能指标函数做一个近似。做了近似之后的控制算法有一定的保守性，但是相比文献 [20] 和文献 [23] 中的控制算法，这里的保守性要小很多。

令

$$h(\tau, \Pi_k, u_k) = \sum_{j=d}^{M} Q_j \Big[\int_a^b \cdots \int_a^b \sum_{l=1}^{L} \gamma_w(x_{j,l}) \gamma_w(\tau_1) \cdots \gamma_w(\tau_j)$$

$$\times \left| \frac{\partial F_j(\Pi_{k,j}, u_k, \overline{x}_{j,l})}{\partial x_{j,l}} \right|^{-1} \mathrm{d}\tau_1 \cdots \mathrm{d}\tau_j - \phi(\tau) \Big]^2 \tag{10.9}$$

从而

$$J_k(\Pi_k, u_k) = \int_\alpha^\beta h(\tau, \Pi_k, u_k) \mathrm{d}\tau + R u_k^2 \tag{10.10}$$

$J_k(\Pi_k, u_k)$ 是一个关于 u_k 和 Π_k 的函数, 最优控制可以通过以下方法实现:

$$\frac{\partial \left[\int_\alpha^\beta h(\tau, \Pi_k, u_k) \mathrm{d}\tau + R u_k^2 \right]}{\partial u_k} = 0 \tag{10.11}$$

通过式 (10.11), 可以由 Π_k 得到 u_k。为了简化控制器结构, 记

$$u_k = u_{k-1} + \Delta u_k \tag{10.12}$$

从而函数 $h(\tau, \Pi_k, u_k)$ 可以作如下近似:

$$h(\tau, \Pi_k, u_k) = h_0(\tau, \Pi_k) + h_1(\tau, \Pi_k) \Delta u_k + h_2(\tau, \Pi_k) \Delta u_k^2 + o(\Delta u_k^2) \tag{10.13}$$

定理 10.1　对于 NARMAX 系统 (10.13), 能使性能指标函数最小化的一种次优 PDF 控制方法为

$$\Delta u_k^* = -\frac{\int_\alpha^\beta h_1(\tau, \Pi_k) \mathrm{d}\tau + 2R u_{k-1}}{2\int_\alpha^\beta h_2(\tau, \Pi_k) \mathrm{d}\tau + 2R} \tag{10.14}$$

证明　显然, 下式成立:

$$R u_k^2 = R u_{k-1}^2 + 2R u_{k-1} \Delta u_k + R \Delta u_k^2 \tag{10.15}$$

将式 (10.13) 和式 (10.15) 代入式 (10.11), 就可以得到 k 时刻的次优控制律 (10.14)。

注 10.3　式 (10.14) 是控制器设计最优的必要条件, 为了保证充分性, 下面的不等式必须成立:

$$\frac{\partial^2 \left[\int_\alpha^\beta h(\tau, \Pi_k, u_k) \mathrm{d}\tau + R u_k^2 \right]}{\partial \Delta u_k^2} = 2\left(\int_\alpha^\beta h_2(\tau, \Pi_k) \mathrm{d}\tau + R \right) > 0 \tag{10.16}$$

显然, 当 R 充分大时, 不等式 (10.16) 成立。

注 10.4 综上所述, 设计实时次优 PDF 控制器可以概括为以下几个步骤:

(1) 将 NARMAX 系统模型转化成 $(j+1)$ 步前向预测模型;

(2) 选择合适的权系数 Q_j, R 和预测时域 P;

(3) 初始化 $\Pi_0, \cdots, \Pi_d$ 与 u_0;

(4) 在采样时刻 k, 根据式 (10.7) 计算 $\gamma_{y_{k+j+1}}(\tau), \tau \in [\alpha, \beta], j = d, d+1, \cdots, P$;

(5) 根据式 (10.12) 和式 (10.14) 计算 u_k 和 Δu_k;

(6) 令 $k = k+1$, 回到第 (4) 步。

10.2.2 镇定控制器设计

一般来讲, 对于非线性随机闭环系统, 其稳定性分析是比较困难的, 我们在将控制律 (10.12)、控制律 (10.14) 应用到系统 (10.1) 时也遇到了同样的问题。本章使用改进的次优控制方法, 用这种控制方法可以保证闭环系统局部稳定。

首先按如下方法将系统 (10.1) 线性化:

$$\Delta y_{k+1} = \sum_{i=0}^{n} \frac{\partial f}{\partial y_{k-i}}\Big|_{k-1} \Delta y_{k-i} + \sum_{j=d}^{m} \frac{\partial f}{\partial u_{k-j}}\Big|_{k-1} \Delta u_{k-j} + \frac{\partial f}{\partial w_{k+1}}\Big|_{k} \Delta w_{k+1} \quad (10.17)$$

式中,

$$\Delta y_k = y_k - y_{k-1}, \quad \Delta u_k = u_k - u_{k-1}, \quad \Delta w_k = w_k - w_{k-1}$$

为了简化表达, $f(\cdot)$ 的自变量被省略了。值得注意的是, 对式 (10.13) 最优化可以得到 y_k 的非线性反馈律。与式 (10.13) 不同的是, 这里考虑的是 $l(\tau, \Pi_k, u_k) = [h(\tau, \Pi_k, u_k)]^{1/2}$, 且将 $l(\tau, \Pi_k, u_k)$ 按如下方式展开:

$$l(\tau, \Pi_k, u_k) = \alpha_{k0} + \alpha_k \Delta y_k + \beta_k \Delta u_k + \frac{1}{2} \gamma_k \Delta u_k^2 + o(\Delta u_k, \Delta y_k)$$

式中,

$$
\begin{aligned}
\alpha_{k0} &= l(\tau, \Pi_k, u_k)|_{k-1}, & \alpha_k &= \frac{\partial l(\tau, \Pi_k, u_k)}{\partial y_k}\Big|_{k-1} \\
\beta_k &= \frac{\partial l(\tau, \Pi_k, u_k)}{\partial u_k}\Big|_{k-1}, & \gamma_k &= \frac{\partial^2 l(\tau, \Pi_k, u_k)}{\partial u_k^2}\Big|_{k-1}
\end{aligned}
\quad (10.18)
$$

是关于 τ 的函数, $o(\Delta u_k, \Delta y_k)$ 表示高阶项。

为了使控制器更灵活, 将 Ru_k^2 替换成 $R_k u_k^2$, R_k 表示 k 时刻的权系数。为了简化表达, 假设 $m = n$, 将 $l^2(\tau, \Pi_k, u_k)$ 代入式 (10.11) 并去掉二阶项及高阶项可

以得到

$$\Delta u_k = -\frac{\left(\int_\alpha^\beta \beta_k \alpha_k \mathrm{d}\tau\right)\Delta y_k + \left(\int_\alpha^\beta \alpha_{k0}\beta_k \mathrm{d}\tau + R_k u_{k-1}\right)}{\int_\alpha^\beta (\alpha_{k0}\gamma_k + \beta_k^2)\mathrm{d}\tau + R_k} \tag{10.19}$$

定理 10.2　如果存在 $R_k > 0$ 使得 $\left[1 - \displaystyle\sum_{i=1}^n a_i(k)z^{-i}\right]$ 稳定, 其中

$$a_i(k) = \begin{cases} \left.\dfrac{\partial f}{\partial y_{k-i}}\right|_{k-1}, & i = 1, 2, \cdots, d-1 \\[4mm] \left[\dfrac{\partial f}{\partial y_{k-i}} - \dfrac{\displaystyle\int_\alpha^\beta \alpha_{k-i}\beta_k \mathrm{d}x}{\displaystyle\int_\alpha^\beta (\alpha_{k-i,0}\gamma_{k-i} + \beta_{k-i}^2)\mathrm{d}x + R_{k-i}}\left(\dfrac{\partial f}{\partial u_{k-i}}\right)\right]_{k-1} \\[4mm] \qquad\qquad i = d, d+1, \cdots, m(n) \end{cases}$$

那么式 (10.19) 就是一个局部镇定控制律。

证明　在采样时刻 k, 式 (10.19) 说明 Δu_{k-j} 是 $\Delta y_{k-j}(j = 1, 2, \cdots, m)$ 的函数, 将式 (10.19) 代入式 (10.17) 得到如下的闭环控制系统:

$$\Delta y_{k+1} = \sum_{i=0}^n a_i(k)\Delta y_{k-i} + \widetilde{r}_{k+1} \tag{10.20}$$

式中,

$$\widetilde{r}_{k+1} = \left.\frac{\partial f}{\partial w_{k+1}}\right|_k \Delta w_{k+1} - \sum_{j=d}^n \left[\frac{\displaystyle\int \alpha_{k-j,0}\beta_{k-j}\mathrm{d}x + R_{k-j}u_{k-j-1}}{\displaystyle\int_\alpha^\beta (\alpha_{k-j,0}\gamma_{k-j} + \beta_{k-j}^2)\mathrm{d}x}\left(\frac{\partial f}{\partial u_{k-i}}\right)\right]_{k-1}$$

在假设 10.1 和假设 10.2 条件下, $\widetilde{r}_{k+1}$ 可以看成是闭环系统的有界干扰。因此, 当且仅当 $\left[1 - \displaystyle\sum_{i=1}^n a_i(k)z^{-i}\right]$ 多项式稳定 (stable polynomial), 该闭环系统稳定。

　　结合定理 10.2 和注 10.3 也可以给出该闭环系统稳定的充分条件, 其证明过程与注 10.3 相似。此外, 这里时变的权系数 R_k 也增强了算法设计的灵活性, 从而保证了闭环系统的局部稳定性。实际上, 时变就意味着我们可以在线选择 R_k 使得多项式 $\left[1 - \displaystyle\sum_{i=1}^n a_i(k)z^{-i}\right]$ 稳定。

10.3 仿 真 算 例

为了证明所提算法的有效性, 我们考虑一个典型的纤维长度分布系统, 即如下的带输入时滞的 NARMAX 系统:

$$y_{k+1} = 1.25y_k - 0.25y_k^3 + \sqrt{w_{k+1}} + u_{k-1}$$

$w_k \in [0,1]$, 输入是系统所需能量 (refining power), 输出是纤维长度。假设 $w_k(k = 0,1,2,\cdots)$ 是独立同分布的随机变量, 其 PDF 是不对称函数, 定义如下:

$$\gamma_w(\tau) = \begin{cases} -12\tau^5 + 12\tau^3, & \tau \in [0,1] \\ 0, & \tau \in (-\infty,0)\bigcup(1,+\infty) \end{cases}$$

假定期望的 PDF 是高斯函数 $N(1, 0.266^2)$。

在仿真中, 输入输出的初始值设定为 $u_0 = 0, y_0 = 0.2$, 权系数 $Q_j = 1, R = 10$。通过仿真可以发现, 选择该权系数即可以保证闭环系统稳定。图 10.1 是在每一个采样时刻所对应的最优控制序列, 图 10.2 显示的是实际输出 PDF 与目标 PDF $\phi(\tau)$ 之间的 L_2 距离。为了更加生动地说明本章所提方法的有效性, 图 10.3 给出了一个对比图, 将在几个不同采样时刻的实际输出 PDF 与目标 PDF $\phi(\tau)$ 做了对比。此外, 我们还在图 10.4 给出了输出 PDF 的三维图。由于熵是随机变量不确定性的测度, 我们在图 10.5 给出了输出变量的熵序列, 从图 10.5 可以看出, 随着输出 PDF 越来越接近目标 PDF, 熵越来越小。

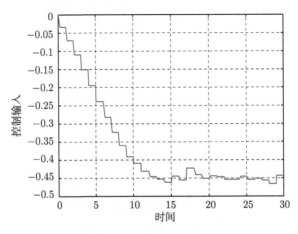

图 10.1 控制输入

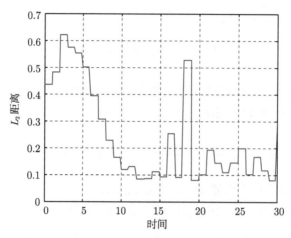

图 10.2　输出 PDF 与目标 PDF 之间的 L_2 距离

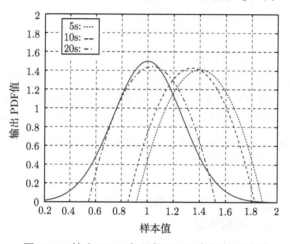

图 10.3　输出 PDF 与目标 PDF 之间的对比图

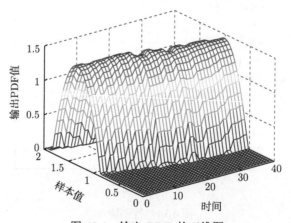

图 10.4　输出 PDF 的三维图

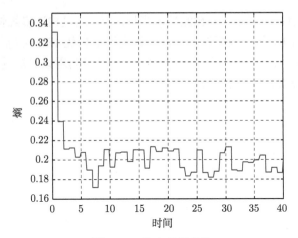

图 10.5 输出变量的熵

本章采用的是累积性能指标函数, 图 10.2 对应的是累积性能指标函数下的 L_2 距离, 为了与瞬时性能指标函数做比较, 我们在图 10.6 中给出了瞬时性能指标函数下的 L_2 距离。通过对比可以发现, 对于该纤维长度分布系统, 采用累积性能指标函数设计的控制器, 其跟踪控制效果要比采用瞬时性能指标函数好得多。

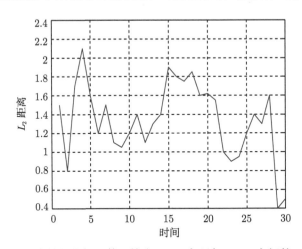

图 10.6 瞬态性能指标函数下输出 PDF 与目标 PDF 之间的 L_2 距离

10.4 本章小结

本章研究的是带有时滞输入的非高斯 NARMAX 系统的最优 PDF 控制问题。控制目标是找到实时控制器使得系统输出的分布能够跟踪期望分布。为了提高闭环系统性能, 采用累积多步前向预测性能指标函数, 通过构造多维辅助函数给出多步预测输出的 PDF, 然后根据梯度算法设计递推的最优 PDF 控制器。此外, 本章还针对该 NARMAX 系统设计了镇定控制律, 仿真表明用该算法进行输出 PDF 跟踪控制可以取得理想的控制效果。

第11章 随机分布泛函模型的鲁棒控制

随机性和不确定性是复杂系统中既相互关联、又有所区别的特性。在第 10 章中,基于 NARMAX 模型介绍了带有输入时滞的非高斯系统 PDF 控制问题。但是,第 10 章的内容都是建立在模型精确已知,并且输入 PDF 也能够准确量测的基础上,其控制方法仅仅考虑了系统的随机性动态。事实上,系统不确定性和输入 PDF 的扰动可能会导致输出 PDF 不可预测的变化[86-90]。本章针对一类带有建模误差、未建模不确定性以及输入时滞的非高斯 NARMAX 系统,介绍能够保证闭环稳定的鲁棒随机分布控制算法。

11.1 问 题 描 述

11.1.1 系统模型

假设受控系统用以下带时滞的非线性模型来表示:

$$y_{k+d+1} = f(y_{k+d}, u_k, w_{k+d+1}) \tag{11.1}$$

式中,$u_k \in \mathbb{R}^1$ 是控制序列;$y_k \in \mathbb{R}^1$ 是输出序列;$w_k \in \mathbb{R}^1$ 是随机信号;$f(\cdot)$ 是一个非线性函数;d 是系统的时滞参数。在每一个采样时刻 k,输出变量可以用它定义在 $[\alpha, \beta]$ 上的 PDF $\gamma_{y_k}(\tau)$ 来刻画,其中 α 和 β 可以分别取值为 $-\infty$ 和 $+\infty$。此外,尽管可以用很多种方法对 w_k 的 PDF $\gamma_w(\tau)$ 建模[10,91],但是一般来讲,要想准确地得到 $\gamma_w(\tau)$ 是比较困难的。对于非高斯过程,描述随机行为的不确定性比较复杂。本章假定输入 PDF 有干扰并满足以下的假设条件。

假设 11.1 随机变量 w_k $(k = 0, 1, 2, \cdots)$ 是有界、相互独立的,且是非高斯的,它们的 PDF 记作 $\gamma_w(\tau)$,且 $\gamma_w(\tau) = \gamma_{w0}(\tau) + \Delta\gamma_w$,其中 $\gamma_{w0}(\tau)$ 是定义在 $[a, b]$ 上的已知函数,$|\Delta\gamma_w| \leqslant \delta_0$。

一般来说,在实际过程中总存在建模误差或其他形式的干扰。为此,考虑如下的假设条件。

假设 11.2 $f(y_{k+d}, u_k, w_{k+d+1})$ 是一个光滑的 Borel 函数,满足

$$f(y_{k+d}, u_k, w_{k+d+1}) = f_0(y_{k+d}, u_k, w_{k+d+1}) + \Delta f \tag{11.2}$$

式中,Δf 代表不确定性,并有 $|\Delta f| \leqslant \delta_1$;$f_0(y_{k+d}, u_k, w_{k+d+1})$ 也是一个 Borel 函数,并且对于任意 $w_{k+d+1} \in [a, b]$,$\left| \dfrac{\partial f_0(\cdot)}{\partial w_{k+d+1}} \right| \neq 0$ 成立。

引入假设条件 $\left| \dfrac{\partial f_0(\cdot)}{\partial w_{k+d+1}} \right| \neq 0$ 是为了简化控制器设计步骤，该假设条件在很多

情况下都成立，如 $f(y_{k+d}, u_k, w_{k+d+1}) = f_0(y_{k+d}, u_k) + w_{k+d+1}$，此时 $\left| \dfrac{\partial f_0(\cdot)}{\partial w_{k+d+1}} \right| =$

1。下面，不失一般性，假设 $\dfrac{\partial f_0(\cdot)}{\partial w_{k+d+1}} > 0$。为了简化表达式，记

$$\Pi_k = [y_k, u_{k-1}, \cdots, u_{k-d}], \quad \eta_k = [w_{k+d+1}, w_{k+d}, \cdots, w_{k+1}] \tag{11.3}$$

考虑函数 $\varphi_1 : x_0 \longrightarrow f_0(y_k, u_k, x_0)$。假设 11.2 表明 φ_1 是可逆的。令 $\tau = f_0(y_k, u_k, x_0)$，则 $x_0 = \varphi_1^{-1}(\tau)$。如果将 Δf 看成是一个给定的变量，那么 $x = \varphi_1^{-1}(\tau - \Delta f)$，从而 $\tau = f(y_k, u_k, x)$。由于 Δf 是未知的，上面的参数 x 实际上是不确定的。

为了设计控制器，有必要首先建立 $\gamma_{y_{k+d+1}}(\cdot)$ 和 u_k、$\gamma_w(\cdot)$ 之间的函数关系式，即 $\gamma_{y_{k+d+1}}(\cdot)$ 的泛函算子模型。根据式 (11.1) 可以得到

$$\begin{aligned}
y_{k+d+1} &= f\big(f(y_{k+d-1}, u_{k-1}, w_{k+d}), u_k, w_{k+d+1}\big) \\
&= f^{(1)}(y_{k+d-1}, u_k, u_{k-1}, w_{k+d}, w_{k+d+1}) \\
&= \cdots \\
&= F(y_k, u_k, u_{k-1}, \cdots, u_{k-d}; w_{k+1}, \cdots, w_{k+d}, w_{k+d+1}) \\
&= F(\Pi_k, u_k, \eta_k) = F_0(\Pi_k, u_k, \eta_k) + \Delta F
\end{aligned} \tag{11.4}$$

式 (11.4) 可以看成是一个 $(d+1)$ 步前向预测模型。假定 $|\Delta F|$ 有界，且 $|\Delta F| \leqslant \delta_2$。

11.1.2 输出 PDF 和鲁棒跟踪性能指标

作为条件 PDF，$\gamma_{y_{k+d+1}}(\tau)$ 可以进一步表示为 $\gamma_{y_{k+d+1}}(\tau | \Pi_k, u_k)$。由于时滞 d 的存在，控制的目标是根据 $(d+1)$ 步后向信息 u_k 和 Π_k 将 $\gamma_{y_{k+d+1}}(\tau | \Pi_k, u_k)$ 和 $\phi(\tau)$ 之间的距离最小化。因此，考虑下面的预测性能指标函数

$$J_k(\Pi_k, u_k) = \int_\alpha^\beta Q_d \left[\gamma_{y_{k+d+1}}(\tau | \Pi_k, u_k) - \phi(\tau) \right]^2 \mathrm{d}\tau + \frac{1}{2} R_k u_k^2 \tag{11.5}$$

式中，$Q_d > 0$ 和 $R_k > 0$ 是权系数。现在问题已转化为性能指标为式 (11.5) 的动态系统 (11.1) 的最优控制问题。但是由于受控系统中存在的模型不确定性以及随机输入，不可能根据确定的信息来得到上面的性能指标函数。因此，下面要将 $J_k(\Pi_k, u_k)$ 表示成关于 Π_k, u_k 以及确定信息 $f_0(\cdot)$, $\gamma_{w0}(\cdot)$ 和 $\delta_i(i = 0, 1, 2)$ 的函数。

方程 (11.4) 表明 y_{k+d+1} 与 Π_k, u_k 以及 η_k 有关。为了找出 $\gamma_{y_{k+d+1}}(\tau)$ 与 u_k, $\gamma_{\eta_k}(\tau)$, $\gamma_w(\tau)$ 之间的联系，构造如下的 $(d+1)$ 维辅助随机向量：

$$\overline{y}_{k+d+1} = \left[y_{k+d+1}^{(1)}, y_{k+d+1}^{(2)}, \cdots, y_{k+d+1}^{(d+1)} \right]^{\mathrm{T}} = \overline{F}(\Pi_k, u_k, \eta_k) \tag{11.6}$$

式中,

$$y_{k+d+1}^{(1)} = F(\Pi_k, u_k, \eta_k), \quad y_{k+d+1}^{(2)} = w_{k+d}, \quad \cdots, \quad y_{k+d+1}^{(d+1)} = w_{k+1}$$

当 Π_k, u_k 已知, $F(\Pi_k, u_k, \eta_k)$ ($\overline{F}(\Pi_k, u_k, \eta_k)$) 是一个从 η_k 到 y_{k+d+1} ($\overline{y}_{k+d+1}$) 的 $\mathbb{R}^{d+1} \to \mathbb{R}^1$($\mathbb{R}^{d+1} \to \mathbb{R}^{d+1}$) 映射。下面,根据假设 11.2,首先建立 $\gamma_{\eta_k}(\tau)$ 和 $\gamma_{\overline{y}_{k+d+1}}$ 之间的联系,然后建立 $\gamma_{y_{k+d+1}}(\tau)$ 的泛函算子模型。

如果将 ΔF 看成是已知参数,假设 11.2 表明,对于式 (11.4) 给出的 $(d+1)$ 步前向输出,当 τ 给定,并将其唯一的根记作 x_d,则对于给定的 $(\tau_1, \tau_2, \cdots, \tau_d)$,有

$$\tau = F(\Pi_k, u_k, x_d), \quad x_d = (z, \tau_1, \tau_2, \cdots, \tau_d) \tag{11.7}$$

令 $\overline{\tau} = (\tau, \tau_1, \tau_2, \cdots, \tau_d)$,根据式 (11.6) 可以证明 $\overline{\tau} = \overline{F}(\Pi_k, u_k, x_d)$,这意味着 x_d 是 $\overline{\tau}$ 的根。

相似地,考虑 $\varphi_2 : z \longrightarrow F_0(\Pi_k, u_k, x_d)$。根据模型 (11.2) 和假设 11.2,假定 $\frac{\partial \Delta f}{\partial z} = 0$,那么

$$\frac{\partial \varphi_2}{\partial z} = \frac{\partial F}{\partial z} = \frac{\partial f_0}{\partial z} \neq 0$$

因此 φ_2 是可逆的。

令 $\tau = F(\Pi_k, u_k, x_d)$,则有 $z = \varphi_2^{-1}(\tau - \Delta F)$。将 $\left.\frac{\partial F(\Pi_k, u_k, x_d)}{\partial z}\right|_{z=\varphi_2^{-1}(\tau-\Delta F)}$ 对 ΔF 取近似得到

$$\left.\frac{\partial F(\Pi_k, u_k, x_d)}{\partial z}\right|_{z=\varphi_2^{-1}(\tau-\Delta F)} = \Phi_0(\tau) + \Phi_1(\tau)\Delta F + o(\Delta F) \tag{11.8}$$

以及

$$\gamma_w(z) = \gamma_w(z_0) + \left(\left.\frac{\partial \gamma_w(z)}{\partial z}\right|_{z=z_0}\right)\Delta\gamma_w + o(\Delta\gamma_w)$$

式中, $z_0 = \varphi_2^{-1}(\tau)$; $o(\cdot)$ 表示高阶项。

另外,下面的几个等式成立:

$$\gamma_w(z) = \gamma_{w0}(z) + \Delta\gamma_w, \quad \gamma_w(\tau_l) = \gamma_{w0}(\tau_l) + \Delta\gamma_w, \quad l = 1, 2, \cdots, d$$

$$\gamma_w(\tau_1)\cdots\gamma_w(\tau_d) = \prod_{l=1}^{d}\gamma_{w0}(\tau_l) + \sum_l\left[\prod_k^d\gamma_{w0}(\tau_k)\right][\gamma_{w0}(\tau_l)]^{-1}\Delta\gamma_w + o(\Delta\gamma_w)$$

因此,

$$\gamma_w(\tau_1)\cdots\gamma_w(\tau_d) = \overline{\gamma}_{w0}(\tilde{\tau}) + \tilde{\gamma}_{w0}(\tilde{\tau})\Delta\gamma_w + o(\Delta\gamma_w) \tag{11.9}$$

式中, $\tilde{\tau} = (\tau_1, \cdots, \tau_d)$。

引理 11.1　如果非线性随机系统 (11.1) 满足假设 11.1 和假设 11.2, 那么下面的等式成立:

$$\gamma_{y_{k+d+1}}(\tau|\Pi_k, u_k)$$

$$= \int_{[a,b]^d} (G_0(\tau, \tilde{\tau}) + G_1(\tau, \tilde{\tau})\Delta\gamma_w + G_2(\tau, \tilde{\tau})\Delta F)\, \mathrm{d}\tilde{\tau} + o(\Delta F, \Delta\gamma_w)$$

式中, $G_0(\tau, \tilde{\tau}) = [\Phi_0(\tau)]^{-1}\gamma_{w0}(z_0)\bar{\gamma}_{w0}(\tilde{\tau})$, $G_1(\tau, \tilde{\tau}) = [\Phi_0(\tau)]^{-1}[\bar{\gamma}_{w0}(\tilde{\tau}) + \gamma_{w0}(z_0)$ $\tilde{\gamma}_{w0}(\tilde{\tau})]$, $G_2(\tau, \tilde{\tau}) = -\gamma_{w0}(z_0)\bar{\gamma}_{w0}(\tilde{\tau})\Phi_1(\tau)[\Phi_0(\tau)]^{-2} + [\Phi_0(\tau)]^{-1}\bar{\gamma}_{w0}(\tilde{\tau})\dfrac{\partial\gamma_{w0}(z_0)}{\partial z_0}$。

证明　对于任意 $\eta_k \in [\alpha, \beta]^{d+1}$, $\overline{F}(\Pi_k, u_k, \eta_k)$ 的雅可比行列式满足

$$\det\left[\frac{\partial\overline{F}(\Pi_k, u_k, \eta_k)}{\partial\eta_k}\right] = \frac{\partial F(\Pi_k, u_k, \eta_k)}{\partial w_{k+d+1}}$$

因此, 根据 PDF 变换的基本性质, 对于式 (11.6) 定义的多变量函数, 有

$$\gamma_{\overline{y}_{k+d+1}}(\overline{\tau}) = \gamma_{\eta_k}(x_d)\left[\det\left[\frac{\partial\overline{F}(\Pi_k, u_k, x_d)}{\partial x_d}\right]\right]^{-1}$$

$$= \gamma_{\eta_k}(x_d)\left[\frac{\partial F(\Pi_k, u_k, x_d)}{\partial z}\right]^{-1}$$

$$= \gamma_w(z)\gamma_w(\tau_1)\cdots\gamma_w(\tau_d)\left[\frac{\partial F(\Pi_k, u_k, x_d)}{\partial z}\right]^{-1}$$

由于 $\gamma_{y_{k+d+1}}(\tau|\Pi_k, u_k) = \displaystyle\int_a^b \cdots \int_a^b \gamma_{\overline{y}_{k+d+1}}(\overline{\tau})\mathrm{d}\tau_1\cdots\mathrm{d}\tau_d$, 所以在采样时刻 k, 对于任意 $\eta_k \in [\alpha, \beta]^{d+1}$, 下式成立:

$$\gamma_{y_{k+d+1}}(\tau|\Pi_k, u_k)$$

$$= \int_a^b \cdots \int_a^b \left[\gamma_w(z)\gamma_w(\tau_1)\cdots\gamma_w(\tau_d)\left[\frac{\partial F(\Pi_k, u_k, x_d)}{\partial z}\right]^{-1}\right]\mathrm{d}\tau_1\cdots\mathrm{d}\tau_d$$

$$\tag{11.10}$$

若模型无误差, 且随机信号 w 的 PDF 可以准确量测, 式 (11.10) 即为相应的泛函算子模型。但是由于模型误差未知, 且 w 的 PDF 有量测误差, 因此不能直接根据式 (11.10) 设计控制器。但是从式 (11.8) 可以看出

$$\left[\frac{\partial F(\Pi_k, u_k, x_d)}{\partial z}\right]^{-1} = [\Phi_0(\tau) + \Phi_1(\tau)\Delta F + o(\Delta F)]^{-1}$$

$$= [\Phi_0(\tau)]^{-1} - \Phi_1(\tau)[\Phi_0(\tau)]^{-2}\Delta F + o(\Delta F)$$

因此, 根据式 (11.8) 和式 (11.9) 可以得到

$$\gamma_w(z)\gamma_w(\tau_1)\cdots\gamma_w(\tau_d)\left[\frac{\partial F(\Pi_k, u_k, x_d)}{\partial z}\right]^{-1}$$

$$=\left\{[\Phi_0(\tau)]^{-1} - \Phi_1(\tau)[\Phi_0(\tau)]^{-2}\Delta F + o(\Delta F)\right\} \times \left\{\gamma_w(z_0)\bar{\gamma}_{w0}(\tilde{\tau})\right.$$

$$\left. +\bar{\gamma}_{w0}(\tilde{\tau})\cdot\frac{\partial\gamma_w(z_0)}{\partial z_0}(-\Delta F) + \gamma_w(z_0)\tilde{\gamma}_{w0}(\tilde{\tau})\Delta\gamma_w + o(\Delta F, \Delta\gamma_w)\right\}$$

$$=\left\{[\Phi_0(\tau)]^{-1} - \Phi_1(\tau)[\Phi_0(\tau)]^{-2}\Delta F + o(\Delta F)\right\} \times \left\{\gamma_{w0}(z_0)\bar{\gamma}_{w0}(\tilde{\tau}) + \bar{\gamma}_{w0}(\tilde{\tau})\Delta\gamma_w\right.$$

$$\left. +\bar{\gamma}_{w0}(\tilde{\tau})\frac{\partial\gamma_{w0}(z_0)}{\partial z_0}(-\Delta F) + \gamma_{w0}(z_0)\tilde{\gamma}_{w0}(\tilde{\tau})\Delta\gamma_w + o(\Delta F, \Delta\gamma_w)\right\}$$

$$=[\Phi_0(\tau)]^{-1}\gamma_{w0}(z_0)\bar{\gamma}_{w0}(\tilde{\tau}) - \gamma_{w0}(z_0)\bar{\gamma}_{w0}(\tilde{\tau})\Phi_1(\tau)[\Phi_0(\tau)]^{-2}\Delta F$$

$$+[\Phi_0(\tau)]^{-1}[\bar{\gamma}_{w0}(\tilde{\tau}) + \gamma_{w0}(z_0)\tilde{\gamma}_{w0}(\tilde{\tau})]\Delta\gamma_w + [\Phi_0(\tau)]^{-1}\left[\bar{\gamma}_{w0}(\tilde{\tau})\frac{\partial\gamma_{w0}(z_0)}{\partial z_0}\right]\Delta F$$

$$+o(\Delta F, \Delta\gamma_w) \tag{11.11}$$

再结合式 (11.10) 和式 (11.11), 结论得证。

引理 11.1 表明, $\gamma_{y_{k+d+1}}(\tau)$ 是关于 $\gamma_w(\tau)$ 以及未知项 u_k 的函数。据此, 式 (11.5) 定义的 $J_k(\Pi_k, u_k)$ 可以近似表示成

$$J_k(\Pi_k, u_k) = \int_\alpha^\beta Q_d\left[\int_{[a,b]^d} G_0(\tau,\tilde{\tau})\mathrm{d}\tilde{\tau} - \phi(\tau)\right]^2 \mathrm{d}\tau$$

$$+\int_\alpha^\beta 2Q_d\left[\int_{[a,b]^d} G_0(\tau,\tilde{\tau})\mathrm{d}\tilde{\tau} - \phi(\tau)\right]\left[\int_{[a,b]^d} G_1(\tau,\tilde{\tau})\mathrm{d}\tilde{\tau}\Delta\gamma_w\right.$$

$$\left. +\int_{[a,b]^d} G_2(\tau,\tilde{\tau})\mathrm{d}\tilde{\tau}\Delta F\right]\mathrm{d}\tau + o(\Delta F, \Delta\gamma_w) + \frac{1}{2}R_k u_k^2$$

记 $\bar{J}_k(\Pi_k, u_k) = H(\Pi_k, u_k) + \frac{1}{2}R_k u_k^2$, 其中 $H(\Pi_k, u_k)$ 是关于 Π_k 和 u_k 的函数, 即

$$H(\Pi_k, u_k) = \int_\alpha^\beta Q_d\left[\int_{[a,b]^d} G_0(\tau,\tilde{\tau})\mathrm{d}\tilde{\tau} - \phi(\tau)\right]^2 \mathrm{d}\tau$$

$$+\int_\alpha^\beta 2Q_d\left|\int_{[a,b]^d} G_0(\tau,\tilde{\tau})\mathrm{d}\tilde{\tau} - \phi(\tau)\right|\int_{[a,b]^d}|G_1(\tau,\tilde{\tau})|\mathrm{d}\tilde{\tau}\mathrm{d}\tau\delta_0$$

$$+\int_\alpha^\beta 2Q_d\left|\int_{[a,b]^d} G_0(\tau,\tilde{\tau})\mathrm{d}\tilde{\tau} - \phi(\tau)\right|\int_{[a,b]^d}|G_2(\tau,\tilde{\tau})|\mathrm{d}\tilde{\tau}\mathrm{d}\tau\delta_2$$

$$\tag{11.12}$$

值得注意的是, 对于相同的 u_k 和 R_k, 如果忽略高阶项, 则有 $J_k(\Pi_k, u_k) \leqslant \bar{J}_k(\Pi_k, u_k)$。根据引理 11.1, 当 Π_k, u_k 和 $\gamma_w(\tau)$ 给定的, $\bar{J}_k(\Pi_k, u_k)$ 是一个确定的

已知函数。本章将 $\bar{J}_k(\Pi_k, u_k)$ 作为性能指标函数,从而可以引出下面的鲁棒 PDF 控制问题。鲁棒 PDF 控制就是在采样时刻 k 找到 u_k 使得 $\bar{J}_k(\Pi_k, u_k)$ 最小化。

11.2　鲁棒 PDF 控制

采用递推的控制律设计,记 $u_k = u_{k-1} + \Delta u_k$。根据泰勒展开式,$H(\Pi_k, u_k)$ 可以作以下近似:

$$H(\Pi_k, u_k) = H_0 + H_1 \Delta u_k + \frac{1}{2} H_2 \Delta u_k^2 + o(\Delta u_k^2) \tag{11.13}$$

式中,$H_0 = H(\Pi_k, u_k)|_{u_k = u_{k-1}}$,$H_1 = \dfrac{\partial H(\Pi_k, u_k)}{\partial u_k}|_{u_k = u_{k-1}}$,$H_2 = \dfrac{\partial^2 H(\Pi_k, u_k)}{\partial u_k^2}|_{u_k = u_{k-1}}$。

定理 11.1　对于带有输入时滞和模型不确定性的非线性非高斯系统 (11.1),基于最小化性能指标 $\bar{J}_k(\Pi_k, u_k)$ 的一种鲁棒 PDF 控制律设计如下:

$$\Delta u_k^* = -\frac{H_1 + R_k u_{k-1}}{H_2 + R_k} \tag{11.14}$$

式中,R_k 满足 $H_2 + R_k > 0$。

证明　最优控制律可以通过式 (11.15) 得到

$$\frac{\partial \left[H(\Pi_k, u_k) + \dfrac{1}{2} R_k u_k^2 \right]}{\partial \Delta u_k} = 0 \tag{11.15}$$

将 $\dfrac{1}{2} R_k u_k^2 = \dfrac{1}{2} R_k (u_{k-1} + \Delta u_k)^2$ 和式 (11.13) 代入式 (11.15),即可以得到递归控制律 (11.14)。

同时,为了保证充分性,需要满足

$$\frac{\partial^2 \left[H(\Pi_k, u_k) + \dfrac{1}{2} R_k u_k^2 \right]}{\partial \Delta u_k^2} = H_2 + R_k > 0$$

实际上,当 R_k 选得充分大时,上式必然成立。定理 11.1 得证。

11.3　镇定控制器设计

对于不确定非高斯系统,尽管已经有闭环系统稳定性分析方面的一些结果,但是怎样设计结构简单的镇定控制律依然是一个值得研究的问题。下面我们将介绍一种能够保证闭环系统稳定的次优 PDF 控制律。

简单起见，下面假定 $d = 1$。将式 (11.1) 线性化得到

$$\Delta y_{k+1} = F_1(k)\Delta y_k + F_2(k)\Delta u_{k-1} + F_3(k)\Delta w_{k+1} \tag{11.16}$$

式中，

$$F_1(k) = \left.\frac{\partial f}{\partial y_k}\right|_{k-1}, \quad F_2(k) = \left.\frac{\partial f}{\partial u_k}\right|_{k-2}, \quad F_3(k) = \left.\frac{\partial f}{\partial w_{k+1}}\right|_k$$

$$\Delta y_k = y_k - y_{k-1}, \quad \Delta u_k = u_k - u_{k-1}, \quad \Delta w_k = w_k - w_{k-1}$$

为了书写简单，其中 $f(\cdot)$ 的自变量被省略掉了，直接写成了 f。下面的近似是关于 Δu_k 和 Δy_k 两个变量的：

$$\begin{aligned} H(\Pi_k, u_k) = {} & H_{00}(k) + H_{11}(k)\Delta u_k + H_{12}(k)\Delta y_k + H_{21}(k)\Delta u_k\Delta y_k \\ & + \frac{1}{2}H_{22}(k)\Delta u_k^2 + \frac{1}{2}H_{23}(k)\Delta y_k^2 + o\left(\Delta u_k^2, \Delta y_k^2\right) \end{aligned} \tag{11.17}$$

式中，

$$H_{00}(k) = H(\Pi_k, u_k)|_{k-1}, \qquad H_{11}(k) = \left.\frac{\partial H(\Pi_k, u_k)}{\partial u_k}\right|_{k-1}$$

$$H_{12}(k) = \left.\frac{\partial H(\Pi_k, u_k)}{\partial y_k}\right|_{k-1}, \qquad H_{21}(k) = \left.\frac{\partial^2 H(\Pi_k, u_k)}{\partial u_k \partial y_k}\right|_{k-1}$$

$$H_{22}(k) = \left.\frac{\partial^2 H(\Pi_k, u_k)}{\partial u_k^2}\right|_{k-1}, \qquad H_{23}(k) = \left.\frac{\partial^2 H(\Pi_k, u_k)}{\partial y_k^2}\right|_{k-1}$$

而 $o\left(\Delta u_k^2, \Delta y_k^2\right)$ 包含其余的高阶项。根据式 (11.15)，可以得到：

$$\Delta u_k = -\frac{H_{11}(k) + H_{21}(k)\Delta y_k + R_k u_{k-1}}{H_{22}(k) + R_k} \tag{11.18}$$

下面记

$$\xi(k) = -\frac{F_2(k)H_{11}(k-1) + R_{k-1}u_{k-2}}{H_{22}(k-1) + R_{k-1}} + F_3(k)\Delta w_{k+1}$$

$$A(k) = \begin{bmatrix} 0 & 1 \\ -\dfrac{F_2(k)H_{21}(k-1)}{H_{22}(k-1) + R_{k-1}} & F_1(k) \end{bmatrix}$$

定理 11.2 对于正常数 $\theta < 1$，如果存在 $R_{k-1} > 0$ 使得 $\|A(k)\| \leqslant \theta$，那么式 (11.18) 是一种局部稳定控制策略。

证明 令 $X(k) = [x_1(k), x_2(k)]^{\mathrm{T}}$，其中 $x_1(k) = \Delta y_{k-1}$，$x_2(k) = \Delta y_k$，那么

$$X(k+1) = A(k)X(k) + [0, 1]^{\mathrm{T}}\xi_k$$

从而结论得证。

注 11.1　对于不确定系统 (11.4)，递归的次优 PDF 控制器设计步骤可以总结如下：

(1) 选择 $\bar{J}_k(\Pi_k, u_k)$ 中的权；

(2) 初始化 Π_0 和 u_0；

(3) 根据引理 11.1 计算 $\gamma_{y_{k+d+1}}(\tau)$；

(4) 在定理 11.1 和定理 11.2 的基础上计算 Δu_k 和 u_k；

(5) 令 $k = k+1$，回到第 (3) 步。

11.4　仿真算例

考虑如下带输入时滞的 NARMAX 模型：

$$y_{k+1} = 0.25y_k - 0.05y_k^3 + \sqrt{w_{k+1}} + u_{k-1} + \Delta f \tag{11.19}$$

式中，$w_k \in [0, 1]$ $(k = 0, 1, 2, \cdots)$；$\Delta f \leqslant 0.01$。假设随机变量序列 w_k $(k = 0, 1, 2, \cdots)$ 独立同分布，其非对称 PDF 定义为

$$\gamma_w(\tau) = \begin{cases} -12\tau^5 + 12\tau^3 + \Delta\gamma_w, & \tau \in [0, 1] \\ 0, & \tau \in (-\infty, 0) \bigcup (1, +\infty) \end{cases}$$

跟踪目标的 PDF $\phi(\tau)$ 是给定的 Beta 分布，即

$$\gamma_\phi(\tau) = \begin{cases} \dfrac{1}{B(9, 2)}\tau^{9-1}(1-\tau)^{2-1}, & \tau \in [0, 1] \\ 0, & \tau \in (-\infty, 0) \bigcup (1, +\infty) \end{cases}$$

式中，$B(9, 2)$ 定义为 $B(\alpha, \beta) = \displaystyle\int_0^1 \tau^{\alpha-1}(1-\tau)^{\beta-1}\mathrm{d}\tau$。

在仿真中，初始值设定为 $u_0 = 0, y_0 = 0.2$，权设定为 $Q_d = 100, R = 1$。图 11.1 是最优 PDF 控制输入序列 u_k，图 11.2 是系统输出 y_k。为了显示所提方法的有效性，图 11.3 分别给出了目标 PDF $\phi(\tau)$ 以及仿真时刻的第 5s、第 7s 和第 10s 时实际的输出 PDF，作为比较。另外，图 11.4 给出了实际输出 PDF 和目标 $\phi(\tau)$ 之间的 L_2 距离，从中可以看出该距离在短时间内下降到一个比较小的值。因此使用这种 PDF 控制方法可以实现比较理想的动态跟踪性能。

图 11.5 是用最小熵方法重新设计控制器时，对应的性能指标函数 $\bar{J}_k(\Pi_{k,d}, u_k)$ 在各个时间点的值。图 11.6 是跟踪误差 e_k 的 PDF 三维图，从该图可以看出，误差的 PDF 越来越窄，即不确定性越来越小。

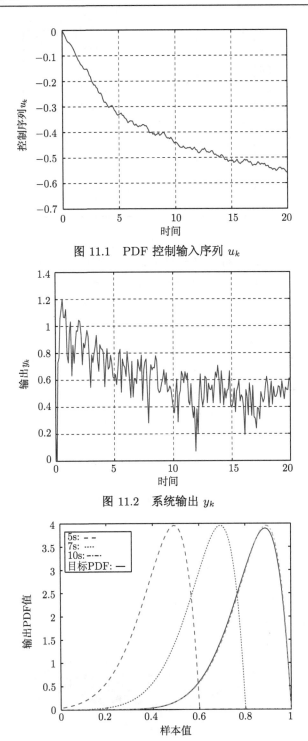

图 11.1 PDF 控制输入序列 u_k

图 11.2 系统输出 y_k

图 11.3 输出 PDF 和目标 PDF 之间的对比

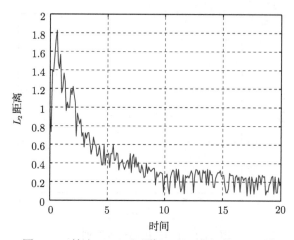

图 11.4　输出 PDF 和目标 PDF 之间的 L_2 距离

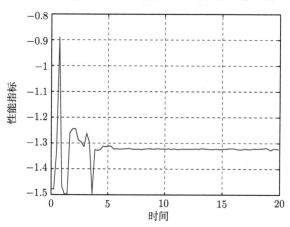

图 11.5　性能指标函数

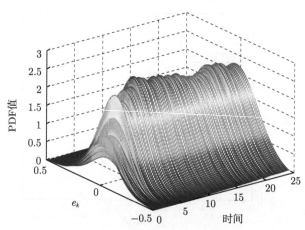

图 11.6　e_k 的 PDF 三维图

11.5 本 章 小 结

本章针对一类存在模型不确定性和量测 PDF 不确定性的非高斯分布泛函系统，提出了一种鲁棒 PDF 控制算法，这种控制算法在系统同时存在随机性和不确定性动态时仍然可以保证输出 PDF 能够跟踪目标 PDF。本章中的一个关键步骤是构造辅助函数，建立 d 步后向系统信息和输出 PDF 之间的泛函算子模型。本章中所提出的递归 PDF 控制律可以保证闭环系统既是最优的也是局部稳定的。本章最后用一个简单的数值仿真来证明所提方法的有效性。

第12章 随机分布泛函模型的最小熵滤波

卡尔曼滤波理论上仅适用于高斯随机系统,当系统噪声是非高斯随机变量时,滤波问题是一个长期存在的理论难题。本章将针对一类多维非高斯动态随机系统介绍最小熵滤波算法。该随机系统以一组差分方程表示,系统输入为非高斯变量。为了描述估计误差的统计特性,本章定义了混合随机向量、混合概率、混合熵等概念。通过建立系统多维随机输入和输出 PDF 之间的泛函关系,递归地构造了实时次优滤波器,使得估计误差的熵最小化。进一步,本章还对最小熵算法做了改进,通过调节权矩阵以保证误差系统的局部稳定性。

12.1 问 题 描 述

12.1.1 系统模型与滤波模型

考虑如下的随机系统模型:

$$\begin{cases} x_{k+1} = A_k x_k + G_k w_k \\ y_k = H(x_k) \end{cases} \tag{12.1}$$

式中,$x_k \in \mathbb{R}^m$ 是系统状态;$y_k \in \mathbb{R}^l$ 是量测输出;$w_k \in \mathbb{R}^n$ 是随机扰动;A_k 和 G_k 是两个已知的时变矩阵。w_k 和 y_k 可以是非高斯向量,这一点与经典的扩展卡尔曼滤波 (EKF) 理论有所不同。至于 w_k 的 PDF 的获取,可以运用一些先进的仪器 (如激光粒子分布摄像头) 直接量测,也可以基于开环测试和核估计方法来获取。在本章中,我们做出以下假设。

假设 12.1 $w_k(k = 0, 1, 2, \cdots)$ 是定义在 $[a, b]^n$ 上的有界、独立同分布的随机向量序列,其 PDF 已知,记为 $\gamma_w(\tau)$。

假设 12.2 $H(\cdot)$ 是一个已知的 Borel 可测的光滑非线性向量函数。

针对系统 (12.1),构建如下形式的滤波器:

$$\widehat{x}_{k+1} = A_k \widehat{x}_k + U_k(y_k - H(\widehat{x}_k)) \tag{12.2}$$

式中,$U_k \in \mathbb{R}^{m \times l}$ 是待定的增益矩阵。由式 (12.1) 和式 (12.2) 可知估计误差 $e_k = x_k - \widehat{x}_k$ 的动态方程为

$$e_{k+1} = A_k e_k - U_k \left(H(x_k) - H(\widehat{x}_k) \right) + G_k w_{k+1} \tag{12.3}$$

一个理想的滤波器应该使得 e_k 的某种测度收敛于零或者最小化。根据式 (12.3) 可知：e_{k+1} 可以表示成两个随机向量 $A_k e_k$，$G_k w_{k+1}$ 与可测项 $-U_k(y_k - H(\widehat{x}_k))$ 的和，因此 e_{k+1} 的 PDF 实质上可以看成是在 A_k, G_k, y_k, $\widehat{y}_k$, U_k 给定条件下与 e_k，w_k 相关的条件 PDF。这里为了简化表达，用 $\gamma_{e_k}(\cdot)$ 表示 e_k 的条件联合 PDF。此外，假定系统矩阵满足以下条件。

假设 12.3　在每一个采样时刻 k，存在可逆矩阵 P_k，使得

$$P_k^{-1} A_k P_k = \begin{bmatrix} A_{1k} & A_{2k} \\ 0 & A_{3k} \end{bmatrix} := \widetilde{A}_k, \quad P_k^{-1} G_k = \begin{bmatrix} G_{1k} \\ 0 \end{bmatrix} := \widetilde{G}_k \qquad (12.4)$$

式中，A_{1k} 可逆，且 $\mathrm{rank}(A_{1k}) = \mathrm{rank}(G_{1k}) = r(\leqslant n)$。

记 $\widetilde{e}_k := P_k^{-1} e_k$，则式 (12.3) 转变为

$$\widetilde{e}_{k+1} = \widetilde{A}_k \widetilde{e}_k - \widetilde{U}_k(H(x_k) - H(\widehat{x}_k)) + \widetilde{G}_k w_{k+1} \qquad (12.5)$$

式中，$\widetilde{A}_k$, $\widetilde{G}_k$ 由式 (12.4) 所定义，$\widetilde{U}_k := P_k^{-1} U_k$。由于使用式 (12.5) 可以简化误差 PDF 的计算，因此接下来都将用式 (12.5) 代替式 (12.3)。

注 12.1　对于系统 (12.1)，如果 $n \geqslant m$，那么假设 12.3 自然满足。假设 12.3 可以涵盖大部分情形。如果该假设不满足，涉及的误差向量将不再是系统输出型混合 (system-output-type hybrid, SOTH, 见定义 12.2) 随机向量，滤波器的设计将会非常复杂。

12.1.2　滤波器设计

设计滤波器的目的是有效利用系统的输入和输出信息来估计状态 x_k。滤波性能的好坏由估计误差的统计特性来反映，故首先需要求取误差向量 $\widetilde{e}_k$ 的 PDF。在本章，根据式 (12.3) 或式 (12.5) 来获取估计误差的 PDF 是一个重要内容，进而根据 $\widetilde{e}_k$ 的熵建立性能指标函数并通过使熵最小化确定滤波增益。下面，我们先对最优滤波器的设计方法进行简单介绍。

根据式 (12.5)，要设计最优滤波器，第一步是要计算 $\widetilde{A}_k \widetilde{e}_k$ 和 $\widetilde{G}_k w_{k+1}$ 的 PDF。为了统一记号，在采样时刻 $k+1$，考虑如下的多维映射：

$$\theta_{k+1} = D_k \pi_{k+1} \in [\alpha, \beta]^m \qquad (12.6)$$

式中，$\pi_{k+1} \in [a, b]^n$ 是非高斯连续随机向量，具有联合 PDF $\gamma_\pi(\cdot)$；而 $D_k \in \mathbb{R}^{m \times n}$ 是一已知矩阵。

对于给定的 θ，满足方程 $\theta = D_k \pi$ 的解 π 可能有三种情况：① 有限个解；② 无限个解；③ 无解。在大多数文章中，都是只考虑第一种情况 (见文献 [85])。对于第二种情况，一般用脉冲函数来刻画 PDF [92]，但这样会导致 θ 不连续从而无法讨论优化问题。实际上，第二种情况和第三种情况分析起来要比第一种情况难得多。

　　另外, 对于 $\theta = \theta^1 + \theta^2$, 其中 θ^1 和 θ^2 是两个多维随机向量, 即使 $\gamma_{\theta^i}(i = 1, 2)$ 已知, 由于 $\theta^i(i = 1, 2)$ 可能是两个混合随机向量, 如何根据 $\gamma_{\theta^i}(i = 1, 2)$ 来求取 γ_θ 仍然是一个未解决的难题。

　　因此, 我们的求解方法分为以下三步。

　　第一步: 针对式 (12.6) 中定义的 π_{k+1} 和 θ_{k+1}, 根据 π_{k+1} 的联合 PDF 求取 θ_{k+1} 的联合 PDF 和熵。

　　第二步: 对于 $\theta = \theta^1 + \theta^2$, 其中 θ^1 和 θ^2 是两个多维随机向量, 根据 θ^1 和 θ^2 的 PDF 求取 θ 的 PDF。

　　第一步和第二步完成后, 根据式 (12.5), $\tilde{e}_{k+1}$ 的 PDF 可以用 U_k, $\gamma_{\omega_{k+1}}(\tau)$ 和 $\gamma_{\tilde{e}_k}(\tau)$ 表示。

　　第三步: 根据已求取的 $\tilde{e}_{k+1}$ 的 PDF, 运用优化方法使熵最小化。

12.1.3　混合概率和混合 PDF

　　为了研究多维随机系统输出变量的随机特征, 需要对现有的关于多维随机向量及联合 PDF 的理论做一些推广。因为一个确定型变量可以看成是一种特殊的只有一种取值的离散随机变量, 所以可以用一个统一的名称即混合随机向量来表示那些既有连续分量也有离散分量和确定分量的随机向量, 具体定义如下。

　　定义 12.1　如果一个随机向量 $\tilde{z} \in [\alpha, \beta]^m$ 中的所有分量经过重新排序后能够转化成 $z = [z_1^{\mathrm{T}}, z_2^{\mathrm{T}}]^{\mathrm{T}}$ 这种形式, 其中 $z_1 \in [\alpha, \beta]^{m_1}$ 是连续随机子向量, $z_2 \in [\alpha, \beta]^{m_2}$ 是离散随机子向量且取有限值 $\{\sigma_1, \sigma_2, \cdots, \sigma_M\}$, $m = m_1 + m_2$, 那么 $\tilde{z}$ 或 z 就是混合随机向量。z 的相应概率称为混合概率, 定义为 $P\{z_1 \preceq \delta, z_2 = \sigma_i\}$, 其中 $\delta \in [\alpha, \beta]^{m_1}$, $\sigma_i \in [\alpha, \beta]^{m_2}$ $(i = 1, 2, \cdots, M)$。相应地, 混合概率分布函数的定义如下:

$$F_{z_1}(\delta, z_2 = \sigma_i) = P\{z_1 \preceq \delta, z_2 = \sigma_i\}, \quad i = 1, 2, \cdots, M \tag{12.7}$$

而混合 PDF 定义为

$$\gamma_{z_1}(\delta, z_2 = \sigma_i) = \frac{\partial F_{z_1}(\delta, z_2 = \sigma_i)}{\partial \delta} \tag{12.8}$$

对于混合随机向量 z, 定义

$$F_z(\eta) = F_{z_1}(\delta, z_2 = \sigma_i), \quad \gamma_z(\eta) = \gamma_{z_1}(\delta, z_2 = \sigma_i) \tag{12.9}$$

式中, $\eta = [\delta^{\mathrm{T}}, \sigma^{\mathrm{T}}]^{\mathrm{T}} \in [\alpha, \beta]^m$, $\sigma = \sigma_i$, $i = 1, 2, \cdots, M$。

　　注 12.2　定义 12.1 所定义的混合随机向量与文献 [85] 和文献 [93] 中定义的混合型随机变量不同, 在文献 [85] 和文献 [93] 中, "混合"指的是模糊变量不确定性和随机变量不确定性的比较与综合。

　　定义 12.2　如果一个随机向量 $\tilde{z} \in [\alpha, \beta]^m$ 中的所有分量经过重新排序后能够转化成 $z = [z_1^{\mathrm{T}}, z_2^{\mathrm{T}}]^{\mathrm{T}}$ 这种形式, 其中 $z_1 \in [\alpha, \beta]^{m_1}$ 是连续随机子向量, $z_2 \in [\alpha, \beta]^{m_2}$

是确定型子向量, $m = m_1 + m_2$, 则 $\widetilde{z}$ 或 z 称为系统输出型混合随机向量 (SOTH 随机向量)。如果两个 SOTH 随机向量连续分量的维数相同, 各连续随机变量在整个 SOTH 随机向量中的位置也相同, 则称这两个 SOTH 随机向量的结构相同。

定义 12.3 对于混合随机向量 $z = [z_1^{\mathrm{T}}, z_2^{\mathrm{T}}]^{\mathrm{T}} \in [\alpha, \beta]^m$, 其中 $z_1 \in \Omega = [\alpha, \beta]^{m_1}$ 是连续随机子向量, $z_2 \in [\alpha, \beta]^{m_2}$ 是离散随机子向量且取有限值 $\{\sigma_1, \sigma_2, \cdots, \sigma_M\}$, 则混合熵的定义如下:

$$E_n(z) = -\sum_{i=1}^{M} \int_{\Omega} \gamma_{z_1}(\tau, z_2 = \sigma_i) \ln \gamma_{z_1}(\tau, z_2 = \sigma_i) \mathrm{d}\tau \tag{12.10}$$

12.2 误差 PDF 的计算

在假设 12.1~ 假设 12.3 的条件下, 根据式 (12.5) 可以得到

$$\begin{aligned}
\widetilde{e}_{k+1} &= v_k + s_k - \widetilde{U}_k(H(x_k) - H(\widehat{x}_k)) \\
s_k &= \widetilde{G}_k w_{k+1}, \ v_k = \widetilde{A}_k \widetilde{e}_k
\end{aligned} \tag{12.11}$$

式中, $y_k - H(\widehat{x}_k)$ 可以在 k 时刻通过在线测量获取。假设 12.3 保证在采样时刻 k, 当 $m > n (\geqslant r)$ 时, $\widetilde{A}_k e_k$ 和 $\widetilde{G}_k w_{k+1}$ 是两个 SOTH 随机向量。下面, 我们首先要在式 (12.6) 的基础上, 根据 $\widetilde{e}_k$ 和 w_{k+1} 的 PDF 求取 s_k 和 v_k 的 PDF, 进一步计算 $\widetilde{e}_{k+1}$ 的联合 PDF。下面的三个引理分别给出了三种不同情况下 θ_{k+1} 和 π_{k+1} 的 PDF 之间的关系。引理的证明只用到 PDF 转换的一些基本性质, 详细的证明过程就不赘述了。

情形 1: $m = n$, $\mathrm{rank}(D_k) = m$。

引理 12.1 假设 D_k 可逆, 那么 $\gamma_{\theta_{k+1}}(\tau) = \gamma_{\pi_{k+1}}(D_k^{-1}\tau) \left| \det D_k^{-1} \right|$。

情形 2: $m < n$, $\mathrm{rank}(D_k) = m$。

在这种情形下, 不妨设 D_k 的前 m 列满秩。因此, 存在下三角非奇异矩阵 T_1 和上三角非奇异矩阵 T_2 使得 $T_1 D_k T_2 = [I_m, 0]$。记 $\widetilde{\tau} := T_1\tau = \begin{bmatrix} \widetilde{\tau}^{(1)} \\ \widetilde{\tau}^{(2)} \end{bmatrix}$, $\eta := T_2\widetilde{\tau}^{(2)}$。

引理 12.2 假设矩阵 D_k 行满秩且其前 m 列满秩, 那么

$$\gamma_{\theta_{k+1}}(\tau) = \int_a^b \cdots \int_a^b \gamma_{\pi_{k+1}}(\eta) \left| \det T_1 \right| \left| \det T_2 \right| \mathrm{d}\widetilde{\tau}^{(2)}$$

情形 3: $m > n$, $\mathrm{rank}(D_k) = r$。

根据假设 12.3, 我们只需要考虑特殊情况: $D_k = [D_{1k}^{\mathrm{T}}, 0]^{\mathrm{T}}$, $D_{1k} \in \mathbb{R}^{r \times n}(r \leqslant n)$ 行满秩。记 $\tau = \begin{bmatrix} \tau^{(1)} \\ \tau^{(2)} \end{bmatrix}$, 且 $\widetilde{\pi}_{k+1} := D_{1k}\pi_{k+1}$, $\theta_{k+1} := \begin{bmatrix} \theta_{k+1}^{(1)} \\ \theta_{k+1}^{(2)} \end{bmatrix} = \begin{bmatrix} \widetilde{\pi}_{k+1} \\ 0 \end{bmatrix}$。

在这种情形下 $\tau \in [a, b]^m, \tau^{(1)} \in [a, b]^r$。

引理 12.3　假设 $D_k = [D_{1k}^{\mathrm{T}}, 0]^{\mathrm{T}}$ 且 D_{1k} 行满秩, 那么

$$\gamma_{\theta_{k+1}}(\tau) = \begin{cases} \gamma_{\widetilde{\pi}_{k+1}}(\tau^{(1)}), & \tau^{(2)} = 0 \\ 0, & \text{其他} \end{cases}$$

式中, $\gamma_{\widetilde{\pi}_{k+1}}(\tau^{(1)})$ 可以通过引理 12.1 或引理 12.2 计算得到。

注 12.3　$P\{\theta_{k+1}^{(1)} \preceq \tau^{(1)}, \theta_{k+1}^{(2)} = 0\}$ 可以看成是一个混合随机向量的概率 (见定义 12.1)。在这种情形下, 确切地说, θ_{k+1} 是一个 SOTH 随机向量。

根据引理 12.1~ 引理 12.3, 当 $\widetilde{e}_k$ 和 w_{k+1} 都是连续随机向量且它们的 PDF 已知时, 我们可以通过这两个已知的 PDF 计算 v_k 和 s_k 的 PDF。对于 SOTH 随机向量, 这种方法也同样适用。当 v_k 和 s_k 都是混合随机向量时, 需要讨论它们的代数和运算, 为此将用到定义 12.1~ 定义 12.3 和假设 12.3。

首先我们假设初值 x_0 和 $\widehat{x}_0$ 是给定的, 那么 $\widetilde{e}_0$ 就可以看成是一个确定的向量。在这种情况下, 有 $\widetilde{e}_0 = 0$ 和 $v_0 = 0$, 从而式 (12.5) 退化为

$$\widetilde{e}_1 = s_0 = \widetilde{G}_0 w_1 = [G_{10}^{\mathrm{T}}, 0]^{\mathrm{T}} w_1, \quad \gamma_{\widetilde{e}_1}(\tau) = \gamma_{s_0}(\tau) \tag{12.12}$$

式中, s_0 和 $\widetilde{e}_1$ 可以看成是 SOTH 随机向量, 而 $\gamma_{\widetilde{e}_1}(\tau)$ 或 $\gamma_{s_0}(\tau)$ 可以通过引理 12.1~ 引理 12.3 求取。根据

$$v_1 = \widetilde{A}_1 \widetilde{e}_1, \quad \widetilde{A}_1 = \begin{bmatrix} A_{11} & A_{21} \\ 0 & A_{31} \end{bmatrix}, \quad \widetilde{e}_1 = \begin{bmatrix} G_{10}\omega_1 \\ 0 \end{bmatrix}$$

可以发现 v_1 也是一个 SOTH 随机向量, 结构与 s_1 相同。在采样时刻 $k = 2$, 式 (12.5) 退化为

$$\widetilde{e}_2 = v_1 + s_1 - \widetilde{U}_1(H(x_1) - H(\widehat{x}_1))$$

根据定义 12.1, $\gamma_{v_1}(\tau)$ 和 $\gamma_{s_1}(\tau)$ 也可以分别由 $\gamma_{\widetilde{e}_1}(\tau)$ 和 $\gamma_{w_1}(\tau)$ 表示, 其中 v_1 和 s_1 是结构相同的混合随机向量。到目前为止, 剩下的工作就是求取 SOTH 随机向量和的 PDF。

引理 12.4　在采样时刻 $k(k = 1, 2, \cdots)$, 根据假设 12.1~ 假设 12.3, $\widetilde{e}_{k+1}$ 的混合 PDF 可以递归地表示为

$$\gamma_{\widetilde{e}_{k+1}}(\tau) = \int_\alpha^\beta \cdots \int_\alpha^\beta \gamma_{v_k}(\sigma) \gamma_{s_{k+1}}(\varpi(\tau, \sigma, U_k)) \mathrm{d}\sigma \tag{12.13}$$

式中,

$$\varpi(\tau, \sigma, U_k) = \tau - \sigma + \widetilde{U}_k(y_k - \widehat{y}_k)$$

且 $\gamma_{v_k}(\sigma)$ 和 $\gamma_{s_{k+1}}(\varpi(\tau, \sigma, U_k))$ 可以根据引理 12.1~ 引理 12.3 计算得到。

12.3　最小熵滤波

因为 $\widetilde{U}_k$ 是一个矩阵，为了能使用常规的优化方法进行优化，令

$$\widetilde{U}_k = [U_{k1}^{\mathrm{T}}, \cdots, U_{km}^{\mathrm{T}}]^{\mathrm{T}}, \quad u_k = [U_{k1}, \cdots, U_{km}]^{\mathrm{T}} \tag{12.14}$$

式中，U_{ki} 是 $\widetilde{U}_k$ 的第 i 行，从而 $u_k \in \mathbb{R}^{ml \times 1}$ 是一个拉直的列向量。

根据定义 12.1~ 定义 12.3，具有 (混合)PDF $\gamma_{\widetilde{e}_{k+1}}(\tau)$ 的 (混合) 随机向量 $\widetilde{e}_{k+1}$，其 (混合) 熵 $E_n(\widetilde{e}_{k+1})$ 为

$$E_n(\widetilde{e}_{k+1}) := -\int_\alpha^\beta \cdots \int_\alpha^\beta \phi_{k+1}(\tau)\mathrm{d}\tau \tag{12.15}$$

式中，$\tau \in [\alpha, \beta]^n$ 且 $\phi_{k+1}(\tau) := \gamma_{\widetilde{e}_{k+1}}(\tau|y_k, \widehat{y}_k, u_k) \ln\left[\gamma_{\widetilde{e}_{k+1}}(\tau|y_k, \widehat{y}_k, u_k)\right]$。

如果存在滤波器，使得在每一个采样时刻 k，熵 $E_n(\widetilde{e}_k)$ 最小化，那么该滤波器就称为最小熵滤波器。考虑如下的性能指标函数：

$$J_k = -\int_\alpha^\beta \cdots \int_\alpha^\beta R_1 \phi_{k+1}(\tau)\mathrm{d}\tau + \frac{1}{2}u_k^{\mathrm{T}} R_2 u_k \tag{12.16}$$

式中，$R_1 > 0$ 和 $R_2 \geqslant 0$ 是权系数矩阵。在式 (12.16) 中，第一项是估计误差的混合熵，第二项是 U_k 的罚函数。

注 12.4　如果 $m > n$，那么根据式 (12.5)、式 (12.11) 与式 (12.13)，$\widetilde{U}_k$ 中只有前 n 行与混合熵 $E_n(\widetilde{e}_k)$ 有关，而 $\widetilde{U}_k$ 的后 $m - n$ 行与混合熵无关，也就是说，从优化的角度来讲，式 (12.14) 的 $U_{k,n+1}, \cdots, U_{k,m}$ 是多余的。因此在这种情况下，我们不妨令 $U_{k,n+1} = \cdots = U_{k,m} = 0$。

注 12.5　为了保证估计状态无偏，可以考虑在性能指标函数 (12.16) 中加入 $\int_\alpha^\beta \cdots \int_\alpha^\beta \tau \gamma_{\widetilde{e}_{k+1}}(\tau|y_k, \widehat{y}_k, u_k)\mathrm{d}\tau$ 这一项。

下面令 $\Psi(\tau, y_k, \widehat{y}_k, u_k) = \Psi(\tau, u_k) = -R_1 \phi_{k+1}(\tau)$，则次优最小熵滤波器可以按照下面的方法进行设计：

$$\frac{\partial\left[\int_\alpha^\beta \cdots \int_\alpha^\beta \Psi(\tau, y_k, \widehat{y}_k, u_k)\mathrm{d}\tau + \frac{1}{2}u_k^{\mathrm{T}} R_2 u_k\right]}{\partial u_k} = 0 \tag{12.17}$$

为了简化设计步骤，令

$$u_k = u_{k-1} + \Delta u_k, \quad k = 1, 2, \cdots \tag{12.18}$$

进一步, 将 $\Psi(\tau, y_k, \widehat{y}_k, u_k)$ 进行如下泰勒展开:

$$\Psi(\tau, y_k, \widehat{y}_k, u_k) = h_{k0}(\tau) + h_{k1}(\tau)\Delta u_k + \frac{1}{2}\Delta u_k^{\mathrm{T}} h_{k2}(\tau)\Delta u_k \tag{12.19}$$

式中,

$$h_{k0}(\tau) = \Psi(\tau, u_k)|_{u_k = u_{k-1}}$$

$$h_{k1}(\tau) = \frac{\partial \Psi(\tau, u_k)}{\partial u_k}|_{u_k = u_{k-1}} \tag{12.20}$$

$$h_{k2}(\tau) = \frac{\partial^2 \Psi(\tau, u_k)}{\partial u_k^2}|_{u_k = u_{k-1}}$$

定理 12.1　根据假设 12.1∼ 假设 12.3, 次优最小熵滤波器的增益矩阵可以递归设计为

$$\Delta u_k^* = -\left[\int_\alpha^\beta \cdots \int_\alpha^\beta h_{k2}(\tau)\mathrm{d}\tau + R_2\right]^{-1} \times \left[\int_\alpha^\beta \cdots \int_\alpha^\beta h_{k1}^{\mathrm{T}}(\tau)\mathrm{d}\tau + R_2 u_{k-1}\right] \tag{12.21}$$

式中, 权矩阵 R_2 满足

$$\Pi_1(k, R_2) := \int_\alpha^\beta \cdots \int_\alpha^\beta h_{k2}(\tau)\mathrm{d}\tau + R_2 > 0$$

证明　根据式 (12.18), 下面的等式成立:

$$u_k^{\mathrm{T}} R_2 u_k = u_{k-1}^{\mathrm{T}} R_2 u_{k-1} + 2u_{k-1}^{\mathrm{T}} R_2 \Delta u_k + \Delta u_k^{\mathrm{T}} R_2 \Delta u_k \tag{12.22}$$

将式 (12.19) 和式 (12.22) 代入式 (12.17), 得到递归的滤波增益 (12.21), 其中 $k = 1, 2, \cdots$。进一步, 为了保证充分性,

$$\frac{\partial^2 \left[\int_\alpha^\beta \cdots \int_\alpha^\beta \Psi(\tau, u_k)\mathrm{d}\tau + \frac{1}{2}u_k^{\mathrm{T}} R_2 u_k\right]}{\partial \Delta u_k^2} > 0$$

也应该成立, 即 $\Pi_1(k, R_2) > 0$ 需要满足。

下面用改进的次优滤波方法进行稳定性分析, 这种方法可以保证误差系统局部稳定。

首先可以对误差系统 (12.5) 进行如下近似:

$$\widetilde{e}_{k+1} = \widetilde{A}_k \widetilde{e}_k + \widetilde{U}_k B_k \widetilde{e}_k + \widetilde{G}_k w_{k+1} \tag{12.23}$$

式中, $B_k := \frac{\partial H(\cdot)}{\partial x_k}|_{x_k=\widehat{x}_k}$。令 $\Delta U_k = \widetilde{U}_k - \widetilde{U}_{k-1}$。根据式 (12.19) 可以看出 $h_{k1}(\tau)$, $h_{k2}(\tau)$ 是关于 $y_k - \widehat{y}_k$ 和 u_{k-1} 的函数。因此, 式 (12.23) 可以写为

$$\widetilde{e}_{k+1} = \widetilde{A}_k\widetilde{e}_k + \widetilde{U}_{k-1}B_k\widetilde{e}_k + \Delta U_k B_k\widetilde{e}_k + \widetilde{G}_k w_{k+1} \tag{12.24}$$

与式 (12.19) 相似, 考虑如下展开式:

$$\Psi(\tau, u_k) = \varphi_k + \varphi_{k1}\Delta u_k + \varphi_{k2}\widetilde{e}_k + \frac{1}{2}\Delta u_k^{\mathrm{T}}\delta_{k1}\Delta u_k + \widetilde{e}_k^{\mathrm{T}}\delta_{k2}\Delta u_k + \frac{1}{2}\widetilde{e}_k^{\mathrm{T}}\delta_{k3}\widetilde{e}_k \tag{12.25}$$

为了提高算法设计的灵活性, 将性能指标函数 J_k 中的 $u_k^{\mathrm{T}}R_2 u_k$ 换成 $u_k^{\mathrm{T}}R_{2k}u_k$, 也就是说, 可以在每一步对 R_{2k} 进行在线调节。将式 (12.25) 代入式 (12.17) 得到 $\Delta u_k = \Lambda_{k1}\widetilde{e}_k + \Lambda_{k2}$, 其中

$$\Lambda_{k1} := -\left[\int_\alpha^\beta \cdots \int_\alpha^\beta \delta_{k1}(\tau)\mathrm{d}\tau + R_{2k}\right]^{-1} \times \left[\int_\alpha^\beta \cdots \int_\alpha^\beta \delta_{k2}^{\mathrm{T}}(\tau)\mathrm{d}\tau\right]$$

且

$$\Lambda_{k2} := -\left[\int_\alpha^\beta \cdots \int_\alpha^\beta \delta_{k1}(\tau)\mathrm{d}\tau + R_{2k}\right]^{-1} \times \left[\int_\alpha^\beta \cdots \int_\alpha^\beta \varphi_{k1}^{\mathrm{T}}(\tau)\mathrm{d}\tau + R_{2k}u_{k-1}\right]$$

与式 (12.14) 相对应, 可以证明

$$\Delta U_k = [\Lambda_{k11}\widetilde{e}_k, \cdots, \Lambda_{k1m}\widetilde{e}_k]^{\mathrm{T}} + [\Lambda_{k21}, \cdots, \Lambda_{k2m}]^{\mathrm{T}} \tag{12.26}$$

式中, $\Lambda_{kij} \in \mathbb{R}^{l \times m}$ 表示 $\Lambda_{ki}(i = 1, 2; j = 1, 2, \cdots, m)$ 的 $[(j-1)l+1] \sim [jl]$ 行构成的子矩阵, 且

$$\Delta U_k B_k = \Theta_1(R_{2k}, u_{k-1}, \widetilde{e}_k) + \Theta_2(R_{2k}, u_{k-1}) \tag{12.27}$$

式中,

$$\Theta_1(R_{2k}, u_{k-1}, \widetilde{e}_k) := \begin{bmatrix} \widetilde{e}_k^{\mathrm{T}}\Lambda_{k11}^{\mathrm{T}}B_k \\ \vdots \\ \widetilde{e}_k^{\mathrm{T}}\Lambda_{k1m}^{\mathrm{T}}B_k \end{bmatrix}$$

$$\Theta_2(R_{2k}, u_{k-1}) := \begin{bmatrix} \Lambda_{k21}^{\mathrm{T}}B_k \\ \vdots \\ \Lambda_{k2m}^{\mathrm{T}}B_k \end{bmatrix}$$

因此，将式 (12.27) 代入式 (12.24)，线性化的误差动态系统可以表示成 $\widetilde{e}_{k+1} = \Xi_k \widetilde{e}_k + \widehat{r}_{k+1}$，其中 $\widehat{r}_{k+1} = \widetilde{G}_k w_{k+1}$ 且

$$\Xi_k = \widetilde{A}_k + \widetilde{U}_{k-1} B_k + \Theta_2(R_{2k}, u_{k-1})$$

进而可以得到下面的结论。

定理 12.2　在假设 12.1～假设 12.3 的条件下，如果对于某一常数 $0 < \varepsilon < 1$，存在 $R_{2k} > 0$ 使得 $\Pi_2(k, R_{2k}) > 0$ 且 $\|\Xi_k\| \leqslant \varepsilon$，其中 $\Pi_2(k, R_{2k}) = \int_\alpha^\beta \cdots \int_\alpha^\beta \delta_{k1} \mathrm{d}\tau + R_{2k}$，那么使用式 (12.26) 中的次优最小熵滤波方法就可以保证估计误差系统的局部稳定性。

证明　如式 (12.27) 所示，在采样时刻 k，Δu_k 是 $\widetilde{e}_k$ 的函数。估计误差闭环系统可以进一步表示为 $\widetilde{e}_{k+1} = \Xi_k \widetilde{e}_k + \widehat{r}_{k+1}$，其中在假设 12.1 和假设 12.2 条件下 $\widehat{r}_{k+1}$ 可以看成是闭环系统的有界干扰，因此相对应的自治系统满足

$$\|\widetilde{e}_{k+1}\| = \left\| \prod_{j=0}^k \Xi(j) \widetilde{e}_0 \right\| \leqslant \varepsilon^{(k+1)} \|\widetilde{e}_0\|$$

这表明当 $0 < \varepsilon < 1$ 时，误差系统是局部稳定的 [94]。

12.4　仿真算例

为了表明所设计算法的有效性，考虑如下的随机系统：

$$\begin{cases} \begin{bmatrix} x_{1,k+1} \\ x_{2,k+2} \end{bmatrix} = \begin{bmatrix} 0.7 & 0.3 \\ 0 & a_0(k) \end{bmatrix} \begin{bmatrix} x_{1,k} \\ x_{2,k} \end{bmatrix} + \begin{bmatrix} 1 \\ b_0(k) \end{bmatrix} w_{k+1} \\ y_k = x_{1,k} + x_{1,k} x_{2,k} \end{cases}$$

式中，$a_0(k) = 0.7 + 0.03 \arctan(1+k)^{-1}$ 且 $b_0(k) = 0.2((k+1)^{-\frac{1}{2}} + 1)$。假设随机变量序列 $w_k(k = 0, 1, 2, \cdots)$ 独立同分布，它们的 PDF 定义如下：

$$\gamma_w(x) = \begin{cases} -750(x^2 - 0.01), & x \in [-0.1, 0.1] \\ 0, & x \in (-\infty, -0.1) \bigcup (0.1, +\infty) \end{cases}$$

在仿真中，设定权系数为 $R_1 = 1$，$R_2 = 100$。仿真结果如图 12.1 和图 12.2 所示。图 12.1 显示的是估计误差的动态响应，表明了所设计的滤波器具有较好的状态估计能力。图 12.2 给出了估计误差的熵序列，可以看出估计误差的熵逐渐减小，即估计误差的随机性不断减小。仿真结果表明了本章所提最小熵滤波算法的有效性。

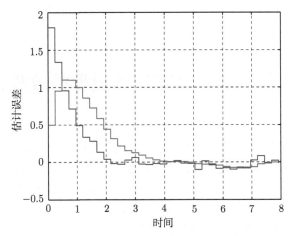

图 12.1 状态估计误差的动态响应

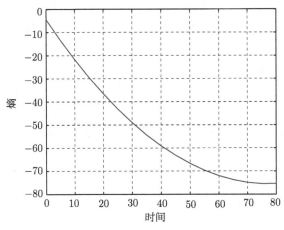

图 12.2 估计误差的熵

12.5 本章小结

本章针对一类多维非线性非高斯系统研究了一种随机分布滤波器设计方法。对于非高斯向量, 仅用均值和方差是不能描述它们的随机特性的, 尤其当它们的 PDF 具有多峰值且非对称时。为了有效刻画系统输出的随机特性, 本章引入了混合随机向量、混合 PDF 和混合熵的概念, 建立了多维随机输入和随机输出的 PDF 之间的关系。在此基础上, 根据量测输出以及随机输入 PDF 的信息来计算估计误差的 PDF 和混合熵。进一步, 根据估计误差 PDF 和最小熵性能指标函数, 得到递归的次优滤波算法, 从而使得估计误差的混合熵最小且误差动态系统局部稳定。

第13章　随机分布泛函模型的故障检测

在现代控制理论中，故障检测与诊断 (FDD) 一直是一个非常重要的研究领域 [42,72,74,77,95-98]。针对随机系统的 FDD 方法大致可以分为以下三种类型：① 针对高斯型随机系统，用 (扩展) 卡尔曼滤波方法估计状态，根据残差信号来检测和量测故障 [77,95,96]；② 根据贝叶斯估计、极大似然估计或粒子滤波等随机时间序列分析方法来估计状态或故障 [42,74]；③ 针对有限状态空间中独立同分布的马尔可夫型高斯系统，通过在线辨识进行随机估计和 FDD [77]。

对于随机动态系统，滤波方法是一种非常有效的方法，这时一般假设噪声和故障是高斯的 [99,100]。对于高斯系统，可以用 (扩展) 卡尔曼滤波方法进行 FDD。但在许多工业过程中，系统输入是非高斯的，即使系统输入本身是高斯的，非线性也会导致非高斯输出。这时，传统的 (扩展) 卡尔曼滤波等方法在非线性非高斯系统的 FDD 问题中不再适用。

本章基于熵优化准则分别针对非线性状态空间模型和 NARMAX 模型研究了非高斯系统的故障检测问题，研究方法以设计熵优化滤波器为主要目标，通过构造多维映射建立故障、干扰以及检测误差的泛函算子模型，并采用最小最大化熵法使估计误差满足各种不同的性能指标。

13.1　状态空间模型下的非线性系统故障检测

13.1.1　系统模型与滤波

首先考虑如下的非线性随机离散系统：

$$\begin{cases} x_{k+1} = f(x_k, \delta_k, w_k) \\ y_k = h(x_k) \end{cases} \tag{13.1}$$

式中，x_k 表示系统状态；y_k 表示系统输出；w_k 表示系统扰动输入；δ_k 表示待检测的故障。这里的 δ_k 既可以表示待检测故障，也可以表示模型参数的突然变化。δ_k 和 w_k 都是任意有界且相互独立的非高斯随机变量，因此系统不能用卡尔曼滤波方法进行故障检测。

为了简化故障检测滤波器的设计步骤，引入下面两个假设条件，这两个假设条件在很多实际工业过程中都能得到满足。

假设 13.1　δ_k 和 $w_k(k = 0, 1, 2, \cdots)$ 是有界且相互独立的随机变量序列, 它们的 PDF 分别是 $\gamma_\delta(x)$ 和 $\gamma_w(x)$, 且这两个 PDF 定义在有界区域上, 不妨设该有界区域为 $[a, b]$。

假设 13.2　$f(\cdot)$ 和 $g(\cdot)$ 是已知的光滑 Borel 可测函数, 且 $h(0) = 0$, $f(0, 0, 0) = 0$。

总体来说, 获取 $\gamma_\delta(x)$ 和 $\gamma_w(x)$ 的方法有两种, 一种是用仪器直接测量, 另一种是基于开环检测的核估计方法 [91]。事实上, 在一些实际工业工程 (如造纸过程中的纸张密度控制、粮食加工过程中的粒子大小分布控制) 中, 有海量的数据可以保存并用以分析模型的故障和干扰以及它们的概率统计特性, 并且在这些工业过程中很多相关随机变量 (包括故障和干扰) 都是非高斯的。

用统计算法进行故障检测往往计算量比较大, 因此在实际工业过程中不太实用。对于实际应用来说, 结构越简单, 计算量越小越好。本章针对系统 (13.1) 提出一种基于滤波器的故障检测方法, 用这种方法可以避免统计算法中大量烦琐的数值计算。

对于非线性动态系统 (13.1), 设计滤波器如下:

$$\begin{cases} \widehat{x}_{k+1} = f(\widehat{x}_k, 0, 0) + U_k(y_k - \widehat{y}_k) \\ \widehat{y}_k = h(\widehat{x}_k) \end{cases} \tag{13.2}$$

式中, U_k 是待定的滤波增益。估计误差 $e_k = x_k - \widehat{x}_k$, 从而有

$$e_{k+1} = f(x_k, \delta_k, w_k) - f(\widehat{x}_k, 0, 0) - U_k(y_k - \widehat{y}_k) \tag{13.3}$$

待检测的残差信号定义如下:

$$\widehat{e}_{k+1} = h(x_k) - h(\widehat{x}_k) \tag{13.4}$$

为了能有效地检测故障, 应使 $\widehat{e}_k$ 受故障 δ_k 的影响最大, 而受扰动 w_k 的影响最小。

13.1.2　误差统计信息

熵可以看成是衡量随机变量不确定性 (随机性) 的测度。从第 2 章中熵的定义可以看出, 作为 x_{k-1}, δ_k, w_k 以及 U_k 的条件熵, $H(\widehat{e}_k)$ 实质上是 $\gamma_\delta(\tau), \gamma_w(\tau), \gamma_{x_{k-1}}(\tau)$ 和待定增益 U_k 的函数。我们的主要任务是寻找合适的 U_k, 使得 $H(\widehat{e}_k)$ 受 δ_k 的影响最大, 而受 w_k 的影响最小。为了简化设计步骤, 假定 $h(x_k)$ 还满足以下的假设条件。

假设 13.3　对于 x_k 和 $\widehat{x}_k$, 函数 $h(\cdot)$ 满足以下等式:

$$h(x_k) - h(\widehat{x}_k) = L_k e_k + \rho_k(x_k, \widehat{x}_k) \tag{13.5}$$

式中，L_k 是一个未知常数，满足不等式 $|L_k| \leqslant M_0$；ρ_k 是一个未知函数，满足不等式 $M_1 \leqslant \rho_k(x_k, \widehat{x}_k) \leqslant M_2$；$M_0$, M_1 和 M_2 是已知常数。

根据假设 13.3，可以证明估计误差 e_k 和残差信号 $\widehat{e}_k$ 的熵之间存在以下关系。

引理 13.1　随机变量 $\widehat{e}_k$ 和 e_k 的熵满足以下不等式：

$$H(\widehat{e}_k) \leqslant H(e_k) + \ln M_0 + \ln |M_2 - M_1| \tag{13.6}$$

式中，$H(\cdot)$ 表示熵。

证明　首先，$\rho_k(x_k, \widehat{x}_k)$ 可以看成是定义在 $[M_1, M_2]$ 上的随机变量。根据熵的性质，可以证明：

$$H(\rho_k(x_k, \widehat{x}_k)) \leqslant H(I(M_1, M_2)) := \ln |M_2 - M_1|$$

式中，$I(M_1, M_2)$ 表示定义在 $[M_1, M_2]$ 上的均匀分布。参考文献 [85]，我们可以证明

$$\begin{aligned}
H(\widehat{e}_k) &\leqslant H(L_k e_k) + E\{\ln |M_2 - M_1|\} \\
&= H(e_k) + E\{\ln |L_k|\} + E\{\ln |M_2 - M_1|\} \\
&\leqslant H(e_k) + \ln M_0 + \ln |M_2 - M_1|
\end{aligned}$$

根据以上引理，在优化性能指标函数时，$H(\widehat{e}_k)$ 可以用 $H(e_k)$ 来代替。假设估计误差 e_k 定义在 $[\alpha, \beta]$ 上，其中 α 和 β 可以分别取为 $-\infty$ 和 $+\infty$，则式 (13.3) 定义的估计误差可以写成下面的形式：

$$e_{k+1} = \varepsilon(x_k, \delta_k, w_k) \tag{13.7}$$

$$= f(x_k, \delta_k, w_k) - U_k y_k - f(\widehat{x}_k, 0, 0) + U_k \widehat{y}_k \tag{13.8}$$

可以证明 $H(e_k)$ 事实上是一个条件熵，它可以进一步写成 $H(e_k | x_{k-1}, \delta_k, w_k, U_k)$。

在本章中，故障检测是通过在每一个采样时刻判断 $\widehat{e}_k$ 或 e_k 的变化实现的，所涉及的故障检测滤波器设计建立在熵优化的基础上。因此，在已知 δ_k，w_k 和 x_k 的 PDF 的条件下，我们必须首先计算 e_k 的 PDF 及相应的熵。

与式 (13.8) 相关的变量

$$\theta_k = -U_k h(x_k) - f(\widehat{x}_k, 0, 0) + U_k \widehat{y}_k \tag{13.9}$$

可以看成是带有未知增益 U_k 的确定项。在每一个采样时刻 k，式 (13.8) 中的非线性项 $f(x_k, \delta_k, w_k)$ 是随机的。下面我们建立输入变量 PDF 和输出误差 PDF 之间的关系式。

假定系统 (13.1) 的初始值分别为 x_0, $\hat{x}_0$ 及 $U_0(U_0 = 0)$, 则式 (13.1) 的状态方程退化为 $x_1 = f(x_0, \delta_0, w_0)$。利用 x_0, δ_0 及 w_0 的统计信息, 根据假设 13.1, (δ_0, w_0) 的联合 PDF, 即 $\gamma_{\delta w}(\tau_1, \tau_2)$, 可以通过 $\gamma_{\delta w}(\tau_1, \tau_2) = \gamma_\delta(\tau_1)\gamma_w(\tau_2)$ 计算得到。因此, 根据 PDF 转换定理可以获知 x_1 的统计信息。

引理 13.2   根据假设 13.1~ 假设 13.3, 在初始时刻, x_1, e_1 的 PDF 分别为

$$\gamma_{x_1}(\tau) = \frac{\mathrm{d}\left[\iint_{\Omega_0(\tau)} \gamma_{\delta w}(\tau_1, \tau_2)\mathrm{d}\tau_1\mathrm{d}\tau_2\right]}{\mathrm{d}\tau} \tag{13.10}$$

$$\gamma_{e_1}(\tau) = \gamma_{x_1}(\tau - \theta_0) \tag{13.11}$$

式中, θ_0 由式 (13.9) 定义。对于给定的 τ, $\Omega_0(\tau) = \{(\tau_1, \tau_2)|f(x_0, \tau_1, \tau_2) \leqslant \tau\}$。

证明   根据第 2 章 PDF 的定义及定理 2.1, 本引理即可证明。

类似地, 可以逐步递推地计算 x_k 和 e_k 的 PDF, 并得到如下结果。

引理 13.3   根据假设 13.1~ 假设 13.3, 在采样时刻 k, x_{k+1} 和 $e_{k+1}(k = 1, 2, \cdots)$ 的 PDF 分别为

$$\gamma_{x_{k+1}}(\tau) = \frac{\mathrm{d}\left[\iiint_{\Omega_k(\tau)} \gamma_{x_k\delta w}(\tau_1, \tau_2, \tau_3)\mathrm{d}\tau_1\mathrm{d}\tau_2\mathrm{d}\tau_3\right]}{\mathrm{d}\tau} \tag{13.12}$$

$$\gamma_{e_{k+1}}(\tau) = \gamma_{x_{k+1}}(\tau - \theta_k)$$

式中, θ_k 如式 (13.9) 所定义, 且对于给定的 τ, $\Omega_k(\tau) = \{(\tau_1, \tau_2, \tau_3)|f(\tau_1, \tau_2, \tau_3) \leqslant \tau\}$。

证明 x_{k+1} 是关于 x_k, δ_k 和 w_k 的函数, 而 x_k, δ_k 和 w_k 可以看成是 PDF 已知的随机变量。该引理证明过程与引理 13.2 相似。

13.1.3   性能指标函数

前面已经建立了输入 PDF 和输出 PDF 之间的联系。根据引理 13.2 和引理 13.3, $\gamma_{e_k}(\tau)$ 可以用 $\gamma_\delta(\tau)$, $\gamma_w(\tau)$, $\gamma_{x_k}(\tau)$ 以及故障检测滤波增益 U_k 表示。

理想的故障检测方法是要使 e_k 受 δ_k 的影响最大, 而受 w_k 的影响最小。因此, 用 $H^1(e_k|x_{k-1}, \delta_k, U_k)$ 表示有故障 δ_k 发生但是没有干扰 w_k 出现时的条件熵, 而用 $H^2(e_k|x_{k-1}, w_k, U_k)$ 表示无故障 δ_k 发生但有干扰 w_k 出现时的条件熵。

对于 $i = 1, 2$, 定义

$$H^i(e_k) = -\int_\alpha^\beta \gamma_{e_k^i}(\tau)\ln(\gamma_{e_k^i}(\tau))\mathrm{d}\tau \tag{13.13}$$

式中, $H^1(e_k)$, $H^2(e_k)$ 分别表示条件熵 $H^1(e_k|x_{k-1}, \delta_k, U_k)$, $H^2(e_k|x_{k-1}, w_k, U_k)$。

对于给定的 τ, 函数 ε 相应的定义域为

$$\Pi_k^1(\tau) := \{(\tau_1, \tau_2)|\varepsilon(\tau_1, \tau_2, 0) \leqslant \tau\}, \ \Pi_k^2(\tau) := \{(\tau_1, \tau_2)|\varepsilon(\tau_1, 0, \tau_2) \leqslant \tau\} \qquad (13.14)$$

式中, $\varepsilon(\cdot, \cdot, \cdot)$ 在式 (13.8) 中已经给出定义。下面将根据 e_k 的 PDF 分别计算条件熵 $H^1(e_k|x_{k-1}, \delta_k, U_k)$ 与 $H^2(e_k|x_{k-1}, w_k, U_k)$。事实上, 引理 13.2 和引理 13.3 还可以进一步做如下简化。

定理 13.1　在假设 13.1～假设 13.3 下, 式 (13.13) 中的 $\gamma_{e_k^1}(\tau)$ 和 $\gamma_{e_k^2}(\tau)(k = 1, 2, \cdots)$ 可以通过下式计算得到:

$$\gamma_{e_k^1}(\tau) = \frac{\mathrm{d}\left[\iint_{\Pi_k^1(\tau)} \gamma_{x_{k-1}\delta}(\tau_1, \tau_2)\mathrm{d}\tau_1\mathrm{d}\tau_2\right]}{\mathrm{d}\tau}$$

$$\gamma_{e_k^2}(\tau) = \frac{\mathrm{d}\left[\iint_{\Pi_k^2(\tau)} \gamma_{x_{k-1}w}(\tau_1, \tau_2)\mathrm{d}\tau_1\mathrm{d}\tau_2\right]}{\mathrm{d}\tau}$$

式中, $\Pi_k^1(\tau)$ 和 $\Pi_k^2(\tau)$ 由式 (13.14) 定义。

证明　证明过程与引理 13.3 相似。

为了检测故障并抑制干扰, 采用如下的性能指标函数:

$$\begin{aligned} J_N &:= \sum_{k=1}^{N} J(e_k, x_{k-1}, \delta_k, w_k, U_k) \\ &= \sum_{k=1}^{N} \left[-H^1(e_k) + R_1 H^2(e_k) + \frac{1}{2} R_2 U_k^2\right] \end{aligned} \qquad (13.15)$$

式中, R_1 和 R_2 是事先确定的权系数。

定义 13.1　如果存在一个滤波器使得在每一个采样时刻 N, J_N 都能最小化, 那么该滤波器称为熵优化故障检测滤波器。

注 13.1　对于高斯信号来说, 熵优化和方差优化是等价的。相应地, 对于高斯系统故障检测问题, 本章的熵优化准则等价于文献 [77] 中研究的最小最大化方法。

注 13.2　在某些情况下, 可以考虑下面的更一般的性能指标函数:

$$\widetilde{J}_N = \sum_{k=1}^{N} \left[-R_{01} H(e_k) - R_{02} H^1(e_k) + R_1 H^2(e_k) + \frac{1}{2} R_2 U_k^2\right] \qquad (13.16)$$

式中, R_{01}, R_{02} 是权系数; $H(e_k)$ 表示既有故障出现也有干扰发生时估计误差 e_k 的熵。根据引理 13.2 和引理 13.3 可以计算得到 $H(e_k)$。事实上, 式 (13.16) 所定义的 $\widetilde{J}_N$ 可以用来研究更一般的系统, 即系统中既有故障出现也有干扰发生的情形。另外, 为了提高滤波器性能, 性能指标函数 (13.16) 中可以添加 $E(e_k)$。

13.1.4 误差 PDF 的简化算法

在定理 13.1 中, 熵的计算退化成了在某些积分区域 (如定理 13.1 中的 Π_k^1) 内多重积分的偏微分。为了使滤波器设计步骤进一步简化, 引入下面的假设。

假设 13.4 对于任意 $\delta_k \in [a,b]$ 和 $w_k \in [a,b]$, $\dfrac{\partial f(x_k, \delta_k, w_k)}{\partial \delta_k} \neq 0, \dfrac{\partial f(x_k, \delta_k, w_k)}{\partial w_k} \neq$

0 成立。

如果假设 13.4 成立, 那么对于函数 $\varepsilon(\cdot,\cdot,\cdot)$、$f(\cdot,\cdot,\cdot)$ 和给定常数 τ, 存在如下定义的反函数:

$$\delta = \varepsilon^{-1}(\tau_1, \tau, 0), \quad w = \varepsilon^{-1}(\tau_1, 0, \tau) \tag{13.17}$$

分别使得

$$\tau = \varepsilon(\tau_1, \delta, 0), \quad \tau = \varepsilon(\tau_1, 0, w)$$

成立。

下面构造辅助向量

$$\eta_{k+1}^1 = \begin{bmatrix} x_k \\ e_{k+1} \end{bmatrix}, \quad \Psi^1(x_k, \delta_k) = \begin{bmatrix} x_k \\ \varepsilon(x_k, \delta_k, 0) \end{bmatrix} \tag{13.18}$$

$$\eta_{k+1}^2 = \begin{bmatrix} x_k \\ e_{k+1} \end{bmatrix}, \quad \Psi^2(x_k, w_k) = \begin{bmatrix} x_k \\ \varepsilon(x_k, 0, w_k) \end{bmatrix} \tag{13.19}$$

$$\xi_{k+1}^1 = \begin{bmatrix} x_k \\ x_{k+1} \end{bmatrix}, \quad \Upsilon^1(x_k, \delta_k) = \begin{bmatrix} x_k \\ f(x_k, \delta_k, 0) \end{bmatrix} \tag{13.20}$$

$$\xi_{k+1}^2 = \begin{bmatrix} x_k \\ x_{k+1} \end{bmatrix}, \quad \Upsilon^2(x_k, w_k) = \begin{bmatrix} x_k \\ f(x_k, 0, w_k) \end{bmatrix} \tag{13.21}$$

式中, $\varepsilon(\cdot,\cdot,\cdot)$ 由式 (13.7) 定义。如果假设 13.4 成立, 可以通过构造辅助向量的方法简化 $\gamma_{e_k^i}(\tau)$ 的计算。

根据式 (13.18)~ 式 (13.21), 下述几个方程成立:

$$\begin{aligned} \eta_{k+1}^1 &= \Psi^1(x_k, \delta_k), \quad \eta_{k+1}^2 = \Psi^2(x_k, w_k) \\ \xi_{k+1}^1 &= \Upsilon^1(x_k, \delta_k), \quad \xi_{k+1}^2 = \Upsilon^2(x_k, w_k) \end{aligned} \tag{13.22}$$

进一步, 我们可以得到以下定理。

定理 13.2 如果假设 13.1~ 假设 13.4 成立, 那么 $\gamma_{e_{k+1}^1}(\tau)$ 和 $\gamma_{e_{k+1}^2}(\tau)(k = 1, 2, \cdots)$ 可以通过下面的方法计算:

$$\gamma_{e_{k+1}^1}(\tau) = \int_a^b \gamma_{x_k^1}(\tau_1) \gamma_\delta(\varepsilon^{-1}(\tau_1, \tau, 0)) \psi_1(\tau_1, \tau) \mathrm{d}\tau_1 \tag{13.23}$$

$$\gamma_{e_{k+1}^2}(\tau) = \int_a^b \gamma_{x_k^2}(\tau_1) \gamma_w(\varepsilon^{-1}(\tau_1, 0, \tau)) \psi_2(\tau_1, \tau) \mathrm{d}\tau_1 \tag{13.24}$$

式中，

$$\gamma_{x_{k+1}^1}(\tau) = \int_a^b \gamma_{x_k^1}(\tau_1)\gamma_\delta(f^{-1}(\tau_1,\tau,0))\psi_1(\tau_1,\tau)\mathrm{d}\tau_1 \tag{13.25}$$

$$\gamma_{x_{k+1}^2}(\tau) = \int_a^b \gamma_{x_k^2}(\tau_1)\gamma_w(f^{-1}(\tau_1,0,\tau))\psi_2(\tau_1,\tau)\mathrm{d}\tau_1 \tag{13.26}$$

而

$$\psi_1(\tau_1,\tau) := \left|\frac{\partial f(\tau_1,\tau,0)}{\partial \tau}\right|^{-1}, \quad \psi_2(\tau_1,\tau) := \left|\frac{\partial f(\tau_1,0,\tau)}{\partial \tau}\right|^{-1} \tag{13.27}$$

证明　根据式 (13.18)～式 (13.22) 及全概率公式知 $\gamma_{e_{k+1}^1}(\tau) = \int_a^b \gamma_{\eta_{k+1}^1}(\tau_1,\tau)$ $\mathrm{d}\tau_1$。根据假设 13.4，$\Psi^1(x_k,\delta_k)$ 是一个从 (x_k,δ_k) 到 (x_k,e_{k+1}) 的一一映射，因此，(x_k,e_{k+1}) 的 PDF 可以用 (x_k,δ_k) 的 PDF 表示[85]。另外，x_k 和 δ_k 是相互独立的随机变量。因此，根据式 (13.17)～式 (13.19) 可以证明

$$\gamma_{\eta_{k+1}^1}(\tau_1,\tau) = \gamma_{x_k^1\delta_k}(\tau_1,\delta)\left|\frac{\partial f(\tau_1,\tau,0)}{\partial \tau}\right|^{-1} \tag{13.28}$$

进而有

$$\begin{aligned} \gamma_{\eta_{k+1}^1}(\tau_1,\tau) &= \gamma_{x_k^1}(\tau_1)\gamma_{\delta_k}(\varepsilon^{-1}(\tau_1,\tau,0))\left|\frac{\partial f(\tau_1,\tau,0)}{\partial \tau}\right|^{-1} \\ &= \gamma_{x_k^1}(\tau_1)\gamma_{\delta_k}(\varepsilon^{-1}(\tau_1,\tau,0))\psi_1(\tau_1,\tau) \end{aligned} \tag{13.29}$$

这意味着式 (13.23) 成立。同样地，通过辅助函数 $\xi_{k+1}^1 = \Upsilon^1(x_k,\delta_k)$ 可以证明式 (13.25) 成立。式 (13.24) 和式 (13.26) 的证明过程类似。

当然，定理 13.2 只是在当 $k \geqslant 1$ 时成立。对于初始状态，运用简化算法，可以得到以下推论。

推论 13.1　如果假设 13.1～假设 13.4 成立，那么 $\gamma_{e_1^1}(\tau)$ 和 $\gamma_{e_1^2}(\tau)$ 可以通过式 (13.30) 计算得到：

$$\gamma_{e_1^1}(\tau) = \gamma_{x_1^1}(\tau - \theta_0), \quad \gamma_{e_1^2}(\tau) = \gamma_{x_1^2}(\tau - \theta_0) \tag{13.30}$$

式中，

$$\gamma_{x_1^1}(\tau) = \gamma_\delta(f^{-1}(x_0,\tau,0))\left|\frac{\partial f(x_0,\tau,0)}{\partial \tau}\right|^{-1}$$

$$\gamma_{x_1^2}(\tau) = \gamma_w(f^{-1}(x_0,0,\tau))\left|\frac{\partial f(x_0,0,\tau)}{\partial \tau}\right|^{-1}$$

证明　结合引理 13.2 和定理 13.2，本推论即可得到证明。

13.1.5 最优故障检测滤波器设计方法

由式 (13.15) 可知:

$$J_k = J_{k-1} + \left[\Psi(U_k) + \frac{1}{2}R_2 U_k^2\right], \quad k = 0, 1, 2, \cdots \tag{13.31}$$

式中,

$$\Psi(U_k) = -H^1(e_k) + R_1 H^2(e_k) \tag{13.32}$$

滤波器可以通过下面的方法进行设计:

$$\frac{\partial \left[\Psi(U_k) + \frac{1}{2}R_2 U_k^2\right]}{\partial U_k} = 0 \tag{13.33}$$

根据式 (13.33) 可以得到滤波器增益 U_k。为了简化滤波器结构,考虑以下递归的设计方法:

$$U_k = U_{k-1} + \Delta U_k, \quad k = 0, 1, 2, \cdots \tag{13.34}$$

根据泰勒展开式, $\Psi(U_k)$ 可以近似为

$$\Psi(U_k) = \Psi_{k0} + \Psi_{k1}\Delta U_k + \frac{1}{2}\Psi_{k2}\Delta U_k^2 + o(\Delta U_k^2) \tag{13.35}$$

式中,

$$\Psi_{k0} := \Psi(U_k)|_{U_k=U_{k-1}}, \quad \Psi_{k1} := \frac{\partial \Psi(U_k)}{\partial U_k}\bigg|_{U_k=U_{k-1}}, \quad \Psi_{k2} := \frac{\partial^2 \Psi(U_k)}{\partial U_k^2}\bigg|_{U_k=U_{k-1}}$$

从而可以用这种递归的方法决定熵优化故障检测滤波器的增益。

定理 13.3 对于非线性误差模型 (13.8),熵优化故障检测滤波器的增益增量为

$$\Delta U_k^* = -\frac{\Psi_{k1} + R_2 U_{k-1}}{\Psi_{k2} + R_2} \tag{13.36}$$

式中,权系数 $R_2 > 0$,且

$$\Psi_{k2} + R_2 > 0 \tag{13.37}$$

证明 将 $R_2 U_k^2 = R_2 U_{k-1}^2 + 2R_2 U_{k-1}\Delta U_k + R_2 \Delta U_k^2$ 和式 (13.35) 代入

$$\frac{\partial \left[\Psi(U_k) + \frac{1}{2}R_2 U_k^2\right]}{\partial \Delta U_k} = 0$$

容易得到式 (13.36)。需要注意的是，式 (13.36) 给出的是优化的必要条件。为了保证充分性，下面的不等式也应该成立：

$$\frac{\partial^2 \left[\Psi(U_k) + \dfrac{1}{2}R_2 U_k^2 \right]}{\partial \Delta U_k^2} = \Psi_{k2} + R_2 > 0$$

只要 R_2 充分大，上述不等式即成立。

注 13.3　对于以状态空间模型描述的非线性非高斯系统 (13.1)，实时次优故障检测滤波器设计算法可以归纳如下：

(1) 初始化 x_0, $\widehat{x}_0$ 与 U_0；

(2) 在采样时刻 k，根据推论 13.1 和定理 13.2 以及式 (13.13) 计算 $\gamma_{e_{k+1}^i}(\tau)$, $\tau \in [\alpha, \beta]$ 和 $H^i(e_{k+1})$；

(3) 根据式 (13.34) 和式 (13.36) 计算 ΔU_k 和 U_k；

(4) 令 $k = k+1$，回到第 (2) 步。

13.1.6　仿真算例 1

考虑如下的非线性非高斯模型：

$$\begin{cases} x_{k+1} = 1.25x_k - 0.25x_k^3 + \delta_k + \sqrt{w_k} \\ y_k = 0.9x_k + 0.1\sin x_k \end{cases}$$

式中，$w_k \in [0,1]$, $k = 0,1,2,\cdots$。假设干扰 w_k 和故障 $\delta_k(k = 0,1,2,\cdots)$ 相互独立，且 w_k 的非对称 PDF 定义为

$$\gamma_w(x) = \begin{cases} \dfrac{-6(x - 0.25)}{\sqrt{x}}, & x \in [0, 0.25] \\ 0, & x \in (-\infty, 0)\bigcup(0.25, +\infty) \end{cases}$$

而 δ_k 所对应的 PDF 定义为

$$\gamma_\delta(x) = \begin{cases} -48\left(x^2 - x + \dfrac{3}{16}\right), & x \in [0.25, 0.75] \\ 0, & x \in (-\infty, 0.25)\bigcup(0.75, +\infty) \end{cases}$$

根据式 (13.2)，故障检测滤波器结构如下：

$$\begin{cases} \widehat{x}_{k+1} = 1.25\widehat{x}_k - 0.25\widehat{x}_k^3 + U_k(y_k - \widehat{y}_k) \\ \widehat{y}_k = 0.9\widehat{x}_k + 0.1\sin \widehat{x}_k \end{cases}$$

因此，系统估计误差为 $e_{k+1} = 1.25x_k - 0.25x_k^3 + \delta_k + \sqrt{w_k} - 1.25\widehat{x}_k + 0.25\widehat{x}_k^3 - U_k y_k + U_k \widehat{y}_k$，残差为 $\widehat{e}_k = y_k - \widehat{y}_k = e_k + 0.1(\sin x_k - \sin \widehat{x}_k)$。

下面根据随机变量 x_k, δ_k, w_k 的 PDF 以及 $y_k, \widehat{y}_k, \widehat{x}_k$ 来递推计算 e_{k+1} 的 PDF, 然后通过优化性能指标函数得到故障检测滤波器增益。

在仿真中，初始值设定为 $U_0 = 0$, $x_0 = \widehat{x}_0 = 0$, 因此 $y_0 = \widehat{y}_0 = 0$。根据推论 13.1 得到下面的等式：

$$\gamma_{x_1^1}(x) = \gamma_{x_1^2}(x) = \gamma_{e_1^1}(x) = \gamma_{e_1^2}(x) = \gamma_{\sqrt{\omega}}(x)$$

根据定理 13.2, 可以得到

$$\gamma_{x_k^1}(x) = \int_{a_1}^{b_1} \gamma_{x_{k-1}^1}(\tau)\gamma_\delta[x + c(\tau)]\mathrm{d}\tau, \quad \gamma_{x_k^2}(x) = \int_{a_2}^{b_2} \gamma_{x_{k-1}^2}(\tau)\gamma_w[a(x,\tau)]\mathrm{d}\tau$$

以及

$$\gamma_{e_{k+1}^1}(x) = \int_{a_1}^{b_1} \gamma_{x_k^1}(\tau)\gamma_\delta[a(x,\tau)]\mathrm{d}\tau, \quad \gamma_{e_{k+1}^2}(x) = \int_{a_2}^{b_2} \gamma_{x_k^2}(\tau)\gamma_w[a(x,\tau)]\mathrm{d}\tau$$

式中，

$$c(\tau) = -1.25\tau + 0.25\tau^3, \quad a(x,\tau) = x + b(\tau)$$
$$b(\tau) = -1.25\tau + 0.25\tau^3 + 1.25\widehat{x}_k - 0.25\widehat{x}_k^3 - U_k(y_k - \widehat{y}_k)$$

根据定理 13.3, 有

$$\Psi_{k1} = \int \frac{\partial \gamma_{e_{k+1}^1}(x)}{\partial u_k}(\ln \gamma_{e_{k+1}^1}(x) + 1)\mathrm{d}x - R_1 \int \frac{\partial \gamma_{e_{k+1}^2}(x)}{\partial u_k}(\ln \gamma_{e_{k+1}^2}(x) + 1)\mathrm{d}x$$

式中，

$$\frac{\partial \gamma_{e_{k+1}^1}(x)}{\partial u_k} = \int \gamma_{x_k^1}(\tau)[-48(2a(x,\tau) - 1)][-(y_k - \widehat{y}_k)]\mathrm{d}\tau \tag{13.38}$$

$$\frac{\partial \gamma_{e_{k+1}^1}(x)}{\partial u_k} = \int \gamma_{x_k^1}(\tau)[-12a(x,\tau)][-(y_k - \widehat{y}_k)]\mathrm{d}\tau \tag{13.39}$$

同时，根据式 (13.36), 可以得到

$$\Psi_{k2} = \int \frac{\partial^2 \gamma_{e_{k+1}^1}(x)}{\partial u_k^2}(\ln \gamma_{e_{k+1}^1}(x) + 1)\mathrm{d}x + \int \left(\frac{\partial \gamma_{e_{k+1}^1}(x)}{\partial u_k}\right)^2 \frac{1}{\gamma_{e_{k+1}^1}(x)}\mathrm{d}x$$
$$- R_1 \int \frac{\partial^2 \gamma_{e_{k+1}^2}(x)}{\partial u_k^2}(\ln \gamma_{e_{k+1}^2}(x) + 1)\mathrm{d}x + \int \left(\frac{\partial \gamma_{e_{k+1}^2}(x)}{\partial u_k}\right)^2 \frac{1}{\gamma_{e_{k+1}^2}(x)}\mathrm{d}x$$

式中，

$$\frac{\partial^2 \gamma_{e_{k+1}^1}(x)}{\partial u_k^2} = \int \frac{\partial \gamma_{x_k^1}(\tau)}{\partial u_k}[-48(2a(x,\tau)-1)][-(y_k - \widehat{y}_k)]\mathrm{d}\tau$$

$$- \int 96\gamma_{x_k^1}(\tau)[-(y_k - \widehat{y}_k)]^2 \mathrm{d}\tau$$

$$\frac{\partial^2 \gamma_{e_{k+1}^2}(x)}{\partial u_k^2} = \int \frac{\gamma_{x_k^2}(\tau)}{\partial u_k}[-12a(x,\tau)][-(y_k - \widehat{y}_k)]\mathrm{d}\tau$$

$$- \int 12\gamma_{x_k^2}(\tau)[-(y_k - \widehat{y}_k)]^2 \mathrm{d}\tau$$

且 $\dfrac{\partial \gamma_{e_{k+1}^1}(x)}{\partial u_k}$ 和 $\dfrac{\partial \gamma_{e_{k+1}^2}(x)}{\partial u_k}$ 可以分别通过式 (13.38) 和式 (13.39) 计算得到。

在仿真中，性能指标函数中的权系数选择为 $R_1 = 1$, $R_2 = 10$。图 13.1 和图 13.2 分别是扰动信号和故障信号。图 13.3 是系统无故障仅有扰动出现时的系统

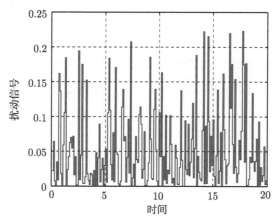

图 13.1　扰动信号

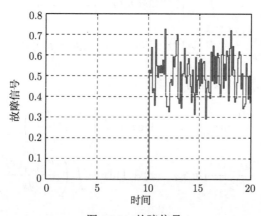

图 13.2　故障信号

响应, 而图 13.4 有故障出现 (发生于 10s) 时的系统响应。从图 13.4 可以看出, 故障发生时, 检测误差会从 0.1 放大至 0.5, 放大了近 5 倍。仿真结果显示通过优化检测误差的熵, 可以获得比较理想的故障检测效果。

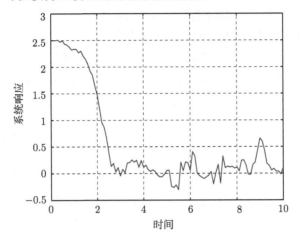

图 13.3　无故障仅有扰动时的系统响应

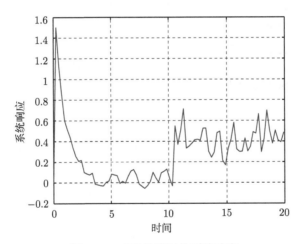

图 13.4　出现故障时的系统响应

13.2　NARMAX 系统故障检测

13.2.1　NARMAX 模型

考虑如下的带外部输入的 NARMAX 模型:

$$y_{k+d+1} = f(y_{k+d}, y_{k+d-1}, \cdots, y_{k+d-n}; u_k, u_{k-1}, \cdots, u_{k-m}; \delta_{k+d+1}; w_{k+d+1}) \quad (13.40)$$

式中，u_k 是输入序列；y_k 是输出序列；$f(\cdot)$ 是非线性函数；w_k 是随机扰动；δ_k 是待检测的故障；常数 n, m 是系统已知的阶；d 是系统的时滞参数。在每一个采样时刻 k，随机输出变量 y_k 的统计特性可以用它的 PDF $\gamma_{y_k}(\tau)$ 来刻画，$\gamma_{y_k}(\tau)$ 定义域为 $[\alpha, \beta]$，其中 α 和 β 可以分别取为 $-\infty$ 和 $+\infty$。

为了简化滤波器设计步骤，给出下面的假设。

假设 13.5　式 (13.40) 对于它的每一个自变量来说都是一个光滑的 Borel 函数；在任意采样时刻 k，对于 y_k 的定义域里的每一个给定的 τ，存在根 s_{l_1}, t_{l_2} $(l_1 = 1, 2, \cdots, L_1;\ l_2 = 1, 2, \cdots, L_2)$，使得

$$\tau = f(y_{k+d}, y_{k+d-1}, \cdots, y_{k+d-n}, u_k, u_{k-1}, \cdots, u_{k-m}, s_{l_1}, t_{l_2}) \tag{13.41}$$

且 $\dfrac{\partial f(\cdot)}{\partial s_l} \neq 0,\ \dfrac{\partial f(\cdot)}{\partial t_l} \neq 0$ 对于 s_{l_1} 和 t_{l_2} 定义域里的每一个值都成立。

外部输入 δ_k 和 w_k $(k = 0, 1, 2, \cdots)$ 满足假设 13.1。为了简化表达形式，我们采用下面的记号：

$$\Pi_{k,d} = [y_k, y_{k-1}, \cdots, y_{k-n}; u_k, u_{k-1}, \cdots, u_{k-m-d}]$$

$$\eta_{k,d} = [\delta_{k+d+1}, \delta_{k+d}, \cdots, \delta_{k+1}]$$

$$\xi_{k,d} = [w_{k+d+1}, w_{k+d}, \cdots, w_{k+1}]$$

根据式 (13.40)，可以证明：

$$\begin{aligned}
&y_{k+d+1} \\
&= f(f(y_{k+d-1}, y_{k+d-2}, \cdots, y_{k+d-n-1}; u_{k-1}, \cdots, u_{k-m-1}; \delta_{k+d}; w_{k+d}), \\
&\quad y_{k+d-1}, \cdots, y_{k+d-n}; u_k, u_{k-1}, \cdots, u_{k-m}; w_{k+d+1}; \delta_{k+d+1}) \\
&= f^{(1)}(y_{k+d-1}, y_{k+d-2}, \cdots, y_{k+d-n-1}; u_k, u_{k-1}, u_{k-m}, u_{k-m-1}; \delta_{k+d+1}, \delta_{k+d}; \\
&\quad w_{k+d+1}, w_{k+d}) \\
&= \cdots \\
&= F_d(y_k, y_{k-1}, \cdots, y_{k-n}; u_k, u_{k-1}, \cdots, u_{k-m-d}; \delta_{k+d+1}, \delta_{k+d}, \cdots, \delta_{k+1}, \\
&\quad w_{k+d+1}, w_{k+d}, \cdots, w_{k+1}) \\
&= F_d(\Pi_{k,d}, \eta_{k,d}, \xi_{k,d}) \tag{13.42}
\end{aligned}$$

式 (13.42) 可以看成是一个 $(d+1)$ 步预测模型，将该步骤推广到整数 j，则一般的 j 步预测模型可以表示如下：

$$y_{k+j+1} = F_j(\Pi_{k,j}, \xi_{k,j}, \eta_{k,j}), \quad j = d, d+1, d+2, \cdots, M$$

13.2.2 故障检测滤波与性能指标

针对式 (13.42) 给出的非线性动态系统，设计滤波器如下：

$$\hat{y}_{k+j+1} = F_j(\hat{y}_k, \hat{y}_{k-1}, \cdots, \hat{y}_{k-n}; u_k, u_{k-1}, \cdots, u_{k-m-j}; 0; 0) + L_k(y_k - \hat{y}_k) \quad (13.43)$$

式中，0 代表一个 $(j+1) \times 1$ 零矩阵，从而估计误差 $e_{k+j+1} = y_{k+j+1} - \hat{y}_{k+j+1}$ 满足

$$\begin{aligned} e_{k+j+1} &= F_j(\Pi_{k,j}; \xi_{k,j}; \eta_{k,j}) - F_j(\hat{y}_k, \hat{y}_{k-1}, \cdots, \hat{y}_{k-n}; u_k, u_{k-1}, \cdots, u_{k-m-j}; 0; 0) \\ &\quad - L_k(y_k - \hat{y}_k) \\ &= G_j(L_k; \eta_{k,j}; \xi_{k,j}) \end{aligned} \quad (13.44)$$

从熵的定义可以看出，$H(e_{k+j+1})$ 是在 δ, w 和 L_k 这些条件下的条件熵，实际上它是关于 γ_δ, γ_w 和 L_k 的函数。一个理想的故障检测方法应该使 e_{k+j+1} 受 δ 的影响最大，受 w 的影响最小。为此，与 13.1 节相似，将 $H(e^1_{k+j+1}|\delta, L_k)$ 定义为 e_{k+j+1} 在出现 $\eta_{k,j}$ 而不出现 $\xi_{k,j}$ 的情况下的熵，而将 $H(e^2_{k+j+1}|w, L_k)$ 定义为只出现 $\xi_{k,j}$ 不出现 $\eta_{k,j}$ 情况下的熵。

为了在扰动影响下能够有效检测故障，采用下面的基于熵优化准则的累积性能指标函数：

$$J_N(L_k) = \sum_{j=d}^{M} [-H(e^1_{k+j+1}|\delta, L_k) + R_1 H(e^2_{k+j+1}|w, L_k)] + \frac{1}{2} R_2 L_k^2 \quad (13.45)$$

式中，R_1 和 R_2 是事先确定的权。

根据熵的定义，要计算估计误差 e_{k+j+1} 的熵，首先要计算 $\gamma_{e_{k+j+1}}(\tau)$，即确定 $\gamma_{e_{k+j+1}}(\tau)$ 与 $\gamma_\delta(\tau)$, $\gamma_w(\tau)$ 之间的关系。

13.2.3 误差 PDF 计算

为了计算系统在出现故障但不存在扰动情况下估计误差的 PDF $\gamma_{e_{k+j+1}}(\tau)$，构造如下 $(j+1)$ 维辅助随机向量：

$$\begin{aligned} \overline{e}^1_{k+j+1} &= \left[e^{(1)}_{k+j+1}, \ e^{(2)}_{k+j+1}, \ \cdots, e^{(j+1)}_{k+j+1} \right]^{\mathrm{T}} \\ &= \overline{G}_j(L_k, \eta_{k,j}, 0) \end{aligned} \quad (13.46)$$

式中，

$$e^{(1)}_{k+j+1} = G_j(L_k, \eta_{k,j}, 0), \ e^{(2)}_{k+j+1} = \delta_{k+j}, \cdots, e^{(j+1)}_{k+j+1} = \delta_{k+1}$$

当增益 L_k 已知时，$G_j(L_k, \eta_{k,j}, 0)(\overline{G}_j(L_k, \eta_{k,j}, 0))$ 表示从 $\eta_{k,j}$ 到 $e^1_{k+j+1}(\overline{e}^1_{k+j+1})$ 的 $\mathbb{R}^{j+1} \to \mathbb{R}^1$ $(\mathbb{R}^{j+1} \to \mathbb{R}^{j+1})$ 维映射。根据假设 13.1，可以首先建立 $\gamma_{\eta_{k,j}}(\tau)$

与 $\gamma_{\overline{e}^1_{k+j+1}}$ 之间的关系式, 进一步可以推导出 $\gamma_{e^1_{k+j+1}}(\tau)$。假设 13.5 表明, 对于式 (13.44) 所定义的 $(j+1)$ 步预测误差, 如果给定一个值 τ, 将其根记为 $x_{j,l}$, 那么

$$\tau = G_j(L_k, \overline{x}_{j,l}, 0) \tag{13.47}$$

式中, $\overline{x}_{j,l} = (x_{j,l}, \tau_j, \tau_{j-1}, \cdots, \tau_1)$, $(\tau_j, \tau_{j-1}, \cdots, \tau_1)$ 是给定的。对应于多维函数 (13.46), 令 $\overline{\tau} = (\tau, \tau_j, \tau_{j-1}, \cdots, \tau_1)$, 可以证明 $\overline{\tau} = \overline{G}_j(L_k, \overline{x}_{j,l}, 0)$, 这说明 $\overline{x}_{j,l}$ 是 $\overline{\tau}$ 的根。

定理 13.4　根据式 (13.46), 对于非线性随机系统 (13.44), 在假设 13.1 和假设 13.5 条件下, 下面的等式成立:

$$\gamma_{e^1_{k+j+1}}(\tau|L_k, \delta) = \int_a^b \cdots \int_a^b \sum_{l=1}^{L_1} \gamma_\delta(x_{j,l})\gamma_\delta(\tau_j)\cdots\gamma_\delta(\tau_1)$$
$$\cdot \left|\frac{\partial G_j(L_k, \overline{x}_{j,l}, 0)}{\partial \delta_{k+j+1}}\right|^{-1}_{\delta_{k+j+1}=x_{j,l}} \mathrm{d}\tau_j\mathrm{d}\tau_{j-1}\cdots\mathrm{d}\tau_1$$

式中, $\overline{x}_{j,l}$ 如式 (13.47) 定义。

证明　首先, 对于任意的 $\eta_{k,j} \in [\alpha, \beta]^{j+1}$, 下面的等式成立:

$$\det\left[\frac{\partial \overline{G}_j(L_k, \overline{x}_{j,l}, 0)}{\partial \eta_{k,j}}\right] = \frac{\partial G_j(L_k, \overline{x}_{j,l}, 0)}{\partial \delta_{k+j+1}}$$

因此, 对已定义的多变量函数 (13.46), 进行随机向量变换可以得到

$$\gamma_{\overline{e}_{k+j+1}}(\overline{\tau})$$
$$= \sum_{l=1}^{L_1} \gamma_{\eta_{k,j}}(\overline{x}_{j,l}) \left|\det\left[\frac{\partial \overline{G}_j(L_k, \overline{x}_{j,l}, 0)}{\partial \eta_{k,j}}\right]\right|^{-1}_{\eta_{k,j}=\overline{x}_{j,l}}$$
$$= \sum_{l=1}^{L_1} \gamma_{\eta_{k,j}}(\overline{x}_{j,l}) \left|\frac{\partial G_j(L_k, \overline{x}_{j,l}, 0)}{\partial \delta_{k+j+1}}\right|^{-1}_{\delta_{k+j+1}=x_{j,l}}$$
$$= \sum_{l=1}^{L_1} \gamma_\delta(x_{j,l})\gamma_\delta(\tau_j)\gamma_\delta(\tau_{j-1})\cdots\gamma_\delta(\tau_1) \cdot \left|\frac{\partial G_j(L_k, \overline{x}_{j,l}, 0)}{\partial \delta_{k+j+1}}\right|^{-1}_{\delta_{k+j+1}=x_{j,l}}$$

最后, 由于 $\gamma_{e_{k+j+1}}(\tau|L_k, \delta) = \int_a^b \cdots \int_a^b \gamma_{\overline{e}_{k+j+1}}(\overline{\tau})\mathrm{d}\tau_j\mathrm{d}\tau_{j-1}\cdots\mathrm{d}\tau_1$, 定理证明完成。

另外, 对于式 (13.44) 给出的 $(j+1)$ 步前向输出, 如果给定值 τ, 那么在只出现 w 而不出现 δ 的情况下, 将其根记为 $z_{j,l}$, 则对于给定的 $(t_j, \cdots, t_1)$, 有 $\tau = G_j(L_k, 0, \overline{z}_{j,l})$, $\overline{z}_{j,l} = (z_{j,l}, t_j, \cdots, t_1)$。对应于多变量函数 (13.46), 令 $\overline{\tau} = (\tau, t_j, \cdots, t_1)$, 可以证明 $\overline{\tau} = \overline{G}_j(L_k, 0, \overline{z}_{j,l})$, 这意味着 $\overline{z}_{j,l}$ 是 $\overline{\tau}$ 的根。类似地, 可以得到以下定理。

定理 13.5 类似于定理 13.4, 对于非线性动态系统 (13.44), 在假设 13.1 和假设 13.5 的条件下, 下面的等式成立:

$$\gamma_{e^2_{k+j+1}}(\tau|L_k,w)$$

$$= \int_a^b \cdots \int_a^b \sum_{l=1}^{L_2} \gamma_w(z_{j,l})\gamma_w(t_j)\cdots\gamma_w(t_1)$$

$$\left|\frac{\partial G_j(L_k,0,\overline{z}_{j,l})}{\partial w_{k+j+1}}\right|^{-1}_{w_{k+j+1}=z_{j,l}} \mathrm{d}t_j\mathrm{d}t_{j-1}\cdots\mathrm{d}t_1$$

证明 该定理证明过程和定理 13.4 类似。

13.2.4 最优故障检测滤波器设计方法

香农熵因为含有对数运算, 计算比较复杂。为了解决这个问题, 这里采用二阶 Renyi 熵。在这种情况下, 二阶 Renyi 熵 $H_2(e_k)$ 的最小化 (最大化) 就转化成信息势 $V(e_k^i) = \int_a^b \gamma^2_{e_k^i}(\tau)\mathrm{d}\tau$ 的最大化 (最小化) 问题。因此, 考虑下面的性能指标函数:

$$J_k(L_k) = \sum_{j=d}^M \left[V(e^1_{k+j+1}|L_k,\delta) - R_1 V(e^2_{k+j+1}|L_k,w)\right] + \frac{1}{2}R_2 L_k^2 \tag{13.48}$$

令 $\psi(L_k) = \sum_{j=d}^M \left[V(e^1_{k+j+1}|L_k,\delta) - R_1 V(e^2_{k+j+1}|L_k,w)\right]$, 由式 (13.48) 可以得到

$$J_k(L_k) = \psi(L_k) + \frac{1}{2}R_2 L_k^2, \quad k = 0,1,2,\cdots \tag{13.49}$$

最优滤波器可以通过下面的方法进行设计:

$$\frac{\partial\left[\psi(L_k) + \frac{1}{2}R_2 L_k^2\right]}{\partial L_k} = 0 \tag{13.50}$$

进一步, 为了简化滤波器结构, 考虑以下递归的设计方法。

定义 $L_k = L_{k-1} + \Delta L_k, k = 0,1,2,\cdots$。作为 L_k 的函数, $\psi(L_k)$ 可以在 L_{k-1} 处进行如下泰勒级数展开:

$$\psi(L_k) = \psi_{k0} + \psi_{k1}\Delta L_k + \frac{1}{2}\psi_{k2}\Delta L_k^2 + o(\Delta L_k^2) \tag{13.51}$$

式中, $\psi_{k0} := \psi(L_k)|_{L_k=L_{k-1}}$, $\psi_{k1} := \frac{\partial\psi(L_k)}{\partial L_k}|_{L_k=L_{k-1}}$, $\psi_{k2} := \frac{\partial^2\psi(L_k)}{\partial L_k^2}|_{L_k=L_{k-1}}$, 从而可以用这种算法最终确定熵优化故障检测滤波器的增益。

定理 13.6　在 NARMAX 模型 (13.40) 下, 针对性能指标函数 J_k 设计的故障检测滤波器增益增量为

$$\Delta L_k^* = -\frac{\psi_{k1} + R_2 L_{k-1}}{\psi_{k2} + R_2} \tag{13.52}$$

式中, 权系数 $R_2 > 0$, 且 $\psi_{k2} + R_2 > 0$。

证明　可以看出

$$R_2 L_k^2 = R_2 L_{k-1}^2 + 2R_2 L_{k-1}\Delta L_k + R_2 \Delta L_k^2 \tag{13.53}$$

在任意采样时刻 k, 将式 (13.51) 和式 (13.53) 代入式 (13.50), 则可得到递归的滤波增益 (13.52)。应该指出的是, 式 (13.52) 给出的是优化的必要条件, 为了保证充分性, 相应的二阶导数还应该满足以下关系式:

$$\frac{\partial^2 \left[\psi(L_k) + \dfrac{1}{2}R_2 L_k^2\right]}{\partial \Delta L_k^2} = \psi_{k2} + R_2 > 0 \tag{13.54}$$

如果 R_2 选得充分大, 式 (13.54) 一定成立。

13.2.5　仿真算例 2

考虑如下带时滞输入的 NARMAX 模型:

$$y_{k+1} = 0.85 y_k - 0.05 y_k^2 + \sqrt{w_{k+1}} + \delta_{k+1} + u_{k-1} \tag{13.55}$$

式中, 扰动 w_k 和故障 δ_k 是相互独立的, 且 w_k 的非对称 PDF 定义为

$$\gamma_w(\tau) = \begin{cases} -\dfrac{3000(\tau - 0.01)}{4\sqrt{\tau}}, & \tau \in [0, 0.01] \\ 0, & \tau \in (-\infty, 0)\bigcup(0.01, +\infty) \end{cases}$$

则根据 PDF 转换定律, 易得

$$\gamma_{\sqrt{w}}(\tau) = \begin{cases} -\dfrac{3000(\tau^2 - 0.01)}{4}, & \tau \in [-0.1, 0.1] \\ 0, & \tau \in (-\infty, -0.1)\bigcup(0.1, +\infty) \end{cases}$$

而 δ_k 的 PDF 定义为

$$\gamma_\delta(\tau) = \begin{cases} -6\tau(\tau - 1), & \tau \in [0, 1] \\ 0, & \tau \in (-\infty, 0)\bigcup(1, +\infty) \end{cases}$$

根据式 (13.43), 构造故障检测滤波器如下:

$$\hat{y}_{k+1} = 0.85\hat{y}_k - 0.05\hat{y}_k^2 + u_{k-1} + L_k(y_k - \hat{y}_k)$$

从而估计误差为

$$e_{k+1} = (0.85y_k - 0.05y_k^2) + \sqrt{w_{k+1}} + \delta_{k+1} - (0.85\widehat{y}_k - 0.05\widehat{y}_k^2) - L_k(y_k - \hat{y}_k)$$

在仿真中, 权系数选择为 $R_1 = 20$, $R_2 = 10$, 初始值设定为 $y_0 = 5$, $\hat{y}_0 = 0$。图 13.5 和图 13.6 分别是故障信号与扰动信号, 图 13.7 是出现故障情况下的残差响应, 图 13.8 是只出现扰动情况下的残差响应。结果显示对残差动态利用熵优化准则, 故障检测的结果比较理想。

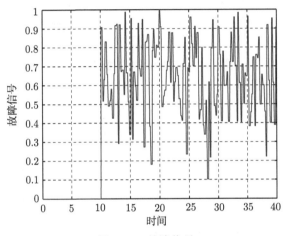

图 13.5　故障信号

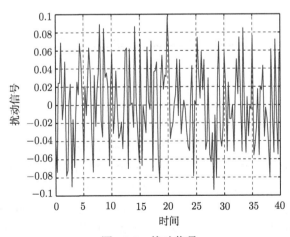

图 13.6　扰动信号

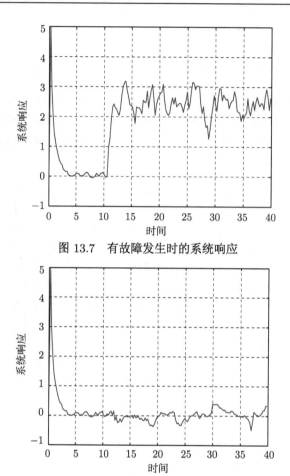

图 13.7　有故障发生时的系统响应

图 13.8　无故障仅有扰动时的系统响应

13.3　本章小结

　　本章分别针对一种状态空间泛函分布模型和 NARMAX 泛函分布模型研究了基于非高斯随机分布滤波的故障检测方法，这种方法不仅可以检测输入故障，还可以检测到系统参数的突然变化。首先基于系统模型构造滤波器并针对误差动态系统提出了熵优化准则，滤波器设计的目标是使故障发生时估计误差的熵最大，而在故障不发生、仅有扰动出现时，估计误差的熵最小。然后根据故障和扰动信号的统计信息构造了辅助函数，并通过这些辅助函数计算估计误差的 PDF，从而构建了估计误差熵计算的框架。结合估计误差的 PDF 和性能指标函数，给出了故障检测滤波增益的递归算法。本章所提方法对非高斯随机分布系统的故障检测具有理想的效果和更广泛的使用性。

参 考 文 献

[1]   Astrom K J. Introduction to Stochastic Control Theory. New York: Academic Press, 1970.

[2]   Chen H F, Guo L. Identification and Stochastic Adaptive Control. Boston: Birkhiuser, 1991.

[3]   Goodwin G C, Sin K S. Adaptive Filtering, Prediction and Control. Englewood Cliffs: Prentice-Hall, 1984.

[4]   Bar-Shalom Y, Li X R, Kirubarajan T. Estimation with Applications to Tracking and Navigation. London: John Wiley and Sons, 2001.

[5]   Xu S Y, Lam J, Mao X R. Delay-dependent H_∞ control and filtering for uncertain Markovian jump systems with time-varying delays. IEEE Transactions on Circuits and Systems—I: Regular Papers, 2007, 54(9): 2070-2077.

[6]   Boukas E K, Liu Z K. Suboptimal design of regulators for jump linear systems with time-multiplied quadratic cost. IEEE Transactions on Automatic Control, 2001, 46(1): 131-136.

[7]   Wang Z D, Liu Y R, Li M Z, et al. Stability analysis for stochastic Cohen-Grossberg neural networks with mixed time delays. IEEE Transactions on Neural Networks, 2006, 17(3): 814-820.

[8]   Yang F W, Wang Z D, Ho D W C, et al. Robust H_2 filtering for a class of systems with stochastic nonlinearities. IEEE Transactions on Circuits and Systems—II: Express Briefs, 2006, 53(3): 235-239.

[9]   Gao H J, Lam J, Wang C H. Robust energy-to-peak filter design for stochastic time-delay systems. Systems and Control Letters, 2006, 55(2): 101-111.

[10] Wang H. Bounded Dynamic Stochastic Systems: Modeling and Control. London: Springer-Verlag, 2000.

[11] Guo L, Wang H. Stochastic Distribution Control System Design. London: Springer-Verlag, 2010.

[12] Wang H. Robust control of the output probability density functions for multivariable stochastic systems with guaranteed stability. IEEE Transactions on Automatic Control, 1999, 44(11): 2103-2107.

[13] Wang H. Model reference adaptive control of the output stochastic distributions for unknown linear stochastic systems. International Journal of Systems Science, 1999, 30(7): 707-715.

[14] Wang H, Lin W. Applying observer based FDI techniques to detect faults in dynamic

and bounded stochastic distributions. International Journal of Control, 2000, 73(15): 1424-1436.

[15] Wang H, Zhang J H. Bounded stochastic distributions control for pseudo-ARMAX stochastic systems. IEEE Transactions on Automatic Control, 2001, 46(3): 486-490.

[16] Wang H, Baki H, Kabore P. Control of bounded dynamic stochastic distributions using square root models: An applicability study in papermaking system. Transactions of the Institute of Measurement and Control, 2001, 23(1): 51-68.

[17] Wang H, Kabore P, Baki H. Lyapunov based controller design for bounded dynamic stochastic distribution control. IEE Proceedings—Control Theory and Applications, 2001, 148(3): 245-250.

[18] Yue H, Jiao J, Brown E L, et al. Real-time entropy control of stochastic systems for an improved paper web formation. Measurement and Control, 2001, 34(5): 134-139.

[19] Wang H. Minimum entropy control of non-Gaussian dynamic stochastic systems. IEEE Transactions on Automatic Control, 2002, 47(2): 398-403.

[20] Wang H. Control of conditional output probability density functions for general nonlinear and non-Gaussian dynamic stochastic systems. IEE Proceedings—Control Theory and Applications, 2003, 150(1): 55-60.

[21] Wang H, Yue H. A rational spline model approximation and control of output probability density functions for dynamic stochastic systems. Transactions of the Institute of Measurement and Control, 2003, 25(2): 93-105.

[22] Yue H, Wang H. Recent developments in stochastic distribution control: A review. Measurement and Control, 2003, 36(7): 209-215.

[23] Yue H, Wang H. Minimum entropy control of closed-loop tracking errors for dynamic stochastic systems. IEEE Transactions on Automatic Control, 2003, 48(1): 118-122.

[24] 王宏, 岳红. 随机系统输出分布的建模、控制与应用. 控制工程, 2003, 10(3): 193-197.

[25] Guo L, Wang H. Applying constrained nonlinear generalized PI strategy to PDF tracking control through square root B-spline models. International Journal of Control, 2004, 77(17): 1481-1492.

[26] Wang A, Wang H. Minimising entropy and mean tracking control for affine nonlinear and non-Gaussian dynamic stochastic systems. IEE Proceedings—Control Theory and Applications, 2004, 151(4): 422-428.

[27] Kabore P, Baki H, Yue H, et al. Linearized controller design for the output probability density functions of non-Gaussian stochastic systems. International Journal of Automation and Computing, 2005, 2(1): 67-74.

[28] Zhou J L, Yue H, Wang H. Shaping of output PDF based on the rational square-root B-spline model. Acta Automatic Sinica, 2005, 31(3): 343-351.

[29] Guo L, Wang H. PID controller design for output PDFs of stochastic systems using linear matrix inequalities. IEEE Transactions on Systems, Man and Cybernetics—

Part B, 2005, 35(1): 65-71.

[30] Guo L, Wang H. Generalized discrete-time PI control of output PDFs using square root B-spline expansion. Automatica, 2005, 41(1): 159-162.

[31] Guo L, Wang H. Fault detection and diagnosis for general stochastic systems using B-spline expansions and nonlinear filters. IEEE Transactions on Circuits and Systems—I: Regular Papers, 2005, 52(8): 1644-1652.

[32] Guo L, Zhang Y M, Wang H, et al. Observer based optimal fault detection and diagnosis using conditional probability distributions. IEEE Transactions on Signal Processing, 2006, 54(10): 3712-3719.

[33] Guo L, Wang H. Minimum entropy filtering for multivariate stochastic systems with non-Gaussian noises. IEEE Transactions on Automatic Control, 2006, 51(4): 695-700.

[34] Guo L, Wang H, Wang A P. Optimal probability density function control for NAR-MAX stochastic systems. Automatica, 2008, 44(7): 1904-1911.

[35] Guo L, Yin L P, Wang H, et al. Entropy optimization filtering for fault isolation of nonlinear non-Gaussian stochastic systems. IEEE Transactions on Automatic Control, 2009, 54(4): 804-810.

[36] Guo L, Yin L P. Robust PDF control with guaranteed stability for non-linear stochastic systems under modelling errors. IET Control Theory and Application, 2009, 3(5): 575-582.

[37] Yin L P, Guo L. Fault isolation for dynamic multivariate nonlinear non-Gaussian stochastic systems using generalized entropy optimization principle. Automatica, 2009, 45(11): 2612-2619.

[38] Yi Y, Guo L, Wang H. Constrained PI tracking control for output probability distributions based on two-step neural networks. IEEE Transactions on Circuits and Systems—I: Regular Papers, 2009, 56(7): 1416-1426.

[39] 王宏, 丁进良, 柴天佑, 等. 随机分布控制系统研究进展及应用. 中国自动化大会, 杭州, 2009.

[40] Immanuel C D, Doyle F J. Open-loop control of particle size distribution in semi-batch emulsion copolymerisation using a genetic algorithm. Chemical Engineering Science, 2002, 57(20): 4415-4427.

[41] Challa S, Bar-Shalom Y. Nonlinear filter design using Fokker-Planck-Kolmogorov probability density evolutions. IEEE Transactions on Aerospace and Electronic Systems, 2000, 36(1): 309-315.

[42] Friedman N, Geiger D, Goldszmidt M. Bayesian network classifiers. Machine Learning, 1997, 29(2-3): 131-163.

[43] Forbes M G, Forbes J F, Guay M. Regulatory control design for stochastic processes: Shaping the probability density function. Proceedings of American Control

Conference, Denver, 2003: 3998-4003.

[44] Forbes M G, Guay M. Nonlinear stochastic control via stationary response design. Probabilistic Engineering Mechanics, 2003, 18(1): 79-86.

[45] Ribeiro A, Giannakis G B. Bandwidth constrained distributed estimation for wireless sensor networks—Part II: Unknown probability density function. IEEE Transactions on Signal Processing, 2006, 54(7): 2784-2796.

[46] Forbes M G, Guay M, Forbes J F. Control design for first-order processes: Shaping the probability density of the process state. Journal of Process Control, 2004, 14(4): 399-410.

[47] Elbeyli O, Hong L, Sun J Q. On the feedback control of stochastic systems tracking pre-specified probability density functions. Transactions of the Institute of Measurement and Control, 2005, 27(5): 319-330.

[48] Yoon B J, Vaidyanathan P P. A multirate DSP model for estimation of discrete probability density functions. IEEE Transactions on Signal Processing, 2005, 53(1): 252-264.

[49] Karny M, Bohm J, Guy T V, et al. Mixture-based adaptive probabilistic control. International Journal of Adaptive Control and Signal Process, 2003, 17(2): 119-132.

[50] Papoulis A. Probability, Random Variables and Stochastic Processes. 4th ed. New York: McGraw-Hill, 2004.

[51] Risken H. The Fokker-Planck Equation: Methods of Solution and Applications. Berlin: Springer-Verlag, 1989.

[52] 朱道元, 吴诚鸥, 秦伟良. 多元统计分析与软件 SAS. 南京: 东南大学出版社, 1999.

[53] 张继国, Singh V P. 信息熵: 理论与应用. 北京: 中国水利水电出版社, 2012.

[54] Cover T M, Thomas J A. Elements of Information Theory. 2nd ed. New York: Wiley, 2006.

[55] Rovithakis A. Robust neural adaptive stabilization of unknown systems with measurement noise. IEEE Transactions on System, Man and Cybernetics—Part B, 1999, 29(3): 453-459.

[56] Kosmatopoulos E B, Polycarpou M M, Christodoulou M A, et al. High-order neural network structures for identification of dynamical systems. IEEE Transactions on Neural Networks, 1995, 6(2): 422-431.

[57] Yu W, Li X O. Some new results on system identification with dynamic neural networks. IEEE Transactions on Neural Networks, 2001, 12(2): 412-417.

[58] Rubio J J, Yu W. Stability analysis of nonlinear system identification via delayed neural networks. IEEE Transactions on Circuits and Systems—II: Express Briefs, 2007, 54(2): 161-165.

[59] Ren X M, Rad A B. Identification of nonlinear systems with unknown time delay based on time-delay neural networks. IEEE Transactions on Neural Networks, 2007,

18(5): 1536-1541.

[60] Poznyak A S, Yu W, Sanchez E N, et al. Nonlinear adaptive trajectory tracking using dynamic neural networks. IEEE Transactions on Neural Networks, 1999, 10(6): 1402-1411.

[61] Ren X M, Rad A B, Chan P T, et al. Identification and control of continuous-time nonlinear systems via dynamic neural networks. IEEE Transactions on Industrial Electronics, 2003, 50(3): 478-486.

[62] Poznyak A S, Ljung L. On-line identification and adaptive trajectory tracking for nonlinear stochastic continuous time systems using differential neural networks. Automatica, 2001, 37(8): 1257-1268.

[63] Zhang H G, Wang Z S, Liu D R. Global asymptotic stability of recurrent neural networks with multiple time-varying delays. IEEE Transactions on Neural Networks, 2008, 19(5): 855-873.

[64] Felix R A, Sanchez E N, Chen G. Reproducing chaos by variable structure recurrent neural networks. IEEE Transactions on Neural Networks, 2004, 15(6): 1450-1457.

[65] Lin C M, Hsu C F. Recurrent neural network based adaptive backstepping control for induction servomotors. IEEE Transactions on Industrial Electronics, 2005, 52(6): 1677-1684.

[66] Wang X S, Su C Y, Hong H. Robust adaptive control a class of nonlinear systems with an unknown dead-zone. Automatica, 2004, 40(3): 407-413.

[67] Zhang T P, Ge S S. Adaptive dynamic surface control of nonlinear systems with unknown dead zone in pure feedback form. Automatica, 2008, 44(7): 1895-1903.

[68] Hua C C, Ding S X. Model following controller design for largescale systems with time-delay interconnections and multiple dead-zone input. IEEE Transactions on Automatic Control, 2011, 56(4): 962-968.

[69] Nussbaum R D. Some remarks on the conjecture in parameter adaptive control. Systems and Control Letters, 1983, 3(5): 243-246.

[70] Tong S C, Liu C L, Li Y M. Fuzzy-adaptive decentralized output-feedback control for large-scale nonlinear systems with dynamical uncertainties. IEEE Transactions on Fuzzy Systems, 2010, 18(5): 845-861.

[71] Jiang B, Chowdhury F N. Fault estimation and accommodation for linear MIMO discrete-time systems. IEEE Transactions on Control Systems Technology, 2005, 13(3): 493-499.

[72] Frank P M. Fault diagnosis in dynamic systems using analytical and knowledge-based redundancy: A survey and some new results. Automatica, 1990, 26(3): 459-474.

[73] Gertler J. Fault Detection and Diagnosis in Engineering Systems. New York: Marcel-Dekker, 1998.

[74] Basseville M, Nikiforov I. Fault isolation for diagnosis: Nuisance rejection and mul-

tiple hypothesis testing. Annual Reviews in Control, 2002, 26(2): 189-202.

[75]　Chen J, Patton R J. Robust model-based fault diagnosis for dynamic systems. Norwell: Kluwer Academic Publishers, 1999.

[76]　Liu J, Wang J L, Yang G H. Reliable guaranteed variance filtering against senor failures. IEEE Transactions on Signal Processing, 2003, 51(5): 1403-1411.

[77]　Chen R H, Mingori D L, Speyer J L. Optimal stochastic fault detection filter. Automatica, 2003, 39(3): 377-390.

[78]　Li P, Kadirkamanathan V. Particle filtering based likehood ratio approach to fault diagnosis in nonlinear stochastic systems. IEEE Transactions on Systems, Man and Cybernetics—Part C, 2001, 31(3): 337-343.

[79]　Fang H G, Ye H, Zhong M Y. Fault diagnosis of networked control systems. Annual Reviews in Control, 2007, 31(1): 55-68.

[80]　Zhong M, Ding S X, Lam J, et al. An LMI approach to design robust fault detection filter for uncertain LTI systems. Automatica, 2003, 39(3): 543-550.

[81]　Stoustrup J, Niemann H H. Fault estimation: A standard problem approach. International Journal of Robust and Nonlinear Control, 2002, 12(8): 649-673.

[82]　Boyd S, El Ghaoui L, Feron E, et al. Linear matrix inequalities in system and control theory. SIAM Studies in Applied Mathematics, Philadelphia, 1994.

[83]　Clark D W. Advances in model-based predictive control. New York: Oxford University Press, 1994.

[84]　Lavretsky E. Greedy optimal control. Proceedings of American Control Conference, Chicago, 2000: 3888-3892.

[85]　Papoulis A. Probability, random variables and stochastic processes. 3rd ed. New York: McGraw-Hill, 1991.

[86]　Charalabous C D, Rezaei F. Optimization of stochastic uncertain systems: Large deviations and robustness. Proceedings of the 42th IEEE International Conference on Decision and Control, Hawaii, 2003: 4249-4253.

[87]　Favero G, Runggaldier W J. A robustness result for stochastic control. Proceedings of the 39th IEEE International Conference on Decision and Control, Sydney, 2000: 3349-3350.

[88]　Lim A E B, Zhou X Y. Optimal control with HARA utility functions. Proceedings of the 39th IEEE International Conference on Decision and Control, Sydney, 2000: 228-233.

[89]　Ugrinovskii V A, Petersen I R. Robust filtering of stochastic uncertain systems on an infinite time horizon. International Journal of Control, 2002, 75(8): 614-626.

[90]　Baser T, Bernhard P. H_∞ Optimal Control and Related Minimax Design Problems. Boston: Birhauser, 1995.

[91]　Silverman B W. Density Estimation for Statistics and Data Analysis. London:

Chapman and Hall, 1986.

[92] Pugachev V S. Theory of Random Functions. Oxford: Pergamon Press, 1965.

[93] Pal N R, Pal S K. Entropy, a new definition and its applications. IEEE Transactions on Systems, Man and Cybernetics, 1991, 21(5): 1260-1270.

[94] Wirth F, Hinrichsen D. On stability RADII of infinite dimensional time varying discrete-time systems. IMA Journal of Mathematical Control and Information, 1994, 11(3): 253-270.

[95] Bar-Shalom Y, Li X R. Estimation and Tracking: Principles, Techniques and Software. Norwood: Artech House, 1993.

[96] Chen R H, Speyer J L. A generalized least-squares fault detection filter. International Journal of Adaptive Control and Signal Process, 2000, 14(7): 747-757.

[97] de Persis C, Isidori A. A geometric approach to nonlinear fault detection and isolation. IEEE Transactions on Automatic Control, 2001, 46(6): 853-856.

[98] Shields D N, Ashton S A, Daley S. Robust fault detection observers for nonlinear polynomial systems. International Journal of Systems Science, 2001, 32(6): 723-737.

[99] Guo L, Chen W H. Disturbance attenuation and rejection for systems with nonlinearity via DOBC approach. International Journal of Robust and Nonlinear Control, 2005, 15(3): 109-125.

[100] Yang F, Wang Z, Hung Y S. Robust Kalman filtering for discrete time-varying uncertain systems with multiplicative noises. IEEE Transactions on Automatic Control, 2002, 47(7): 1179-1183.

索　引

B

Barbalat 引理, 70, 73, 79, 114, 116
B 样条模型, 5, 119

C

残差, 121, 163

D

动态神经网络, 65, 68, 77, 111
多目标控制, 32, 45, 96

F

非高斯系统, 3, 109, 146, 162
分布泛函模型, 6

G

概率密度函数, 4, 12
干扰抑制, 4, 32, 60, 100
高斯系统, 8, 162
故障检测, 121, 162, 173
故障诊断, 4, 124
广义熵优化, 8

H

黑箱模型, 65
混合随机向量, 12, 154
H_∞ 性能, 58

K

卡尔曼滤波, 8, 162
抗干扰控制, 4, 90

L

两步神经网络, 65, 66, 76

鲁棒控制, 4, 32, 141
L_1 性能, 32, 45, 100
Lipschitz 条件, 31, 43
Lyapunov-Krasovskii 函数, 33, 36, 46, 50,
　　78, 81, 91, 113, 115

N

Nussbaum 函数, 114

P

PDF 控制, 3, 6, 92, 130, 146
PDF 转换定律, 26, 133, 178
PID 控制, 28

R

扰动观测器, 90, 94

S

时滞, 30, 43, 77, 120, 130
死区, 4, 110, 132
随机分布控制, 1
随机系统, 1, 2
Schur 补引理, 34, 36, 38, 49, 50, 58,
　　99, 114, 115, 125
Sigmoid 函数, 68, 74, 77, 113

T

统计信息集合, 1, 8, 109
凸优化, 28, 42, 55, 66
T-S 模糊模型, 90, 92

X

系统辨识, 78, 112
信息熵, 18, 110

Z

镇定控制, 135, 146

智能学习模型, 4

自适应控制, 65, 116

最小方差控制, 1, 8

最小熵控制, 7, 132

最小熵滤波, 8, 152, 157